알고리즘으로
세상을 지배하라

AUTOMATE THIS

기계 vs 인간의 **일자리 전쟁**

알고리즘으로 세상을 지배하라

크리스토퍼 스타이너 지음 **박지유** 옮김

i!i
에이콘

에이콘출판의 기틀을 마련하신 故 정완재 선생님 (1935-2004)

차례

들어가며

2011년 4월 초순, 캘리포니아 대학교 버클리 캠퍼스의 진화 생물학자인 마이클 아이젠Michael Eisen은 연구실에 필요한 중고 도서를 구입하려고 아마존에 접속했다. 그는 피터 로렌스Peter Lawrence가 쓴 『The Making of a Fly파리의 탄생』란 책을 찾고 있었는데, 파리가 단일 세포로 이뤄진 알에서 윙윙거리며 날아다니는 곤충이 되기까지 유전적으로 발전하는 과정을 다룬 책이었다. 1992년에 출간된 이 책은 절판됐지만, 학자와 대학원생들에겐 지속적으로 인기를 끌었다. 아이젠은 중고 도서에 대해 대개 35~40달러 정도를 지불하곤 했다. 하지만 4월 8일 이날에는 두 명의 믿을 만한 아마존 판매상이 미사용 도서를 아이젠이 지불하려던 가격보다 터무니없이 더 비싼 수준인 173만 45달러와 219만 8,177달러에 팔고 있었다.

아이젠은 그 가격이 실수이거나 장난일 거라고 추측했다. 아무도 그 책에 그런 가격을 붙이지는 않을 거라고 생각했기 때문이다. 그 책의 저자일지라도 말이다. 그가 다음 날 아마존에서 다시 확인하자, 가격이 정상으로 돌아가기는커녕 219만 4,443달러와 278만 8,233달러로 오히려 더 올라있었다. 세 번째 날에는 278만 3,493달러와 353만 6,675달러로 치솟았다. 가격 상승은 2주간 계속돼, 4월 18일에는 2,369만 8,655달러 93센트로 정점을 찍었다. 게다가 구매자들은 3달러 99센트의 배송료까지 지불해야 했다. 다음 날인 4월 19일에야 책의 가격이 떨어져서 106달러로 자리잡았다.

하지만 도대체 왜 아마존은 파리 유전학을 다루는 이 난해한 책을 거의 2,400만 달러에 팔려고 했을까? 그 책이 갑자기 억만장자 수집가에게 인기를 끌게 됐던 걸까? 보물 발견 단서라도 적혀 있었단 말인가? 아니면 그 책이 진귀한 명품이 됐던 걸까? 실제로 벌어졌던 일은 이렇다. 두 판매상 모두 아마존에서 수천 권의 책을 판매해왔는데, 그 둘이 사용하는 도서 가격 결정 알고리즘이 의도치 않게 일종의 가격 경쟁에 돌입한 것이었다. 한 판매상의 알고리즘은 경쟁 판매상의 가격보다 약간 높게 도서 가격을 책정하도록 프로그래밍돼 있었다. 이어서 다른 판매상의 알고리즘은 더 비싼 경쟁 판매상의 가격과 비슷한 수준으로 계속 가격을 올렸고, 이 결과로 첫 번째 판매상의 알고리즘이 또 다시 가격 상승으로 응수했다. 이런 과정이 반복되면서, 책의 가격은 맨해튼 아파트의 로열층 가격 수준으로 올라갔다. 상황은 사람이 개입해 시스템을 중단시키고 나서야 정상화됐다. 이런 이야기가 예외적인 사건이었다면, 알고리즘이 어쩌다 한 번 '사고'를 낸 얘깃거리 정도로 치부됐을지도 모른다. 하지만 대략 1년 전에 훨씬 더 기괴한 일이 벌어졌다.

2010년 5월 6일 아침, 그리스에서 정부의 긴축 정책에 반대하는 시위자들이 아테네를 뒤덮었던 불안한 상황이 전개됨에 따라 전 세계 주식시장의 하락세가 심각해졌다. 많은 사람들이 그리스가 채무 불이행을 선언하지 않을까 두려워했는데, 그럴 경우 전 세계적인 경기침체에 대한 우려가 현실화될 것이 뻔했다. 오전의 중반 무렵 뉴욕에서, 미국 주식시장은 2.5퍼센트 하락해 이미 상당히 나쁜 상황이었다.

하지만 좋지 않은 상황은 이내 이해 불가한 상황으로 변했다.

동부 시간 기준으로 오후 2시 42분, 시장은 요동치다가 끝없이 추락하기 시작했다. 불과 300초 후인 오후 2시 47분경에 다우존스 지수는 998.5포인트 하락해서, 사상 최고 일일 하락폭을 가볍게 경신했다. 세계에서 가장 많이 인용되는 주식 지수인 다우존스 산업평균지수를 표시하는 화면은 마치 짓궂은 장난꾼이 해킹한 것만 같았다. 거의 1조 달러의 돈이 허공으로 사라져버렸다.

이 5분간을 다뤘던 CNBC의 프로그램은 앵커와 게스트가 그리스 소요 사태에 대한 가벼운 대화를 나누는 것으로 시작됐다. 그 시점에 다우지수는 200포인트 하락한 상태였는데, 직전까지 그날의 최고 하락폭이었다. 앵커 에린 버넷Erin Burnett이 인기 해설자인 짐 크레이머Jim Cramer와 이야기를 시작하자, 다우지수는 350포인트 주저앉았다. 다우지수가 500포인트 하락하자, 평소 활달한 성격의 크레이머는 조용히 중얼거렸다. "상황이 흥미로워지는군요."

3분이 지나지 않아, 시청자들은 그리스 사태 보도 중간에 끼어든 버넷의 목소리를 들었다. 다우지수가 이제 800포인트 하락했다는 소식이었다. 자신도 믿기 어렵다는 표정을 지으면서, 버넷은 뉴욕 증권 거래소 객장에 있던 CNBC 기자 스콧 와프너^{Scott Wapner}를 호출했다. "스콧, 사람들이 뭐라고 그럽니까? 이제 800포인트 하락했는데요."

"도대체 무슨 상황이 벌어지고 있는지 사람들에게 물어봐도, 모르겠다는 응답뿐입니다." 와프너는 대답하면서 말을 머뭇거렸다. "공포가 퍼졌습니다. 자포자기 상황입니다. 전형적인 자포자기 상황입니다."

이어서 CNBC는 크레이머에게 화면을 돌렸는데, 다우지수가 3분 동안 거의 1,000포인트 빠졌는데도 그는 이상하리만치 차분했다. 크레이머는 녹화장에 도착했던 상황을 언급하면서 다음과 같이 말했다. "그냥 앉아있었을 뿐인데, 그때부터 500포인트가 빠졌습니다."

앵커 버넷은 이어서 블루칩 주식으로 5분간 62달러에서 47달러로 25퍼센트 폭락한 프록터 앤드 갬블^{Procter & Gamble}에 대한 이야기를 꺼냈다. 이 이야기가 나오자 크레이머의 태연함도 결국 사라졌다.

"이럴 수는 없어요. 이건 정상적인 가격이 아닙니다." 크레이머는 격분했다. 이어서 황급히 외쳐댔다. "좋아요, 프록터를 사십시오." 그는 고개를 돌려 카메라를 곧바로 쳐다보며, 시청자들에게

간청했다, "어서 사세요. 정말 사시라니까요!"

선수들은 그런 정확한 충고에 귀를 기울였다. 크레이머가 주식이 너무 싸졌다고 느꼈듯이 다른 이들도 그렇게 느꼈다. 다우지수는 998.5포인트 하락해 바닥을 친 직후에, 떨어질 때만큼이나 맹렬한 기세로 치솟기 시작했다. 하루 동안 좀처럼 300포인트 이상 등락하지 않는 다우지수는 3분이 지나지 않아 정확히 300포인트 상승했다. 상황을 주시하는 모든 이들에게는 생각만 해도 혼란스러운 일이었다.

일리노이주 에번스톤Evanston에 위치한 대형 헤지펀드인 맥니타 캐피털Magnetar Capital은 70억 달러를 운용하고 있었는데, 야단법석 소동이 벌어지자 최고 중역들이 집무실에서 회사 거래 객장으로 뛰쳐나왔다. 맥니타의 증권 트레이더는 말한다. "여기서는 모든 사람이 매수 주문을 외치기 시작했습니다. 어떤 주식이든 무조건 사자였죠."

동부에 소재한 퍼스트 뉴욕 시큐리티First New York Securities의 거래 창구도 맥니타와 마찬가지였다. 120명이 넘는 트레이더들이 "매수!"라는 한마디만을 외치면서 주문 넣으려고 안간힘을 썼다.

퍼스트 뉴욕의 매매 책임자인 톰 도니노Tom Donino는 "처음 든 생각은 '그래, 이것이 오류라면 어떻게 이용해볼까?'"였다고 말한다. "25년 동안 주식 거래 일을 해왔지만, 이런 경우는 평생 처음이었어요."

일부 주식의 가격은 1센트, 즉 0.01달러까지 추락해서, 수십억 달러의 회사 주식을 휴지조각으로 만들었다가 불과 몇 초 만에 30 달러나 40달러로 반등하기도 했다. 다른 주식들도 심하게 요동쳤다. 한때 애플은 주당 10만 달러(대략 250달러에서 상승한 가격)에 거래되기도 했다. 시장이 난폭한 기류에 휘말렸지만, 아무도 원인을 몰랐다. 문제가 무엇이든, 이 모든 사태를 잘못된 대형 주문 하나 또는 한 명의 사기꾼 매매 업자 탓으로 돌릴 수는 없었다. 사태가 너무나 급박하게 전개된 탓에, 욕실에서 잠깐 쉬고 있었거나 커피 한잔을 즐기고 있었던 일부 트레이더와 시장 참여자들은 기회를 깡그리 놓쳐버렸다.

CNBC 스튜디오에서 버넷과 크레이머는 다우지수가 3분이 지나지 않아 500포인트를 회복하는 것을 지켜봤다. 이런 소동은 주식시장에서 유례가 없는 일이었지만, 크레이머는 이상하리만치 감흥이 없어 보였다.

"기기 고장이 분명해요. 시스템이 고장난 겁니다." 크레이머는 넌더리가 난다는 듯한 목소리로 말했다.

기자 근성 덕분에 버넷은 좀 더 흥분했다. "그렇다 하더라도 이런 사태가 일어날 수 있다는 건, 정말 놀라운 일입니다." 그녀는 경탄했다.

"놀라운 일이라고 생각합니다." 크레이머는 딱 잘라 말했다. "상상할 수 없었던 놀라운 사건이죠. 여기서 이런 일이 일어나리라곤 누구도 상상하지 못했을 겁니다."

크레이머는 틀리지 않았다. '플래시 크래시Flash Crash'라고 알려진

이 사태의 명확한 원인에 대해서는 이 책을 쓰는 지금 이 시점까지도 아직 의견이 분분하다. 일부는 캔자스시티에 있는 한 자산 관리자의 알고리즘이 40억 달러에 달하는 주식 선물 거래를 너무 빨리 팔아치워서, 다른 알고리즘이 똑같은 일을 벌이도록 유도했다고 비난한다. 다른 이들은 서로 조율된 알고리즘을 활용해 동시에 가격 하락을 조작하도록 공모한 일단의 트레이더들을 원인으로 지목한다. 어떤 사람들은 1929년에 세계가 경험했던 것과 다름없는, 전통적인 공황이었을 뿐이라고 생각한다. 그러나 한 가지 확실한 사실은 인간과 독립적으로 동작하면서 거래를 주문하고 성사시키는 데 1초도 걸리지 않는 알고리즘이 시장을 좌지우지하지 않았다면, 시장이 그렇게 신속하면서도 급격하게 요동칠 수 없었으리라는 점이다.

알고리즘은 대부분의 경우에 설계된 대로 동작하며 조용하게 주식을 거래하고, 아마존의 경우에는 수요 및 공급에 따라 도서의 가격을 매긴다. 하지만 방치하다 보면, 알고리즘은 이상한 짓을 벌일 수 있으며 또 실제로 벌이곤 한다. 세상이 점점 알고리즘의 통제하에 놓이게 됨에 따라, 우리는 누가(아니면 그 무엇이) 상황을 통제하는지 알 수 없게 된다. 플래시 크래시 사태는 소리 없이 세상을 뒤덮고 있던 한 가지 사실을 우리에게 깨우쳐줬다.

플래시 크래시 사태로 인해 메인 뉴스에 등장하게 된 알고리즘은 이후에도 사라지지 않았다. 알고리즘은 이내 데이트, 쇼핑, 엔터테인먼트, 의약품 등 상상할 수 있는 모든 상황에 등장했다. 플래시 크래시는 알고리즘이 모든 것을 좌지우지하는 세상이 도래했다는 거대한 트렌드의 전조였을 뿐이다.

웹이나 기계 내부의 처리 과정이 자동적으로 일어나면, 대부분 "알고리즘입니다."라는 간단한 설명이 뒤따른다. 고전적 정의에 의하면 알고리즘이란 어떤 기기가 주어진 정보를 근거로 사용자에게 특정한 해답이나 출력값을 제시하도록 하는 명령의 목록이다.

예를 들어, 누군가는 아침에 일하러 갈 때 입을 복장을 결정하는 알고리즘을 작성할 수 있다. 입력은 온도, 비 올 확률, 눈 올 확률, 풍속, 걷게 될 거리와 속도, 햇빛이나 구름의 양이 될 수 있다. 가령 입력이 섭씨 영하 4도, 가벼운 눈, 시속 32킬로미터의 풍속, 구름 많음, 두 블록 거리의 도보라면 출력값은 다운필 고어텍스 파카가 될 수 있다. 이 결과는 우리가 직접 장롱에서 선택해 꺼내는 것과 별달라 보이진 않지만, 알고리즘 혁명은 간단한 일부터 시작된다. 이런 알고리즘들은 의사결정 트리와 비슷하게 동작한다. 의사결정 트리에서는 수많은 변수에 대한 고려가 요구되는 복잡한 문제에 대한 해결책이 양자택일의 긴 배열로 분석될 수 있다. 필요한 각 단위 데이터가 입력되면, 노드node라는 또 다른 선택으로 과정이 이어지면서, 결과값 출력에 근접하게 된다.

하지만 알고리즘에 대한 이런 기본적인 정의는 컴퓨터 덕분에 엄청나게 복잡해진 알고리즘 구조를 이해하는 데 아무런 도움이 되지 않는다. 이 책에서는 한 가지 과제를 수행하기 위한 목적하에 복합적으로 연결된 알고리즘을 종종 봇bot이라고 부른다. 이런 봇들은 수천 개의 입력, 요인, 기능들을 지니고 있다. 이런 봇 중에 가장 복잡한 것은 우리 두뇌에서 신호를 보내는 뉴런과 유사하다. 즉 필요에 따라 속도를 증가시키거나 감소시키기도 하며, 동적이고, 스스로 개선할 수 있다.

우리의 일상에 침투해 그 일상을 거의 좌지우지하게 된 이런 알고리즘들은 수학을 기반으로 한다. 수세기 동안, 수학은 우리가 세상을 관찰할 때 의지해온 도구였다. 이제 수학은 우리의 행성, 우리의 일상, 우리의 문화까지 결정하는 데 활용되는 강력한 도구가 됐다.

알고리즘과 그 기반인 수학이 월스트리트에서 표준이 돼감에 따라, 월스트리트에서 퀀트^{quant}(계량 분석가$^{quantitative\ analyst}$에서 따온)라고 불리는 수학자, 엔지니어, 물리학자들의 그룹은 이제까지 알고리즘의 영향이 그다지 미치지 않던 다른 분야에까지 관심을 가지게 됐다. 이런 퀀트와 프로그래머들은 이제 다른 새로운 산업 분야에서 알고리즘으로 기존의 오래된 패러다임을 소멸시키고, 그 과정에서 금맥을 캘 수 있는 기회를 찾고 있다.

알고리즘은 나날이 영역을 넓혀가고 있다. 알고리즘은 점점 더 많은 산업에서 인간을 대체하고 있으며, 종종 인간보다 더 나은 성과를 보인다. 알고리즘은 인간보다 빠르고 저렴하며, 제대로 작동할 경우 인간보다 훨씬 적은 실수를 저지른다. 하지만 알고리즘이 영향력과 독립성을 획득해감에 따라, 예기치 않은 결과가 나타날 수 있다. 사용자의 음악적 취향을 학습하기 위해 알고리즘을 활용하는 인터넷 라디오 방송을 가리키는 '판도라Pandora'라는 이름이 딱 맞는 것일지도 모른다. 그리스 신화에 따르면, 지구상의 첫 번째 여자인 판도라는 아름다운 상자를 하나 받았다. 제우스는 그 상자를 열지 말라고 경고했지만 그녀는 끝내 상자를 열었고, 그 결과 지구에 '악'을 풀어놓게 됐다. 안에 남은 것이라곤 오직 '희망'뿐이었다.

다가오는 알고리즘의 시대에 대해 걱정해야 할 이유가 많긴 하지만, 판도라 신화의 교훈처럼 희망을 가져야 할 이유도 많다. 알고리즘은 더 나은 라디오뿐 아니라 더 나은 고객 서비스 전화, 더 나은 금요일 저녁 데이트, 더 나은 CIA 정보, 암이 우리를 죽이기 전에 탐지할 수 있는 더 나은 방법과 같이 수많은 발전을 세상에 가져다줬다.

일부 알고리즘은 인공지능 분야에 뿌리를 두고 있다. 영화 '2001 스페이스 오딧세이'에 등장하는 기계인 HAL9000처럼 지능적이거나 자신을 인식하지는 못하지만, 알고리즘은 진화할 수 있다. 알고리즘은 자신을 창조한 인간의 도움 없이도, 스스로 관찰하고 실험하고 학습할 수 있다. 머신러닝이나 신경망neural networking 같은 첨단 컴퓨터과학을 활용하면, 알고리즘은 관찰된 결과를 근거로 개선된 새로운 알고리즘까지 만들어낼 수 있다. 알고리즘은 이미 베토벤의 곡만큼이나 감동적인 교향곡을 작곡했고, 고참 변호사만큼이나 능숙하게 난해한 법률 용어들을 분별했으며, 의사보다 더 정확하게 환자를 진단했고, 노련한 기자의 유연한 필력 수준으로 새로운 기사를 작성했으며, 인간보다 훨씬 나은 운전 실력으로 도시 고속도로에서 차량을 운전한 바 있다.

그렇다면 인간으로서 우리의 역할이나, 우리의 일자리는 어떻게 되는 것일까? 알고리즘은 여기에서도 한몫한다. 한때 다른 나라에 뺏기고 있다고 우려했던 일자리들이 이제 얼굴 없는 컴퓨터 군단에 의해 강탈되고 있다. 데이터의 바다를 뛰어다니면서 수백만 명의 얼굴을 인식하고, 불과 몇 년 전만 해도 상상할 수 없었던 과제를 수행하는 알고리즘 코드를 다룰 줄 아는 사람들이 현재 사회에서 가장 주가가 상승하는 사람들이라는 점은 우연의 일치가 아니다.

해커: 새로운 제국 건설자

현대 어휘적 관점에서 해커hacker라는 용어에는 두 가지 상반된 정의가 있는 것처럼 보인다. 일부 사람들에게 해킹이란 본질적으로 범죄적인 뭔가를 의미하며, 해커란 접근이 금지된 전자적 재산에 침입하는 프로그래머를 뜻한다. 1980년대부터 유래된 해커에 대한 묘사를 살펴보면 정부의 극비 데이터 저장소, 은행을 비롯해 자신이 소속되지 않는 온갖 장소에 침입하는 타이핑이 능숙한 악당으로 그려진다.

하지만 현대 기술 세계에서 해커라는 단어는 나쁜 뜻보다 좋은 뜻을 더 많이 내포한다. 이 책에서는 이런 정의를 활용한다. 실리콘밸리 용어에서 해커는 능수능란하게 컴퓨터 코드를 작성한 후 화이트보드에 쓰여진 개념을, 어려운 결정을 내리고 주식을 거래하고 차를 운전하고 대학 지원자를 선별하고 인간 최고수와 포커를 칠 수 있는 알고리즘으로 간단히 옮길 수 있는 능력자를 말한다.

알고리즘이 이 책의 주제지만, 알고리즘을 만드는 건 해커들이 짠 코드다. 알고리즘에 생명을 불어넣고, 수백만 명의 사람들에게 영향을 미칠 수 있는 능력을 주는 것이 해커들의 코드다. 알고리즘을 구성하는 코드는 수천 행의 길이를 가지며, 예/아니오 결정 같은 사용자 입력이나 실시간 데이터 마이닝을 수학 함수와 연결시킬 수 있다. 일반 웹사이트나 자동 이메일 프로그램과 같이 평범한 난이도를 가진 뭔가를 해킹하는 일은 전 세계적으로 수백만 명의 사람들이 구사할 수 있는 기술이다. 뭔가 혁신적인 것을 해킹하고, 우리가 부딪치는 문제를 해결할 우아한 알고리즘을 생각해내고 만들어내는 일에는 특별한 재능이 필요하다.

나는 알고리즘 혁명에 관한 이야기를 쓰느라고 먼 길을 돌아왔다. 2002년 엔지니어로 근무했던 마지막 몇 달 동안 컴퓨터 언어인 C로 간단한 알고리즘을 만들기 전까지 나는 의미 있는 코드를 작성해본 적이 없었다. 그러다가 2003년 글을 쓰고 싶다는 욕망을 좇아서 저널리즘 세계로 들어왔다. 첫 번째 직장은 「시카고 트리뷴」이었는데, 뉴스 편집실의 신참 기자로서 화재 사건부터 살인이나 비즈니스 이슈에 이르기까지 온갖 사건들을 취재했다. 운 좋게도 나는 「포브스Forbes」지의 시카고 사무소에서 일자리를 얻었다.

기술 분야에 자연스럽게 초점을 맞추게 된 나는 전국을 뒤지면서 기사거리가 될 만한 새로운 기업이나 새로운 패러다임을 찾는 데 대부분의 시간을 썼다.

젊은 기업가들이나 엔지니어들과 많은 시간을 보내는 건 신나는 일이었다. 나는 안정된 일자리와 보장된 경력을 버리고 자신만의 회사와 제품을 만들기 위해 노력하는 많은 사람들을 만났다. 어느 정도까지는 나도 영향을 받았다. 수년간, 나도 나만의 스타트업 아이디어를 생각해보곤 했다. 2010년 가을, 마침내 친구인 라일리 스콧$^{Riley Scott}$과 함께 뭔가 될 것 같은 아이디어를 생각해냈다. 이 아이디어는 결국 소비자들이 상점 방문 전에 구매할 식료품 항목에 대한 거래를 미리 제안하는 사이트인 아일50^{Aisle50}으로 구체화됐다. 아일50을 구축하는 동안, 우리는 실리콘밸리의 와이콤비네이터$^{Y Combinator}$에 지원해 일원이 됐다. 와이콤비네이터는 펀딩, 자문, 투자자와의 연결을 통해 스타트업들이 시작할 수 있도록 도와주는 프로그램이다.

와이콤비네이터의 동료 중 상당수는 14세 무렵부터 프로그래밍을 선택했다. 대학생이 될 무렵에 상당수가 일류 대학을 다녔던 그들은 이미 수천 행의 코드를 작성하고, 안정적인 애플리케이션에서 핵심 부분을 개발하거나 몇 시간 내에 자기만의 웹사이트 설계를 마무리할 수 있었다. 2011년 여름 그곳에서 보낸 3개월 동안, 마크 주커버그$^{Mark Zuckerberg}$ 같은 인물들이 어떻게 탄생하는지 알게 됐다. 지적 능력과 기술은 자동적으로 툭 튀어나온 것이 아니라, 숙련된 편집자가 관용어구, 맞춤법, 문체에 익숙해지듯이 수년간 컴퓨터 화면을 들여다보면서 코드를 직관적으로 파악할 수 있게 된 결과였다.

이런 코드의 스타일리스트들과 알고리즘 설계자들은 이 시대의 유망한 기업가다. 새로운 제국 설계자들은 더 이상 경영대학원에서 출현하지 않는다. 그들은 공학과 컴퓨터과학 연구실에서 출현하며, 그곳에서 코딩 숙제를 밤새 들여다본 덕분에 자신이 직접 추진할 수 있는 혁신적인 알고리즘과 기업을 구축하는 데 필요한 해킹 기술을 습득하게 된다. 일부의 경우, 이런 알고리즘 설계자들은 학교를 일찍 떠나거나 아예 전혀 입학하지 않기도 한다. 그들은 자신이 꿈꾸는 것을 구축하는 방법을 15살, 16살, 17살에 이미 깨우쳤다.

오늘날에는 어린 나이에 프로그래밍을 배울 수 있는 온갖 종류의 방법들이 있다. 수많은 웹 커뮤니티와 채팅 룸이 코드 작성과 알고리즘 구축을 전문으로 다루고 있다. 코드카데미^{Codecademy}라는 와이콤비네이터 그룹 출신의 한 회사는 멋지게 디자인된 온라인 프로그래밍 학습 사이트에 대한 아이디어를 생각해내서, 출시 후 2주 내에 20만 명이 넘는 사용자를 모았다. 심지어 출시 후 6개월 만에 코드카데미는 컴퓨터 프로그래밍을 홍보하기 위해 백악관과 파트너십을 체결했다. 이것이 우리가 접하게 된 새로운 현실이다. 복잡한 알고리즘을 구현할 수 있는 수단을 가진 21살 인물이라면 미합중국의 대통령과도 파트너십을 맺을 수 있다는 것이다.

와이콤비네이터는 대부분 젊은이들에 의해 주도되고 있는 이러한 변화, 즉 모든 일에 알고리즘을 적용하는 변화의 한 단편일 뿐이다. 지난 수십 년간 이런 종류의 혁명은 문제를 해결하고, 수익을 창출하며, 매우 빠른 속도로 사람들의 일자리를 빼앗아가는 알고리즘을 구체화하는 일을 주도해왔다. 이 책은 우리의 지나온 발자취와 앞으로 벌어질 일을 다룬다.

오늘날의 야심적인 봇 설계자가 이용할 수 있는 자원은 불과 5년 전과 비교해도 놀라울 정도로 방대하다. 혁신적인 알고리즘을 짜는 일은 쉽지 않다. 하지만 나날이 점점 더 쉬워지고 있다. 이런 이유 때문에 이런 봇을 만들 수 있는 능력을 갖춘 사람들, 즉 최고의 수학적, 과학적, 해커 두뇌를 갖춘 사람들은 희망적인 미래를 기대한다. 빌 게이츠가 방과 후 시간에 워싱턴 대학 연구실에 몰래 들어가서 컴퓨터를 사용했다는 출처가 불분명한 이야기는 더 이상 반복하지 않아도 된다. 그럴 필요가 없기 때문이다. 이제 기술에 대한 접근은 쉬운 일이다.

2009년 후반 이 책의 저술을 시작했을 때, 나는 순전히 월스트리트에 초점을 맞춰 취재했다. 그러다 노스웨스턴 켈로그 경영대학원의 교수이자 친구인 빌 베넷[Bill Bennett]과 점심을 먹게 됐다. 나는 그에게 알고리즘이 어떻게 주식시장을 좌지우지하게 됐는지에 대한 책을 쓰는 중이라고 말했다. 이에 대해 빌은 좋은 방향이라고 평가했다. 하지만 그는 캐슈 치킨 접시 너머 반대편 거리에 있는 맥니타 헤지펀드 건물을 바라보면서, 이 책의 방향을 결정짓는 이야기를 했다. "실제로는 말이야. 알고리즘이 어떻게 모든 걸 좌지우지하게 됐는지가 맞는 표현이지."

빌이 옳았다. 이 책의 스토리에서 월스트리트는 시작일 뿐이다. 그곳에서부터, 사방팔방으로 이야기가 펼쳐진다.

1

월스트리트, 첫 번째 도미노

1987년 초반의 어느 날, 나스닥 주식시장에서 일했던 한 남자가 세계무역센터의 로비에 나타났다. '존스'라는 이름을 가진 그는 올라가려는 층에 연결되는 엘리베이터 열을 찾아서 버튼을 눌렀다. 나스닥에서 가장 빨리 성장하는 고객사 중 한 곳에 의례적인 방문을 하려던 참이었다. 존스는 곧 어떤 사람을 만날지 짐작하고 있었다. 월스트리트의 주식 거래 담당은 하나같이 똑같았다. '아이비리그' 학벌이라는 배경과 더불어 수익에 대한 욕심을 가진 소규모의 백인 남성 집단이었다. 정말로 별반 다르지 않았다.

사무실 정문을 향해 복도를 걸어가면서, 그는 자신을 기다리고 있는 남성 호르몬과 혼란에 대비해 마음을 다져 먹었다. 증권 거래소는 흩날리는 지폐가 가득 찬 유리 상자에 사람을 쑤셔 넣는 오락 프로그램만큼 기묘하지는 않다. 단지 증권 거래소의 경우에는 흩날리는 증권 중 일부는 돈을 잃는다는 점만 제외하면 말이다. 노련한 선수들은 정신 없는 상황에서도 돈을 버는 주식과 잃는 주식을 분간할 수 있다.

프론트 직원은 그에게 인사한 후 그가 만날 직원을 데려오기 위해 다른 방으로 들어갔다. 이윽고, 머리가 온통 은발이며 단정하고 키가 작은 남자가 프론트 직원과 함께 왔다. 토머스 패터피^{Thomas Peterffy}의 푸른색 눈이 따스하게 존스를 맞이했다. 그는 이국적인 억양으로 말했다.

존스는 패터피가 나중에 50억 달러가 넘는 재산으로 미국에서도 가장 부유한 사람 중 한 명이 되리라는 사실을 알 수 없었다. 그 당시에도 이미 패터피는 월스트리트 벼락 부자 중 한 명이었다. 하지만 그의 거래 규모는 솟구치고 있었고, 수익도 마찬가지였다. 존스는 패터피 같은 사람들이 어떻게 꾸준히 시장을 능가할 수 있는 방법을 찾아냈는지 항상 궁금해했다. 가장 똑똑한 사람들을 고용한 것일까? 우수한 리서치 부서를 가져서일까? 엄청난 리스크를 감수했는데 그저 운이 좋아서였을까?

존스가 몰랐던 사실은 패터피는 결코 트레이더가 아니었다는 점이다. 그는 컴퓨터 프로그래머였다. 그는 거래 객장의 얼굴들에서 풍겨나는 느낌이나 시장의 흐름, 또는 경제적 트렌드에 의한 주식시장의 향방 등을 감안해 거래하지 않았다. 그는 포트란, C, 리스프^{Lisp} 같은 컴퓨터 언어로 이뤄진 수천 행의 코드를 작성했는데, 그런 코드들은 하나같이 아직 소규모지만 월스트리트에서 최고 중 하나인 패터피의 거래를 운영하는 알고리즘을 구축했다. 그는 월스트리트 신흥세력 중 최고였다.

패터피가 자신의 거래 사무실로 안내하자, 존스는 혼란스러워졌다. 더 볼수록(사실 볼 것도 별로 없었지만), 더 혼란스러워졌다. 그는 야단법석인 방을 상상했었다. 전화는 울려대고, 프린터는 돌아가고, 트레이더들이 나스닥 터미널에 매도 매수 주문을 입력하면서 서로 고함을 쳐대는 장면 말이다. 하지만 존스는 그런 장면을 전혀 볼 수 없었다. 실제로는 딱 한 대의 나스닥 터미널을 봤을 뿐이었다. 그는 패터피의 거래 규모를 알고 있었다. 거대한 규모였다. 그런데 이것이 가능한 일이란 말인가? 누가 도대체 그 많은 거래를 처리한단 말인가?

"나머지 운영은 어디에서 하죠?" 존스는 물었다. "트레이더들은 어디에 있나요?"

"여기예요. 여기에 전부 다 있어요." 패터피는 단 한 대의 나스닥 터미널 옆에 웅크리고 있는 IBM 컴퓨터를 가리키며 대답했다. "이걸로 모든 일을 처리하죠." 나스닥 기기와 IBM 컴퓨터 사이에는 몇 가닥 선이 연결돼 있었고, IBM 컴퓨터에는 무엇을, 언제, 얼마만큼 거래할지 결정하는 코드가 저장돼 있었다. 나스닥 직원들은 깨닫지 못했지만, 패터피는 세계 최초로 완전 자동화된 알고리즘에 의한 거래 시스템을 시작한 것이었다. 패터피의 시스템은 과거의 다른 시스템들처럼 거래 대상을 추천하는 데서 그치지 않았다. 또한 패터피의 시스템은 나중에 어차피 인간이 처리해야 하는 거래를 쏟아내는 데 머물지 않았다. 거래 터미널을 은밀하게 해킹함으로써, 컴퓨터가 모든 의사결정을 하고 모든 거래를 처리했다.

인간은 전혀 필요치 않았다. 반면, 이 시스템의 거래 상대자들은 100퍼센트 인간이었으며, 그들은 모조리 돈을 잃고 있었다.

나스닥 터미널에서 전송되는 해킹된 데이터 공급을 활용해 패터피의 코드는 시장과 매수 매도 호가를 조사했고, 이를 통해 매수자가 사려는 시가와 매도자가 팔려는 시가 사이의 차이를 쉽게 포착할 수 있었다. 이런 차이는 스프레드spread라고 불리는데, 당시 어떤 나스닥 주식에서는 주당 25센트까지 커지기도 했으므로, 1,000주 주문을 양쪽에서 처리하면(예를 들어, 한쪽에서는 19.75달러에 매수하고, 한쪽에서는 20달러에 매도), 거의 리스크 없이 250달러의 수익을 거두게 된다.

패터피는 기계를 이용해 이런 거래를 처리했기 때문에, 한층 더 리스크가 적었다. 끊임없이 주식 매수 매도 호가를 제시해야 했던 시장조성자market maker에게 당시 가장 큰 위험은 장의 판도가 갑자기 변하는 바람에 묵은 기세quotes*를 남기는 것이었다. 대부분 투자기관들의 의사결정 속도는 트레이더에 달려 있었는데, 트레이더는 컴퓨터 화면에서 새로운 가격을 읽고 해당 정보를 이해한다. 그러고 나서 어떤 식으로 자신의 가격을 변경시켜야 할지 결정을 내린 다음, 새로운 가격을 자신의 나스닥 터미널에 입력해야 했다. 트레이더는 참치 샌드위치를 너무 많이 먹거나 동료들과 킥킥거리기만 해도 시장에서 몇 발자국 뒤처질 수 있었다. 그러나 패터피의 컴퓨터는 점심을 먹을 필요가 없었다. 컴퓨터가 시장 변화와 나란

---

* 매매거래가 성립되지 않았을 때의 매도 매수 호가를 말함 – 옮긴이

히 보조를 맞춤으로써 시장 리스크의 상당 부분이 줄어들었는데, 인간으로선 절대로 불가능한 일이었다.

패터피의 조직은 20년에 걸친 프로그래머, 엔지니어, 수학자들의 침략을 선도함으로써 월스트리트에 새로운 지평을 열었다. 그 20년 동안, 때로는 믿을 수 없도록 복잡하고 상당히 지능적인 알고리즘과 자동화는 금융 시장에서 인간을 대체하는 주도적인 세력으로 부상했다.

존스는 멍하니 서 있었다. 패터피가 혁신을 맞이한 장소에서, 존스는 누군가가 대충 만든 단말기로 규칙을 깨뜨리는 상황을 본 것이다.

"이건 안 됩니다."라고 존스는 말했다.

나스닥에는 거래창구가 없었다. 나스닥의 모든 거래는 전화를 통해 이뤄지거나, 사용자가 나스닥 전용 터미널 키보드에 입력한 대로 주문을 처리해주는 컴퓨터 네트워크에서 이뤄졌다. 패터피는 터미널로 들어오는 입력 데이터 선을 찾아 가닥을 연결시킨 다음, 양쪽 끝을 자신의 프로그래머와 물리학자 팀이 직접 만들어 IBM PC에 내장시킨 회로판에 납땜 연결했다. IBM PC에는 패터피가 직접 짠 소프트웨어가 돌아갔다. PC는 나스닥 선에서 데이터를 받으면 알고리즘으로 시장을 분석해 재빨리 거래 결정을 내린 다음, 이런 거래를 구불구불 연결된 선 더미를 통해 나스닥 터미널 내부로 다시 전송했다. 당시 패터피는 아무도 모르게 나스닥을 해킹한 것이다.

나스닥은 시장에 접근하기 위해 이런 진기한 장치와 이런 미친 과학자의 가르침을 필요로 하지 않았다. 다른 트레이더들이 직감을 따르는 도박꾼보다 IBM 기기의 힘을 빌린 알고리즘과 지혜를 겨루는 편이 편하다고 생각할 것인가? 나스닥은 그런 일을 원하지 않았다.

"터미널은 IBM에서 떼내야 하고, 모든 주문은 키보드로 하나씩 입력해야 합니다. 다른 고객들과 마찬가지로요."라고 존스는 말했다.

잠시 후 존스는 떠났고, 패터피는 자신의 사무실을 서성거리며 사업을 그만둬야 될지도 모르는 상황에 대해 고민했다. 나스닥은 조사관의 명령 준수 기한으로 일주일의 시간을 줬다. 자신의 기기를 분해해야 한다는 생각에 패터피는 가슴이 아팠다. 그는 의자에 앉아서 나스닥 터미널로 주문을 입력할 트레이더들을 찾는 일에는 관심이 없었다. 싸고 젊은 트레이더라도 말이다. 패터피는 자신의 사업에서 인간적 요소와 그에 따르는 종잡을 수 없는 변덕을 없애버리는 데 수년을 보냈다. 인간 트레이더와 그들이 일으키는 오류나 게으름을 다시 감수하기는 어려웠고, 특히 이 방식에서는 사람의 느린 타이핑 속도로 동일한 성과를 기대하기는 어려웠다. 하룻밤 사이에 그의 사업은 효율성 대부분을 잃어버릴 판이었다. 좀 더 나은 대안이 필요했다.

그날 밤, 패터피는 어퍼이스트사이드 아파트로 자러 가기 직전에, 해결책을 생각해냈다. 쉬운 일은 아니었지만 가능성은 있었다.

패터피는 기기를 건드리지 않고 나스닥 터미널에서 정보를 끌어올 수 있다고 생각했다. 접합된 선, 삽입된 회로판 따위가 필요 없는 방법 말이다. 하지만 어떻게 한단 말인가? 그는 자신의 엔지니어와 물리학자 직원들에게 데이터를 카메라처럼 화면에서 바로 읽어들인 다음, 그런 정보를 전자 비트로 바꿔서 대기 중인 IBM PC로 전송하는 뭔가를 만들 수 있겠냐고 물었다. 가능하다는 대답이 돌아왔다.

하지만 데이터 공급은 문제의 일부일 뿐이었다. 나스닥 터미널에 앉아있는 사람들의 팀이 없는 상태에서 어떻게 거래를 처리할 수 있단 말인가? 그는 이전처럼 기기로 결과를 전송하는 전선을 사용할 수 없었다. 대신에 거래는 나스닥이 명령한 대로 키보드를 통해야 했다. 패터피에게 약간 황당한 한 가지 아이디어가 떠올랐다. 하지만 그것이 가능할까?

정신 없는 한 주 동안 패터피는 최고의 엔지니어들과 함께 쇠붙이를 용접하고, 코드를 작성하면서, 전선을 납땜했다. 그들은 화면의 텍스트를 확대하기 위해 나스닥 터미널의 표면에 프레넬^{Fresnel} 렌즈*를 부착했다. 렌즈 뒤 30센티미터 부근에는 카메라 한 대가 설치됐다. 카메라로부터 선이 나와서 장치 옆에 있는 컴퓨터에 연결됐다. 불과 며칠 만에, 패터피와 프로그래머들은 카메라에서 유입되는 시각 데이터를 해독할 수 있는 소프트웨어를 작성했다. 여기서 얻어진 데이터는 패터피의 기존 알고리즘에 입력됐

---

* 다수의 작은 렌즈를 둥근 고리 모양으로 늘어놓아 초점 거리가 짧아지게 한 큰 렌즈 – 옮긴이

는데, 전에는 나스닥 터미널에 바로 연결된 선을 이용하던 알고리즘이었다.

새로운 선이 IBM PC에서 빠져나와 나스닥 터미널 안으로 흘러들어가는 대신에, 터미널의 키보드 위에 떠있는 금속 막대, 피스톤, 레버 장치 속으로 흘러들어갔다. 카메라와 화면 판독 장치가 약간 특이해 보이는 정도였다면, 이 시스템 장치는 정말 기묘했다. 산업혁명 시대의 복잡한 방직기계를 연상시킨다. 이 기기는 아무런 도움 없이 혼자 만든 자동 타이핑 기계였다. 컴퓨터에서 주문이 날아오면, 이 기계의 막대는 짧은 단속음을 쏟아내며 터미널의 키를 두드렸다. 주문은 순차적으로 입력됐는데, 수십 개 주문을 30초 내에 처리할 수 있었다.

나스닥은 주문이 타이핑돼야 한다고 했지만, 누가 타이핑해야 하는지는 규정하지 않았다. 패터피의 팀은 주문과 타이핑을 처리하는 사이보그를 창조했다. 6일 만에 말이다. 그는 법을 문구 그대로 지켰지만, 누가 보더라도 법의 취지는 어겼다. 하지만 패터피에게 그건 문제가 아니었다. 월스트리트는 가장 창조적인 사기꾼들이 빠져나가기에 유리한 구멍, 편법, 꼼수들이 판치는 소굴이니까.

나스닥 조사관은 약속했던 대로 일주일 후에 돌아왔다. 패터피는 엘리베이터에서 그를 맞이한 후 자신의 거래 사무실까지 이어지는 복도로 안내했다. 따다닥 소리가 규칙적으로 문틈에서 흘러나왔다. 전에는 조용했지만, 이제는 거래 사무실답게 시끄러워졌다. 패터피는 문을 지나자 과장된 몸짓을 섞어가며 자신의 창조물을 존스에게 소개했다. 나스닥 조사관은 쥘 베른^{Jules Verne}이 마술을 부린 듯한 광경에 넋을 잃었다.

"이게 뭡니까?" 조사관은 물었다.

패터피는 자신의 기기가 나스닥이 요구한 그대로, 키보드 입력을 통해 한 번에 하나씩 거래를 입력한다고 설명했다. 바로 그때, 시장이 개장돼 기계가 동작하기 시작했다. 패터피 프로그램의 거래 처리 속도는 너무나 빨라서, 타이핑 장치가 기관총처럼 불을 뿜었다. 끊임없는 주문 흐름으로 인해 기계가 키보드를 맹렬하게 두들기고 있어서, 정상적인 대화가 불가능할 정도로 소란스러웠다. 잠시 잠잠해지는가 싶다가도, 이내 기계가 더 많은 주문을 처리해 정적은 금방 사라졌다. 처리 과정 전체는 월스트리트의 유연한 사고방식 덕분에 세상에 출현하게 된 또 다른 경이적인 편법이었다.

"그는 이 시스템에 질색했습니다."라고 패터피는 회상한다.

이제는 더 이상 물러날 곳이 없었기 때문에, 패터피는 장치 옆에 마네킹을 만들어서 인형이 키를 치도록 만들겠다고 제안했다. 반은 농담이었지만, 하라면 했을 것이다. 존스의 얼굴은 굳어있었다.

조사관이 고개를 가로젓자, 패터피는 찡그렸다. 그는 세계에서 가장 빠른 거래 기계를 만들었는데, 이제 그걸 다시 분해해야 할 상황이라고 생각했다. 몇 분 동안 뜸을 들인 후에, 나스닥 조사관은 아무 말 없이 패터피의 사무실을 떠났다. 패터피는 최악의 상황, 즉 나스닥이 시장에서 자신의 기술을 금지시키는 상황을 예상했다. 하지만 존스는 다시 돌아오지 않았고, 패터피가 우려했던 전화는 걸려오지 않았다. 그의 시스템은 그대로 살아남았고, 몇 년 전에 10만 달러로 시작했던 패터피는 1987년에 2,500만 달러를 벌어들였다.

패터피는 1987년에도 월스트리트에서 여전히 잔챙이에 불과했지만, 복잡한 코드 작성에 능하고, 반도체 칩을 납땜하며, 얽히고 설킨 시장 구조에 대응할 때 수학을 활용하는 신흥 시장 세력의 선두 주자였다. 패터피의 시도는 이론적으로는 쉬웠지만 실행하기는 어려웠다. 그는 가장 똑똑한 트레이더들의 두뇌를 본떠서, 그 두뇌의 사고 과정을 일련의 알고리즘으로 표현하는 방법을 찾은 것이었다. 그의 프로그래밍에는 일류 인간 트레이더가 의사결정을 할 때 고려하는 모든 요소가 포함돼 있었다. 그러면서도, 컴퓨터는 계산하고, 가격을 확인하고, 결정을 내릴 때 훨씬 덜 시간을 잡아먹었다.

시장에서 승리하기 위해 소프트웨어, 코드, 초고속 컴퓨터를 이용하는 다른 이들도 있긴 했지만, 키보드를 연타하는 피스톤에서부터 데이터 공급 해킹에 이르기까지 패터피의 혁신은 이런 혁명에 불을 붙였다. 오늘날에는 모든 거래의 60퍼센트가 인간의 실시간 감독이 거의 없거나 전혀 없는 상태에서 컴퓨터에 의해 처리된다. 패터피가 거둔 성공담은 월스트리트에서도 독특하다. 그는 자신의 지배력을 확장하기 위해 앞을 내다보고 프로그래머들을 고용한 대형 트레이더가 아니었다. 또한 다른 이들보다 앞서기 위해 스스로 코딩을 배운 월스트리트 사람도 아니었다. 패터피가 독특한 점은 스톡옵션이 어떻게 작동되는지 또는 서로 다른 회사의 주식이 어떻게 똑같이 움직일 수 있는지 등을 이해하기 오래전부터 프로그래머, 그것도 훌륭한 프로그래머였다는 점이다.

자신의 프로그래밍 기술과 수학에 대한 높은 이해도를 활용함으로써 패터피는 월스트리트의 거래 사무실이라는 자신이 잘 모르는 분야를 뒤흔들 다층적인 알고리즘을 창조했다. 이런 와해적인disruptive 해커 패러다임은 20세기 후반과 21세기 초반에 세상 곳곳에서 다양하게 나타나고 있다. 컴퓨터 코드와 알고리즘에 능숙한 엔지니어가 새로운 분야에 관심을 갖고 전문성을 기른 다음, 컴퓨터과학을 적용해 인간 선도자를 흉내 내는 코드를 만들어내서 산업, 기업, 표준, 기존 세력을 뒤엎고 있는 것이다. 인간을 흉내 내고 인간보다 더 나은 결과를 만들다가 결국에는 인간을 대체하는 알고리즘을 개발하는 능력은 다음 100년간 핵심적인 능력이다. 이런 일을 할 수 있는 사람들이 늘어남에 따라 일자리는 사라지고, 삶은 변화되고, 산업은 재탄생하게 될 것이다. 이런 일은 이미 일어나고 있으며 앞으로도 계속될 것이다. 다른 트렌드와 마찬가지로, 이 과정에는 돈이 뒤따른다. 이런 변화가 월스트리트에서 시작된 이유도 그 때문이다. 물론 헝가리 이민자의 역할이 크긴 했다.

해커의 탄생, 그 험난한 과정

토머스 패터피는 알고리즘의 30년 침략사에서 가장 중요한 인물 중 한 사람이 됐지만, 자유로운 세계가 아닌 인간 역사상 가장 잔인했던 전쟁이 가져온 소란 속에서 태어났다. 공습이 이뤄졌던 1944년의 어느 날 부다페스트 병원 지하에서 태어난 패터피는 제2차 세계 대전이 끝나고 헝가리를 장악한 친소비에트 공산당 정권을 피해 아버지가 탈출한 이후에는 어머니와 조부모 손에서 길러졌다. 그의 어린 시절에 대한 기억은 사라진 친척, 한밤 중의 이동, 계속되는 굶주림과 동사의 위험 같은 공포로 점철돼 있다.

패터피는 고등학교 시절, 밀수된 쥬시 후르츠^{Juicy Fruit} 스틱 껌에 500퍼센트 이윤을 붙여 학생들에게 판매하면서 자본주의를 배웠다. 그는 13세에 폐허 건물에 침입하거나 금속 더미를 뒤져 팔 거리를 찾던 일단의 소년들을 조직화했다. 그는 자기 나이의 서너 배 되는 어른들과의 거래를 통해 고철들을 최고가에 팔고 나서 동료 소년들과 나눴다. 후에 부지런한 그는 우표의 구매와 판매로 관심을 돌렸다. 장소에 따라 일부 우표가 더 높은 가격에 팔리곤 하는 불규칙한 시장은 그를 매혹시켰다. 그는 유사한 자산이 시장마다 다른 가격에 팔리는 점을 활용하는 차익거래를 배웠다. 중개상은 가격이 제일 저렴한 곳에서 구입해, 가격이 가장 비싼 곳에 되판다. 현대의 수많은 초고속 트레이딩 사업은 훨씬 더 빠르긴 하지만 같은 전략을 기반으로 한다.

고등학교를 졸업한 후에 패터피는 대학에서 토목공학 학위를 받겠다는 장기적 목표를 가지고, 측량 기술 학교에서 고급 기하학을 배웠다. 하지만 그의 공부는 21살이던 1965년 서독에 있는 먼 친척을 방문하기 위해 단기 비자를 얻으면서 중단된다. 그는 이 기회를 살려 미국화된 독일에서 미국 이민 허가를 신청했다. 뉴욕행 비행기를 탄 헝가리 젊은이는 차후에 그가 정복할 컴퓨터와 알고리즘은 물론이고, 월스트리트에 대해서도 전혀 알지 못했었다.

그는 음주와 여색으로 성당에서 파문당한 수도사와 함께 어퍼이스트사이드의 방 두 개짜리 아파트에 숙소를 마련했다. 수도사는 헝가리 이민자를 위한 비공식 공증인 자격으로 패터피를 잠시 동안 자신의 일에 끌어들였다. 성장 중이던 뉴욕의 헝가리 이민자 네트워크를 통해, 패터피는 마침내 새로운 아파트를 구하고 토목 회사에서 설계 일자리를 얻었다.

1960년대 중반 무렵이 되자, 중소기업에서도 컴퓨터를 쓰기 시작했다. 얼마 지나지 않아, 컴퓨팅 파워를 이용하면 더 많은 고객과 더 높은 효율성을 가져올 것이라고 긍정적으로 생각한 사업주들의 사무실을 중심으로 네모난 기계가 늘어나기 시작했다. 하지만 이런 환경에서 컴퓨터가 늘어나자, 컴퓨터 활용을 위해 실제로 프로그래밍할 줄 아는 사람들이 부족하다는 문제가 대두됐다. 많은 컴퓨터 구매자들은 온갖 과대 선전에도 불구하고 컴퓨터 활용으로 일이 줄어들지 않자 좌절감을 느꼈다. 컴퓨터 사용은 쉽지 않았다. 그런 이유로, 이 기간에 구입된 많은 컴퓨터들은 먼지가 쌓인 채 방치되거나, 장롱 또는 창고에 처박히는 신세가 됐다.

패터피의 회사에서 1964년 컴퓨터를 처음 구매했을 때, 회사의 어느 누구도 컴퓨터 프로그래밍 방법을 몰랐다. 패터피는 자원했다. 그는 영어 매뉴얼을 꼼꼼히 들여다보고 코딩을 시작했다. 그는 사인과 코사인 함수를 이용해 각도를 알아내는 피타고라스 정리를 처리하는 간단한 알고리즘과, 엔지니어들이 반경을 구하고 합류 도로의 기울기를 구하는 데 도움을 주는 알고리즘들을 만들었다. 1966년이 되자, 그는 회사에 각종 프로그램들을 구축해주면서 주급으로 65달러를 받았다. 영어로 대화하는 것보다 프로그래밍을 이해하는 쪽이 그에게는 더 쉬웠다. 그는 탁월했다.

요즘과 마찬가지로, 1960년대 후반 무렵의 뛰어난 컴퓨터 프로그래머들에게는 일자리가 넘쳐났다. 코드 작성은 패터피에게 더 많은 돈과 더 좋은 일자리를 제시해줬다. 첫 번째 기회는 1967년 아라니 어소시에이츠Aranyi Associates에서 일하기 위해 토목 회사를 떠날 때 찾아왔다. 아라니 어소시에이츠는 월스트리트 고객의 컴퓨터 시스템 설정을 도와주는 회사였다. 이 일자리 역시 모국 인맥을 통해 얻었다. 사업주인 자노스 아라니Janos Aranyi는 헝가리 이민자였다.

월스트리트에서 패터피는 우리가 흔히 알고리즘 스토리의 0단계라고 부르는 상황을 맞이했다. 이 시기는 알고리즘 봇이 사람들의 일상이나 월스트리트에서 아무런 역할도 하지 못했던 때를 일컫는다. 월스트리트는 인간에 의해 실행되는 결정과 인간의 전략으로 움직이는 세계였다. 트레이더는 자신이 생각하는 시장의 향방과 자신이 소유하고 있는 유가증권, 그리고 많은 경우 모호한 직감에 따라 객장에서 결정을 내렸다. 트레이더가 자신의 거래에 대해 다른 사람에게 신호를 보내면, 다른 사람은 노트북에서 거래 내용을 확인했다. 이것이 월스트리트 세계였다.

자신의 첫 번째 금융 관련 일자리에서, 패터피는 투자자와 트레이더들이 유가증권의 다양한 특징과 가치를 한 번에 손쉽게 비교할 수 있는 알고리즘을 개발했다. 달리 신경 쓸 데가 없는 이민자라는 점에서 비롯되는 집중력으로, 패터피는 당시 엄청난 프로그래머가 됐다. 그 시기에는 그런 프로그래머가 거의 없었고, 특히 월스트리트에는 더더욱 드물었다.

아라니에서 몇 년 근무한 후, 패터피는 컴퓨터 실력 덕분에 뉴욕 시장에서 유명한 헨리 자레키^{Dr. Henry Jarecki} 박사와 함께 일하는 흥미로운 일자리를 얻었다. 자레키 박사는 상품 거래에 관심을 가진 정신과 의사로서, 자신이 처음에 제휴했던 300년 전통의 런던 소재 기업인 모카타 앤드 골드스미드^{Mocatta & Goldsmid}를 본뜬 모카타 그룹^{Mocatta Group}이란 이름의 대형 귀금속 거래 회사를 1960년대에 설립했다.[1] 자레키는 처음에 패터피에게 연봉 2만 달러와 4,000달러의 보너스를 제공했는데, 2012년 기준으로 환산하면 14만 5,000달러에 달하므로 몇 년 전까지만 해도 파문당한 수도사와 난방이 되지 않는 아파트를 같이 쓰던 사람에게는 상당한 금액이었다. 패터피는 귀금속 시장 전문가가 됐고, 자신의 프로그래밍 실력이 모카타에서 절대적인 역할을 차지함에 따라 고속 승진했다.

월스트리트를 변화시킨 알고리즘

1969년 패터피는 자레키와 함께 월스트리트에서 처음으로 이른바 블랙박스를 선보였다. 블랙박스란 입력된 시장 데이터를 소화해 사용자에게 지시를 내려주는 장치였는데, 이 경우에는 매수 또는 매도 간의 선택이었다. 거래 결정(실질적으로는 모든 결정)을 내려주는 알고리즘은 처음에는 주로 인간이 유사한 의사결정을 어떻게 내리는지를 기초로 한 모델, 함수, 의사결정 트리로 구축됐다. 보통 모카타의 트레이더들은 다른 트레이더들이 낙관적이라는 점을 주말 이전에 눈치채기 때문에, 금요일에 금을 내다 팔았다면, 그러한 취향이 곧바로 프로그램에 반영됐다. 하지만 이전 4일 연속으로 금 가격이 하락했다면, 모카타의 트레이더들은 그런 금요일 판매 법칙을 무시할 수도 있었다. 이런 조건 역시 일련의 연결된 알고리즘을 통해 컴퓨터 프로그램에 반영됐다.

1969년에는 전화를 걸고 거래소에서 고함치는 모카타 트레이더들이 실제 거래를 처리했지만, 매수 매도 호가 결정은 패터피가 작성한 코드에서 나온 결과를 그대로 썼다. 패터피가 능숙해져도 해결되지 않는 블랙박스가 하나 있었다. 자레키는 옵션의 가치를 정확히 감정할 수 있는 알고리즘을 만들어보라고 요구했는데, 옵션의 가치는 다른 가격과 마찬가지로 특정한 규칙에 따르기보다는 거래소에서 죽 끓듯이 변하는 트레이더들의 변덕에 좌우됐다. 패터피는 몇 달간 그 문제를 해결하는 작업에 매달렸지만 이렇다 할 성과를 거두지는 못했다.

옵션은 만기일 전에 주어진 유가증권을 정해진 가격에 매수 또는 매도할 권한을 부여한다. IBM이 100달러에 거래되고 있는데, 트레이더가 다음 달에 가격이 치솟을 것이라고 확신한다면, 그는 다음 두 달 동안 해당 주식을 100달러에 매수할 수 있는 권리를 부여하는 콜 옵션$^{call\ option}$을 매입할 수 있다. 콜 옵션은 10달러밖에 되지 않으므로, 실제 IBM 주식을 사는 것보다 훨씬 싸다. 콜 옵션은 게다가 손실이 제한돼 있다. 트레이더는 손해를 봐도 옵션 가격인 10달러만 잃게 된다. 콜 옵션을 판매하는 트레이더는 대개 일부 IBM 주식을 보유하고 있는데, 콜을 판매해 현금을 확보함으로써, 하락 위험을 분산하려는 것이다. 만일 가격이 110달러까지 상승할 경우, 그는 100달러에 자신의 주식을 내놔야 할 것이다. 역으로 풋 옵션$^{put\ option}$은 주식을 미래에 정해진 가격으로 팔 수 있는 권리를 부여하는 것이다. 따라서 IBM을 100달러에 판매할 수 있는 풋을 매입하는 결정은 IBM의 가격이 하락할 때만 성공하게 되므로 약세적^{bearish}인 베팅이다. 콜 매입은 강세적^{bullish}이다.

1970년대 초반은 옵션에서 빈번한 손바꿈이 막 시작되던 시기였다. 모카타는 이런 추세를 선도한 회사 중 하나였다. 자레키와 패터피는 옵션 가격 결정에 세 가지 필수 요소가 있다는 결론에 도달했다. 옵션으로 서로 주식을 사고팔 수 있는 가격인 권리행사

가격$^{\text{strike price}}$, 만기일, 주식이나 금속의 휘발성^{volatility}이었다. 예를 들어, 가격이 심하게 요동치는 유가증권에 대한 옵션은 보다 극단적인 권리행사가격이 적중할 확률이 더 높으므로 더 비쌀 것이다. 중요한 다른 요소들도 있었는데, 예를 들어 기준 무위험 이자율$^{\text{risk-free interest rate}}$은 콜 옵션의 가격을 상승시키고 풋 옵션의 가격을 하락시킨다. 패터피에게는 각 요인에 적절한 가중치를 주고 이런 모든 요소를 하나의 우아한 알고리즘으로 표현할 수 있는 방법이 필요했다. 그는 이 문제가 거의 풀기 불가능할 정도로 복잡한 수학 문제라는 점을 깨달았다. 그는 희망과 절망 사이를 오락가락했다.

이 문제를 1년 넘게 연구한 끝에 패터피는 모든 요소에 가중치를 교묘하게 부여한 미분 방정식 알고리즘을 고안해냈다. 그는 이 알고리즘으로 과거에 돈을 벌 수 있었는지 사후 테스트를 진행하려고 했지만, 역사적으로 과거 시점의 상품 옵션에 대한 데이터가 부족했다. 컴퓨터가 그런 상황을 능숙하게 다루기 어려운 시기이기도 했고, 더 중요한 이유는 옵션 시장 역사가 일천했기 때문이었다. 따라서 모카타는 한 가지 유일한 선택을 했다. 이 알고리즘으로 거래를 시작한 것이었다. 알고리즘은 돈을 벌었다. 옵션 시장이 오늘날처럼 거대하지 않았기 때문에 알고리즘으로 수십억 달러를 벌어들이진 못했지만, 모카타의 트레이더들은 커다란 경쟁우위를 가질 수 있었다. 모카타의 거래소 담당 직원들 대부분은 거래 주문이 어디서 날아오는지 몰랐다. 하지만 거의 언제나 거래가 성공했다는 점은 알 수 있었다. 이 시기가 알고리즘 혁명의 1단계로, 인간이 작성한 알고리즘으로 무장된 컴퓨터들이 입력을 분석해 인간에게 공격 명령을 내리는 시기였다.

사람들이 자신의 알고리즘을 활용하기 시작한 지 대략 1년이 지난 무렵, 월스트리트에 청천벽력과 같은 소식이 전해졌다. 1973년 시카고 대학의 교수였던 피셔 블랙Fischer Black과 마이런 숄즈Myron Scholes가 옵션 가치를 정확히 산정해주는 블랙숄즈 공식Black-Scholes formula이라는 이론이 담긴 논문을 발표했다. 블랙숄즈 공식을 기반으로 하는 알고리즘은 수십 년 동안 월스트리트의 지형을 변화시켰으며, 비슷한 생각을 가진 일군의 사람들, 즉 수학자와 엔지니어들을 금융 세계의 최전방에 포진시켰다. 패터피의 모델과 상당히 유사한 블랙숄즈 모델은 마이런 숄즈에게 1997년 노벨상을 안겨줬다(블랙은 1995년에 사망).

변화는 하룻밤 사이에 일어난 것이 아니었다. 미분 방정식이었던 블랙숄즈 공식은 탁월했다. 하지만 대부분의 트레이더들은 학술 논문을 꼼꼼히 읽어보지 않았다. 그랬다 하더라도, 공식 활용은 간단한 일이 아니었으며 상당한 수학적 지식을 필요로 했다. 블랙숄즈 공식을 이해하는 사람도 드물었지만, 헝가리인이 개발한 비슷한 알고리즘이 거의 모든 거래에서 돈을 벌고 있다는 사실을 아는 사람은 더욱 드물었다. 패터피와 자레키는 잠자코 있었다.

2010년 시카고에서 열린 고급 만찬에서, 활발한 자레키는 건너편 방에서 칵테일을 따르며 가벼운 대화를 나누고 있던 숄즈를 목격했다. 자레키는 노벨상 수상자에게 다가갔다. 그러고는 "우리가 타야 될 노벨상을 아직도 가지고 계시는군요."라고 숄즈에게 말했다. 그 한마디는 환영받지 못했다. "그는 즐거워하지 않았어요."라고 자레키는 말한다.

이론을 이해하는 트레이더에게 블랙숄즈 공식은 옵션을 거래하기 위한 정확한 가격을 산출해준다. 그건 마치 시장에 대한 커닝 페이퍼를 가지는 것이나 다름없었다. 블랙숄즈 공식 내의 요인들을 정확히 계산하고, 그것을 옵션 가격에 실시간으로 적용할 수 있는 사람이라면 누구나 돈을 벌 수 있었다. 이 공식을 활용하는 트레이더라면, 공식의 규정 가격보다 높은 가격으로 옵션을 팔 것이고, 규정 가격보다 낮은 가격에 옵션을 살 것이다. 충분한 양의 유가증권으로 이런 과정을 충분히 반복하면, 짭짤한 이득이 보장된 것이나 마찬가지였다.

1980년대의 월스트리트 해커, 완벽한 기회와 완벽한 타이밍

알고리즘이 인간보다 우선적으로 개입하기 시작한 시기인 1970년대 후반은 월스트리트에서 해커 시대의 여명기였으며, 이런 트렌드는 세계 구석구석의 모든 금융 시장을 지배하게 됐다. 월스트리트는 미국에서 최고의 수학과 과학 두뇌들을 점점 더 많이 끌어들여서 그들에게 트레이딩 알고리즘을 프로그래밍하고 고안해내도록 일을 시키기 시작했다. 블랙숄즈가 시장을 장악하기 이전에도 맨해튼 남부에는 소수의 엔지니어들과 수학자들이 늘 존재했었지만, 수적으로 드물었다.

MIT, 하버드를 비롯한 일류 대학의 공학과 과학 전당은 스카우터들이 영향력을 확대하기 위한 전쟁터가 됐다. 월스트리트는 늘 대학에 상주했으며, 구석구석 돌아다니며 돈, 영광, 보너스에 대해 약속을 늘어놓았다. 금융 산업은 연구 대학과 기술 기업으로부터 전도유망한 젊은 재능을 빼앗아오는 것뿐만 아니라, 결국에는 기술계와 학계에서 저명한 입지를 누리고 있던 성공한 전문가들, 베테랑 엔지니어 및 과학자들을 포섭하는 데까지 성공했다.

월스트리트가 왜 이런 재능을 모두 필요로 했을까? 속도 때문이었다. 수지 남는 거래에서는 선수를 치는 쪽이 이긴다. 그리고 컴퓨터에서 동작되는 알고리즘은 언제나 같은 종류의 거래를 찾는 인간을 이기게 마련이다. 1970년대에는 알고리즘을 코드 형태로 표현할 수 있는 능력이 흔하지 않았다. 15년간의 코딩 경험과 10년간의 시장 경험을 가진 특출한 인물이었던 패터피가 세상 그 누구보다 먼저 다가오는 월스트리트의 변화를 선도할 완벽한 위치를 점했던 이유이기도 하다.

옵션 알고리즘을 작성하고 난 후 시장에서 프로그래머들의 활용도가 늘어나자 패터피는 더 많은 프로그래머들을 데려와서 자신의 프로그래밍 부서를 구축하기 시작했다. 모카타는 자레키의 거래 지능과 패터피의 알고리즘 기술을 통해 수백만 달러를 벌어들이기 시작했고, 세계에서 가장 강력한 상품 트레이더 중 하나가 됐다. 모카타가 성장함에 따라, 패터피의 해커 부대도 성장했다.

1975년 무렵, 모카타는 50명의 프로그래머를 고용함으로써 월스트리트에서 몇 안 되는 프로그래밍 전문가 집단 중 하나가 됐다.

이런 프로그래머들은 모두 무슨 일을 하고 있었을까? 그들 대부분은 패터피와 자레키가 고안한 풋 거래 옵션을 컴퓨터에서 실행 가능한 코드로 개발하는 일을 통해 패터피를 돕고 있었다. 알고리즘이 점점 더 복잡해짐에 따라 더욱 개선된 코드와 더욱 많은 프로그래머들이 필요해졌다.

알고리즘은 간단한 것부터 시작한다. 한 가지 예로, 세탁을 생각해보자. 입력은 (1) 세탁물의 무게, (2) 직물의 종류와 같이 간단한 것일 수 있다. 알고리즘은 무게를 고려해, 0.45킬로그램보다 가볍다면 세탁기의 물 수위를 낮게 설정한다. 그다음 '면'이라는 직물 입력을 고려해, 세탁기의 물 온도를 세탁할 때는 뜨겁게, 헹굴 때는 차갑게 설정한다. 서로 다른 무게와 직물 종류에 따라 알고리즘을 통해 서로 다른 세탁 프로그램이 나올 것이다. 그런데 알고리즘이 세탁물의 색상, 얼룩, 미리 담금 필요성, 드라이클리닝 시간과 세제 타입까지 고려해 정확히 맞는 세탁 방법을 선택해야 한다면 어떻게 해야 할까? 이런 알고리즘을 작성하는 일은 컴퓨터공학과 2년차 학부생이라면 충분히 해낼 수 있겠지만, 입력값이 무게와 직물뿐이었던 첫 번째 알고리즘에 비해서는 몇 배나 어렵고 다층적인 것이 사실이다. 인간이라면 머리를 굴리지 않고도 많은 세탁물을 여러 번에 걸쳐 척척 처리할 수 있겠지만, 똑같은 기능을 갖는 컴퓨터 알고리즘을 작성하는 일에는 기술이 필요하다. 입력값을 기반으로 수백 가지 가능한 해결책들이 갑작스럽게 생겨난다. 알고리즘이 정확하게 처리하려면 각각의 해결책을 검토해 정확히 분류해야 한다.

이런 방식에서는, 알고리즘이 서로 순차적으로 연결돼 있는 이진 결정으로 구성된 거대한 의사결정 트리로 생각될 수 있다. 자동차 운전에서 주식 거래와 배우자 선택에 이르기까지 우리가 처리하는 거의 모든 일들은 이진 입력값 기반 이진 의사결정의 문자열로 분해될 수 있다. 세탁물에 빨간색 옷이 있는가? 아니오. 검은색 옷이 있는가? 예. 나일론 직물인가? 아니오. 면 직물인가? 아니오. 비단 직물인가? 예. 검은색 비단 옷에 얼룩이 있는가? 예. 얼룩이 커피 때문인가? 아니오. 마요네즈 때문에 생긴 얼룩인가? 아니오. 치즈 소스 때문에 생긴 얼룩인가? 예. 등등. 복잡한 주제의 경우에는 이런 이진 의사결정 트리가 수백만에서 심지어 수십억 개의 노드로 늘어날 수도 있다. 알고리즘의 트리는 입력값을 받아서 방정식과 공식을 통해 돌린 다음, 나온 결과값들을 다시 입력으로 받아들여 반복되는 계층과 이해하기 어려울 정도로 복잡한 세부 내용을 가진 긴 문자열을 만들어낼 수 있다. 독일의 수학자 고트프리트 라이프니츠$^{Gottfried\ Leibniz}$는 300년 전에 정확히 바로 이 주제에 대해 인생이 일련의 긴 이진 의사결정으로 분해될 수 있다는 이론을 수립했다. 알고리즘 처리 기계를 만들 수 있는 반도체가 나타나기 한참 전인 때였다.

패터피의 알고리즘은 수백 개의 입력, 변수, 개별적인 미적분 방정식을 가진 거미줄 같이 복잡한 행렬로 커졌다. 그런 알고리즘을 컴퓨터 코드로 만드는 작업에는 진정한 전문가와 대규모 팀이 필요했다. 맨해튼의 모카타 본사에서 패터피의 프로그래머들은 컴퓨터 화면 앞에 앉아 작업하며, 텔레타이프 기기에서 도착하는 시장 데이터를 읽어들인다. 그다음 프로그래머들이 데이터를 수작업으로 컴퓨터에 입력하면, 컴퓨터의 알고리즘이 모카타가 뉴욕 상품 거래소^{New York Commodities Exchange}에서 시세로 활용할 가격을 산출한다. 프로그래머들은 알고리즘이 시세를 산출하자마자 큰 소리로 도심 거래소 부근에 있는 직원에게 알려줬고, 모카타의 직원은 거래소 객장 트레이더에게 수신호로 가격을 알려주곤 했다. 초고속 거래라고 하기는 어려웠지만, 시장이 지속적으로 알고리즘에 의해 좌우된 첫 번째 사례였다. 패터피에게 가장 유리했던 부분은, 시장의 나머지 사람들이 그가 수치를 어디서 얻는지 전혀 짐작하지 못했다는 점이었다.

패터피는 시장 감각이 거의 없는 해커로 월스트리트에 입문했을지도 모르지만, 츄잉 껌 거래와 고철 수집, 우표 거래를 통해 싹튼 그의 거래 본능은 점점 날카로워졌고, 자레키도 이를 알아차렸다. 자레키는 모카타가 내리는 모든 중요한 의사결정이나 거래에 대해 패터피에게 자문을 구했다. 한 동료의 기억에 의하면, 자레키는 패터피를 대동하지 않고는 어떤 중요한 미팅에도 참석한 적이 없었다.[2]

1976년이 되자, 패터피의 해커 군단은 80명으로 늘어났다. 패터피의 조직은 세계에서 가장 큰 금융 관련 프로그래밍 조직이었다. 패터피는 자신이 재치 있는 코드 작성자일 뿐만 아니라, 다양한 개성을 지닌 똑똑한 과학자들을 이끄는 역량 있는 관리자라는 점까지 입증했다. 이는 희귀하고 섬세한 능력이었다.

모카타는 성장했지만, 주 사업 분야는 여전히 상품 거래였다. 패터피는 자신의 알고리즘을 주식 옵션 거래소에 적용해보고 싶어했지만, 자레키는 금속에 집중하기를 원했다. 주식 옵션 시장은 주식 거래 출신 트레이더들에 의해 장악됐는데, 주식 거래 분야에서 회사의 가치는 거래 객장에서 일하는 사람들에 의해 좌우됐으며 그럴 수밖에 없었다. 주식 가격에 영향을 주는 요소에는 신용, 성장 전망, 임박한 소송, 경쟁 같이 계량화할 수 없는 요인들이 무수히 많았다. 그런 이유로 주식 가격을 결정하는 데는 마법의 공식따위가 있을 수 없었다. 하지만 옵션 가격은 순수하게 확률과 통계를 반영할 수 있었다. 패터피를 포함해 선택된 극소수만이 이러한 사실을 알고 있었다. 수학을 이해하는 사람에게는 기회가 눈앞에 놓여 있었다.

시카고 옵션 거래소Chicago Board Options Exchange가 1970년대에 성공적으로 설립됐을 때, 패터피는 주식 옵션 시장이 폭발적으로 증가할 때가 왔다고 생각했다. 1976년 그는 시카고에 가서 시카고 옵션 거래소를 살펴봤다. 일부 옵션의 매수 매도 호가 스프레드는 자그마치 2~3달러에 달했다. 그는 "트레이더들은 이런 가격을 방금 만들어놓고, 그냥 기회를 날려버렸지요."라고 말한다.

주식 옵션의 싹트는 기회를 고려할 때, 패터피는 상품 거래를 고수하는 것만으로 만족할 수 없었다. 금, 은 시장에 관련된 옵션 규모만으로는 진정한 월스트리트 재벌이 되기에 불충분하다는 점을 패터피는 알고 있었다. 게다가 자레키가 그에게 약속했던, 모카타 소유권의 일부를 가질 수 있는 기회도 좌절됐다. 자레키는 그런 약속을 한 적이 없다고 부인했다.

1977년, 패터피는 자신의 첫 번째 가정용 컴퓨터인 올리베티 Olivetti에 2,000달러를 썼다. 그는 낮에 모카타에서 일하고, 저녁에 이탈리아 기계로 알고리즘을 프로그래밍하면서, 주식 옵션 시장을 급습할 날을 준비했다.

원조 알고리즘 트레이더

모카타에서 부분적인 소유주가 될 가능성이 사라지자, 패터피는 회사에서 할 만치 했다고 판단했다. 그래서 그는 1977년에 20만 달러의 저축액을 가지고 안정된 일자리를 떠났고, 이제 막 옵션 거래를 시작한 미국 증권 거래소 American Stock Exchange의 회원권을 구입했다. 회원권은 하나에 3만 6,000달러였기 때문에 거래 금액으로는 16만 4,000달러가 남았다.

미국 증권 거래소에서의 첫날을 준비하느라 패터피는 자신의 컴퓨터에서 하루에 18시간씩 투자하며, 알고리즘을 손보고 거래소 객장에서 매수 매도할 옵션을 참고하기 위한 시트를 만들었다.

그는 다른 종목에 비해 빈번히 가격이 부적절하게 책정되는 것으로 판단된 십여 개의 기업에 초점을 맞췄다. 각 기업에 대해 그는 회사 주식의 다양한 가격별로 옵션 가격을 기록한 일련의 시트를 준비했다. 종일 주가가 요동치면 패터피는 준비한 시트를 재빨리 참고해 해당 주식의 적정한 옵션 가격을 판단하고, 그에 따라 매수 또는 매도를 할 계획이었다. 이 시트는 그의 알고리즘을 종이로 표시한 버전이었다.

패터피는 모든 종이를 모아서 3공 바인더에 철하고, 거래소 객장에서 휴대용 커닝 시트로 사용할 요량이었다. 미국 증권 거래소에 대한 준비는 어렵게 느껴졌다. 이는 계산법에 자신이 없어서가 아니라(그는 자신의 방법론에 대해 확고했다.), 혼자서 완전히 독립적으로 일하는 데 따르는 두려움 때문이었다. 그는 자신의 이국적인 억양에 대해 우려했고, 객장에서 드세고 격렬한 사람들의 무리와 다투고 날뛰면서 소리쳐야 하는 데 대해 걱정했다. 사교적인 트레이더 그룹들이 자신을 따돌려서, 자신의 실험이 빛을 보지 못하고 불공정하게 끝나지 않을까 초조해졌다. 무엇보다도, 실패하는 바람에 모카타에 실패자로 돌아가게 되지 않을까 걱정했다.

그런 일이 일어나지 않도록 하겠다고 굳게 마음먹은 후, 패터피는 바인더를 들고 AMEX(미국 증권 거래소의 약자) 객장에 나타났다. 그는 빽빽한 객장에서 바인더를 앞에 내밀고 있으면, 사실상 트레이더 두 명의 자리를 차지한다는 점을 금세 깨닫게 됐다. 다른 트레이더들은 그가 마법책을 펼칠 수 있도록 공간을 내주지 않았다. 그리고 도대체 책 속에 뭐가 들어있단 말인가? 다른 트레이더들이 물었다. 그리고는 "거래는 말이야. 당신의 머리, 직감, 담력에 관한 거지, 얼빠진 종이 쪼가리에 있는 게 아니야."라고 설교했다.

패터피는 말한다. "사람들은 내가 이 바인더를 활용하려는 걸 보고 정말로 웃긴다고 생각했습니다."

그래서 분위기에 맞추고 스스로도 거래소에서 좀 더 편해지기 위해, 패터피는 가장 중요한 메모를 몇 장의 양면 종이에 요약하고 쉽게 접어 뒷주머니에 넣을 수 있도록 만들었다. 가격이 적당하다고 생각할 때면, 패터피는 뒷주머니에 손을 넣어 종이를 꺼낸 후 참고하곤 했다. 서 있으면서 알고리즘으로 만들어진 조그만 종이를 읽다 보면, 객장의 물결이 그를 여기저기로 밀쳐댔다. 하지만 그는 밀리든 말든 납득될 때까지 종이를 계속 읽다가 손을 들고서 이국적인 억양이 강한 말투로 주문을 외쳐댔는데, 이는 다른 트레이더들과 투자자들의 이목을 끌었다. 실제로는 이국적인 억양이 문제였지만, 뒷주머니에서 꼬깃꼬깃 접힌 종이를 꺼내 참고하는 기묘한 습관 역시 독특했다. 패터피는 "다른 트레이더들은 내가 정말로 미쳤다고 생각했어요."라고 말한다.

패터피는 가끔은 한마디도 말하지 않거나, 주문 한 건도 내지 않고 거래소에서 몇 시간씩 보내곤 했다. 그는 신주 단지 모시듯 자신의 시트를 참고했다. 옵션이 자신의 지극히 보수적인 수익 가이드라인에 맞지 않는다면 매수하지 않았다. "나는 매우 조심스러웠죠."

신중함에도 불구하고, 패터피는 신참자들이 겪는 시장의 통과의

례를 피할 순 없었다. 트레이딩 경력 초기에, 그는 듀퐁^{DuPont}에 대한 옵션을 교환하느라 오전을 보냈다. 영업 시간 중반부에, 그는 외가격$^{out-of-the-money*}$ 콜 옵션이 31달러에 판매되고 있다는 사실을 알게 됐다. 그의 시트에 따르면, 그 옵션은 실제로 22달러의 가치가 있었다. 그는 매도하려고 작정했다. "그건 작은 헝가리인에게는 큰 수익이었죠."라고 그는 말한다.

패터피는 실제로 18달러에 확보한 해당 옵션 계약을 가지고 있었으므로, 그 옵션들을 31달러에 판 다음에 200개를 더 팔았다. 그는 200개의 콜 옵션을 매도하면서 자신의 콜을 방비하지 않았다. 즉 상응되는 숫자의 주식을 매수하거나, 반대 방향에서 풋 옵션으로 자신의 베팅에 대한 위험을 분산하지 않은 것이었다. 그의 베팅과 다른 방향으로 시장이 움직이면, 낭패를 볼 수도 있었다. 하지만 그가 그런 거래를 어떻게 포기할 수 있었겠는가?

패터피가 자신의 콜을 매도한 직후에, 듀퐁의 거래가 중지됐다. 뉴스가 흘러나왔다. 회사는 수익이 예상치보다 훨씬 커서 2:1로 주식을 분할한다고 발표했고, 주가는 치솟았다. 패터피의 200개 옵션 계약에서 각 옵션은 100주의 주식을 나타내는데, 이 결과 패터피는 주당 5달러 손실, 계약당 500달러 손실이라는 난처한 상황에 처하게 됐다. 그는 순식간에 10만 달러를 날렸는데, 이는 보유한 거래 자산의 반이 넘는 액수였다. 그는 이 사건을 내부 정보를

---

* 콜 옵션은 행사가격이 기초자산의 시장가격보다 높은 경우. 풋 옵션은 행사가격이 기초자산의 시장가격보다 낮은 경우를 말함 – 옮긴이

가지고 거래하는 사람들의 탓으로 돌렸다. 이유야 어쨌든, 10만 달러 손실은 재앙이었다. "다 포기해버려야 할지, 울어야 할지 어쩔 줄 모르겠더군요." 그는 그날 밤 큰 타격을 입고 집으로 돌아갔다. 자신의 방법이 옳은지 확신할 수 없었다. "내가 정말 영리하다고 생각했었거든요."

담배 한 대를 물고, 자신의 어퍼이스트사이드 임대 아파트의 조그만 부엌 탁자를 바라보면서, 패터피는 자신의 삶, 자신의 돈, 그리고 자신의 관심을 좀 더 트레이딩에 집중해야 할 필요가 있다고 생각했다. 누가 보더라도 그는 이미 광적으로 집중하고 있었는데도 말이다. 이 난관을 헤쳐나갈 수 있는 유일한 방법이라곤 한 가지 일, 즉 거래하고 저축하고 승리하는 일에 몰두하는 기계가 되는 것뿐이었다. 다른 일들은 중요치 않았다. 패터피는 탁자에서 일어나 담배갑들을 부엌 쓰레기통에 던져버렸다. 그 이후로는 다시 담배를 피지 않았다. 담배에 쓸 돈이라면, 거래소 객장에서 활용하는 편이 낫다고 생각했다. 그는 말한다. "담배를 피지 않게 되면 20년 동안 저축할 수 있는 돈이 얼마나 될까 즉시 계산해봤습니다. 나에겐 모든 것이 필요했습니다."

패터피는 새로워진 집중력을 가지고 거래소로 돌아왔다. 그는 언제나처럼 자신의 시트에 매달렸지만, 듀퐁의 악몽 때문에, 이른바 '카우보이 베팅'은 하지 않았다.

그는 천천히 하루하루 노력해 자산을 다시 축적했다. 자신의 알고리즘 시스템을 고수하면서, 결정적인 손해를 입는 날이 거의 없었다. 이미 7년 전에 블랙숄즈 공식이 발표됐지만, 그 공식은 패터피나 자신의 천재성을 활용하는 다른 이들을 방해할 만큼 시장에 영향을 주지 못했다.

알고리즘과 시트가 효과적이긴 했지만, 패터피는 혼자였다. 그는 거래소에서 더 많은 사람을 필요로 했다. 그래서 그는 점차 트레이더들을 고용하기 시작했다. 손실을 방지하고 트레이더들의 거래 방식을 통제하기 위해, 패터피는 자신의 시트에 표시된 가격만을 기준으로 매수 매도하도록 그들을 훈련시켰다. 시트의 가격은 매일 밤 패터피의 알고리즘을 통해 최신 수치로 갱신됐다. AMEX에서 사업을 확장해가면서, 패터피는 자신의 거래 조직 이름을 팀버 힐^{Timber Hill}이라고 바꿨는데, 예전에 휴가를 보냈던 뉴욕 교외의 도로 이름을 따라 지은 것이었다. 그는 더 많은 거래 회원권을 매입하고, 페어트레이딩^{pairs trading}이나 차익거래^{arbitrage} 같은 다른 전략들을 조금씩 시도해보기 시작했다. 두 가지 모두 모카타에서 전술을 개발하면서 익숙해졌던 방법이었다.

자신을 대신해 몸싸움을 할 추가적인 트레이더들이 있었지만, 패터피는 거래 객장에 있는 사람들보다 훨씬 더 훌륭하게 자신의 알고리즘을 실행시켜줄 컴퓨터에 자신의 객장 거래 이론을 모조리 집어넣는 방법에 대해 몇 시간씩 고민하곤 했다. 하지만 그런 이론을 현실화할 수 있는 방안이 없었다. 아직까지는 말이다. 거래소의 특성이 그를 괴롭혔다. 거래소 객장의 천장은 12미터 이상이었고 난간으로 구분돼 있었는데, 난간에서는 직원들이 훨씬 더 높은 위치에 서서 밑에 있는 트레이더들에게 뭘 사고팔지 신호를 보냈다. "누구나 모든 이들의 신호를 볼 수 있었죠," 패터피는 말한다. 따라서 대부분의 거래소 사람들은 일부 트레이더가 팔을 들어 올리기도 전에 무슨 일이 일어날지 알 수 있었으며, 그 결과 거래를 가로챈다든지 훔치는 사태가 일어났다. "웃기는 일이었죠."

그는 매수 매도 호가를 모든 트레이더들이 중앙 컴퓨터에 연결된 휴대용 기기로 입력하고, 가격과 시간 우선순위에 따라 자동적으로 거래를 관리하고, 거래를 공정하게 나누는 아이디어를 여기저기에 말하고 다녔다. 그 아이디어는 빛을 보지 못했다. 거래를 통제하는 사람들, 즉 스페셜리스트specialist*들이 그 아이디어를 묵살했기 때문이다.

패터피는 기술을 이용해 시장의 운영 방식을 개선하기보다는, 대규모로 시장에 참여해 AMEX의 일부 옵션에서 시장조성자market maker가 되기로 결심했다. 자신의 알고리즘에 따라 공정하다고 생각되는 주식으로 거래를 제한하기만 한다면, 거래 규모가 커짐에 따라 리스크가 줄어들고 수익을 늘릴 수 있다고 생각했기 때문이다. 하지만 우선 거래를 통제하는 스페셜리스트들에게 자신의 매수 매도 호가를 즉각적이고 일관성 있게 알릴 수 있는 방법부터 찾아야 했다. 패터피는 일상적인 잡담이나 스포츠 이야기에 끼어들지 않았기 때문에 일종의 아웃사이더였다. 스페셜리스트들은 군

---

* 미국 거래소 회원 업자의 일종으로, 입회장의 각 포스트에서 거래소가 지정하는 종목을 전문으로 매매하는 업자를 말한다. – 옮긴이

중 속에서 패터피의 거래를 우선적으로 불러주지는 않는 편이었다. 그건 그저 그들이 패터피와 거래하는 것을 좋아하지 않아서였다. 그래서 패터피는 스페셜리스트들이 좋아할 만한 사람을 고용하기로 결정했다.

금융 산업은 다른 고액 연봉 분야와 마찬가지로, 남성 채용을 선호하는 남성들에 의해 지배되는 경향이 있었다. 그렇기 때문에 자신이 구할 수 있는 최고로 늘씬하고, 예쁘고, 풍만한 여성을 고용하려는 패터피의 계획은 꽤 참신해 보였다. 이 전술은 패터피의 주문 흐름에서 기적적인 성공을 거뒀다. 갑자기 스페셜리스트들이 항상 그의 거래를 채택하기 시작했다. 그들은 패터피의 트레이더들과 어깨동무를 하고 농담을 나누다가, 금발 미녀가 주문을 내놓자마자 채택했다. "스페셜리스트들은 이렇게 생각했을 겁니다. '이 바보 같은 금발이 뭘 알겠어, 그렇지?'"라고 패터피는 말한다.

패터피가 고용한 여성들이 알고리즘은 고사하고 트레이딩에 대해서도 잘 몰랐던 건 사실이다. 하지만 당시 패터피의 트레이더들 중 어느 누구도 사람 자체로 똑똑하진 않았다. 그리고 아무도 이제 더 이상 안내용 시트를 활용하지 않았다. 패터피는 누구라도 똑똑한 거래를 할 수 있게 만들어주는 새로운 시스템을 개발했다.

많은 혁신이 그렇듯이, 이 시스템도 우연히 만들어졌다. 1982년 중반, 패터피는 무릎 인대가 몇 개 찢어졌다. 재활 기간 동안, 무릎에 염증이 생긴 그는 객장에서 얼간이들과의 몸싸움은 고사하고 오랫동안 서 있을 수조차 없었다. AMEX 위층에 있는 자신의 사무실로 물러난 그는 아래층의 거래를 지시하면서 혼자 시간을 보내게 됐다. 그의 관심은 결국 쿼트론^{Quotron} 기기에 쏠리게 됐는데, 이 기기는 사용자에게 한 번에 한 건씩 주식 또는 옵션 가격을 제공하기 위한 것이었다. 쿼트론을 위한 데이터는 전용 전화선을 통해 수신됐다. 패터피는 그 당시 데이터 산업을 지배하고 있던 쿼트론에게, 그들의 기기로 전송되는 데이터를 판매해 달라고 요청했다. 그러나 매번 퉁명스러운 거절 응답이 돌아왔다.

자신의 사무실에서 옴짝달싹 못하던 패터피는 와이어 스니퍼 한 쌍을 가지고 쿼트론 데이터에 몰두했는데, 이것이 차후 나스닥 해킹의 바탕이 된 시도였다. "그래서, 물론 우리는 데이터를 훔쳤죠."라고 그는 말한다.

위층에서 쿼트론 기기에 연결되는 전선을 자른 다음, 패터피는 전기 엔지니어의 전통적 도구를 활용했다. 그는 오실로스코프를 이용해 선에 흐르는 전기 펄스를 측정한 다음, 펄스를 데이터와 대조해 전선에 흐르는 신호의 의미를 해독했다. 의미가 파악되자, 그는 쿼트론 데이터가 발생될 때마다 데이터를 입력받고 메모리에 저장할 PC용 프로그램을 짰다. 그다음 이 프로그램은 주식과 옵션 데이터 목록을 스캔해 해당 데이터를 패터피의 알고리즘에 전달했다. 알고리즘은 가장 먼저 비정상적으로 가격이 책정된 옵션들을 검색했다.

패터피가 각별히 관심을 가졌던 건 델타 중립 거래$^{delta\ neutral\ trades}$라고 알려진 거래였는데, 그의 알고리즘은 이런 거래를 찾도록 작성됐다. 이런 거래에서는 가격이 과다 책정된 콜 옵션이 가격이 과소 책정된 풋 옵션과 합쳐져서 시장의 부침에 따라 부정적인 영향을 받지 않는 포지션이 만들어진다. 패터피는 이런 콜 옵션을 판매하는 것이었다.

예를 들어, IBM 주식이 75달러에서 손바꿈이 일어난다고 가정해보자. 패터피를 위한 델타 중립 거래는 다음과 같을 것이다. 패터피가 1만 개의 콜 옵션(다음 60일 동안 75달러 행사가격에 IBM 주식을 살 수 있는 권리)을 각각 1달러 가격(가격이 과다 책정된 옵션)에 매도해서 1만 달러를 벌어들인다고 가정한다. 거의 동시에 또 다른 패터피 트레이더가 1만 개의 풋 옵션(다음 60일 동안 75달러 행사가격에 IBM 주식을 매도할 수 있는 권리)을 각각 85센트(가격이 과소 책정된 옵션)로 8,500달러에 매수한다고 가정한다. 이런 거래의 결과로 거의 위험이 없는 1,500달러 수익을 거둘 수 있다.

IBM 같은 대기업 주식에 대한 옵션은 다양한 만기일은 물론 다양한 행사가격으로 거래되기 때문에, 1980년대의 옵션 시장은 델타 중립 거래를 찾을 수 있는 이들에겐 안성맞춤이었다. 일부 객장 트레이더들은 이런 전술을 이해했다. 가격이 부적절하게 책정된 옵션들은 안전한 수익을 얻는 데 손쉽게 활용될 수 있었으므로, 그들은 그런 옵션들을 찾기 위해 시세표를 뒤졌다. 하지만 객장에서 거래를 검색하는 몇 명은 패터피의 지치지 않는 기계에 적수가 될 수 없었다.

컴퓨터는 델타 중립이 성립되는 거래들을 전부 모아서 곧바로 프린트해줬다. 이어서 불편한 무릎 때문에 의자에 앉아있어야만 했던 패터피는 자신의 객장 직원에게 전화를 걸어, 자신의 여성 부대에게 거래를 전달하도록 했다. 이런 과정이 계속 반복됐다. 퀴트론 연결을 해킹한 컴퓨터 시스템이 돌아간 지 4개월이 지나자, 패터피는 이전보다 훨씬 많은 돈을 벌게 됐다. 이 모든 과정의 핵심은 다른 이들이 가지지 못한 신뢰할 수 있는 원시 데이터의 공급에 있었다. 그리고 데이터는 오늘날의 수많은 성공 기업들이 그러하듯, 산업을 지배하느냐 실패하느냐를 좌지우지했다. 패터피의 조직은 월스트리트에서 방대한 데이터의 자동화된 수집과 이용에 있어 선구자였으며, 월스트리트는 그런 일들이 처음으로 시작된 곳이었다.

알고리즘의 할리우드 진출

거래소에서는 처음으로 매력적인 여성 트레이더와 함께 해킹된 퀴트론 기기를 활용하는 트레이딩 시스템을 구축하고 나자, 패터피는 완벽한 수익 창출 시스템을 만들었다고 생각했다. "나와 함께 거래하는 사람이라면 누구든지 돈을 벌 수 있어. 그 누구라도 말이야." 패터피는 친구에게 말했다.

월스트리트 사람들이 아니랄까봐, 많은 이들이 패터피에게 자신의 주장을 증명해보라고 요구했다. 그의 자랑이 얼마나 우습게 들렸을까? 그의 시스템을 이용하면 누구나, 자신의 본능과 거래 능력을 갈고 닦는 데 자신의 경력 전부를 바친 진정한 전문가들이 득실득실한 거래소로 기어들어와서 그런 사람들을 상대로 돈을 뺏을 수 있다고 우기다니! 패터피는 자신의 주장을 굽히지 않았고, 그것을 증명하기 위해 패터피의 오랜 상사인 자레키의 친구이자 거래소 객장에서 가장 만날 수 없을 것 같은 사람인 멜빈 반 피블즈^{Melvin Van Peebles}를 데려왔다. 1971년 반 피블즈는 '스위트 스위트백 배다스스 송^{Sweet Sweetback's Baadassssss Song}'이란 영화의 각본, 감독, 제작, 주연을 맡아 19일 만에 열정적으로 이 영화를 완성해냈다. 그는 영화 완성을 위해 빌 코스비^{Bill Cosby}로부터 5만 달러를 빌려야 했지만, 영화는 결국 성공해 총 1,000만 달러의 수입을 거뒀다. 이 영화를 계기로 반 피블즈의 제작자, 감독, 배우로서의 경력이 시작됐다.

유명인이라는 신분과 이미 바쁜 생활에도 불구하고(그 당시 반 피블즈는 브로드웨이 뮤지컬을 제작하느라 바빴다.), 반 피블즈는 월스트리트의 특성에 매력을 느껴, 1982년 여성으로만 이뤄진 패터피의 트레이더들과 함께 팀버 힐에 일하러 왔다. 그는 팀버 힐의 객장에 1년 내내 머물면서, 패터피와 그 자신을 제외한 모든 이들을 놀라게 만들었다. "나는 늘 해왔던 일을 하고 있지요. 거래 말입니다." 반 피블즈는 「뉴욕^{New York}」지를 통해 이렇게 말했다.[3]

게다가 반 피블즈는 돈을 벌기까지 했다. 그것도 아주 많이. 그는 자신의 성공을 이렇게 설명했다. "여러분은 두-붑-비-델리야붑^{doo-boop-be-deeliyaboop}(수리수리마수리)을 계산할 수 있어야 합니다.

거래 완료! 나는 그걸 할 수 있어요.”[4] 반 피블즈의 말에 따르면, 그는 네덜란드와 공군에서 천문학을 배울 때 수학을 공부한 적이 있었지만, 그의 거래에서 활용된 수학은 전부 탈취된 쿼트론 전선의 데이터를 이용하던 패터피의 알고리즘에서 나왔을 가능성이 크다.

패터피의 다른 트레이더들과 마찬가지로, 반 피블즈는 빈번히 거래소 객장에 줄지어 있던 전화기로 달려가, 텀버 힐 본사와 통화하곤 했다. 전화에다 그는 잡동사니 문자, 숫자, 분수를 낙서해 놓았는데, 그 모두가 그에게 내려진 지시사항을 의미했다. 다시 소란스러운 객장 중 한 군데로 돌아와서, 그는 손을 들고 새로운 델타 중립 거래를 주문했다. 반 피블즈의 이야기는 아마 오늘날까지도 뉴욕 거래소의 가장 믿기 어려운 트레이딩 팀의 성공담으로서 정점을 찍었다. 세 명의 금발 여성과 한 명의 유명한 흑인 작가 겸 감독 겸 배우로 이뤄진 팀은 모두 기계 내에 숨어있는 알고리즘을 기막히게 위장한 대리인이었다.

아이패드의 선조

거래소의 악명 높은 남성 우월주의를 이용한 패터피의 전략은 옵션 스페셜리스트들이 지속적으로 패터피의 여성들이 내는 주문을 다른 주문보다 우선적으로 채택함으로써 성과를 거뒀다. 하지만 패터피가 6개월 동안 손쉬운 수익을 올리고 나자, 스페셜리스트들은 패터피의 트레이더들이 가진 것으로 보이는 비상한 시장 감각을 눈치채기 시작했다.

스페셜리스트 중 한 명은 패터피에게 다가와서 이렇게 말했다. "보세요. 우리도 이 트레이더들이 뛰어나지 않다는 건 알아요. 그런데 우린 거래마다 족족 잃고 있어요. 무슨 일을 하고 있는 겁니까?"

날카로운 관찰자들은 패터피가 뭔가를 터득했다고 추측했지만, 그것이 정확히 무엇인지 확신할 순 없었다. 그럼에도 불구하고 그들이 확신했던 건, 패터피의 여자들이 관심을 가져주는 건 좋아했지만 그녀들이 가져오는 거래는 꺼려 했다는 것이다. 이런 상황 전에, 패터피는 스페셜리스트들에 의해 시장조성자로 지정돼, 거래소에서 새로운 주문을 처음 낼 수 있는 기회를 부여받았다. 원칙적으로, 시장조성자는 시장이 어떤 방향으로 흘러가든 매수와 매도 주문 양쪽을 항상 유지해야 한다. 하지만 패터피는 다른 대다수 시장조성자들이 그렇듯이, 규칙을 왜곡해 자신의 알고리즘이 지시하는 대로 원하는 거래를 선별하고 있었다. 그가 항상 매수와 매도 주문을 유지하고 있었던 적은 없었다.

패터피가 주문한 거의 모든 거래에서 잃는 데에 이골이 난 스페셜리스트들은 헝가리인에게 최소한의 옵션 숫자에 대해 매수 매도 호가를 공개할 것을 요구하고, 그러지 않으면 시장조성자의 지위를 박탈하겠다고 통보했다. 패터피는 최대한 공손하게 요구에 대해 이의를 제기하고, 수익 흐름을 유지하면서 자신을 침몰시킬 수 있는 사람들을 달래기 위한 방안을 찾고자 고민했다.

패터피는 한정된 유가증권에 대해 계속적인 매수 매도 호가를 제시하도록 요구받았지만, 매번 지시를 받기 위해 자신의 트레이더들에게 전화 부스에 매달려 있으라고 요구할 순 없었다. 호가를 계속 공개하려면 거래소에 눌러앉아서 시장의 흐름을 예민하게 주시해야 한다. 대부분 퍼스널 컴퓨터 속에 내장된 알고리즘으로부터 직접 지시를 받는 패터피의 트레이더들이 정말로 시장을 주도한다면 사고 치는 선 불을 보듯 뻔했다.

해결책은 과거에 그가 거래소에 제안했던 내용에 숨어있었다. 바로 휴대용 컴퓨터였다. 패터피는 이전에 스페셜리스트들에게 구시대적인 방법을 개선하기 위해 전체 객장에 휴대용 컴퓨터를 지급하자고 제안한 적이 있었는데, 당시에는 염두에 둔 구체적인 기기도 없었을 뿐 아니라 거래소의 보수적인 문화와 실세들에 대한 이해가 부족했었다. 그가 교체돼야 한다고 생각했던 사람들이 거래소의 실세였다.

패터피의 새로운 계획은 전체 거래소가 아니라 자신의 트레이더에게만 휴대용 컴퓨터를 지급하는 것이었다. 하지만 그런 정도라도 가능할 것인가? 패터피는 그러리라고 기대했다. 만일 AMEX에서 휴대용 컴퓨터로 성공을 거둔다면, 자신의 수법, 즉 알고리즘, 컴퓨터, 거래소 장치를 미국에서 가장 큰 옵션 거래 객장인 시카고 옵션 거래소에도 적용해볼 참이었다.

AMEX 거래소 소장은 패터피의 제안에 흥미를 보이지 않았다. 일부 직원들은 그 문제에 대해 신경질적이었다. 거래소에 트레이딩 기계라니? 반대자 대부분은 기계가 트레이더들이 서로 부대끼는 데 방해가 될 것이며, 시장이 예상하지 못한 대로 돌아갈 때는 패터피가 감당할 수 없는 황당한 주문을 낼 수도 있다고 주장했다.

이런 반대에도 불구하고, AMEX는 패터피의 트레이더들이 소형 태블릿 컴퓨터를 거래소에 반입할 수 있도록 허용했다. 패터피는 이제 새로운 문제에 봉착했다. 그에겐 준비된 태블릿 컴퓨터가 전혀 없었다. 아이패드가 등장하기 30년 전에는 그 누구도 태블릿 컴퓨터를 가지고 있지 않았다. 기기를 밑바닥부터 새로 만들어야 할 판이었다.

자신이 원하는 것에 대한 막연한 상상만을 가진 채, 패터피는 뉴욕 대학교의 물리학 박사 과정 학생들을 데려와서 검은 플라스틱인 마일러^{Mylar}로 작은 직사각형 상자를 제작해 달라고 요청했다. 이 상자의 크기는 대략 가로 20센티미터, 세로 30센티미터에 깊이는 5센티미터였다. 내부의 빽빽한 트랜지스터와 회로판은 금으로 만든 선 더미가 포함된 상단 패널에 연결됐다. 사용자가 손가락을 누르면 선이 이를 감지해 패널이 터치스크린처럼 동작했다. 그다음 패터피는 상자 표면에 얇은 플라스틱 조각을 여러 세트 배치해 키패드 역할을 하도록 만들었다. 선택사항별로 다양한 키보드와 다양한 프로그램이 필요했다. 각각의 조각판은 앱과 유사했다. 이런 방식으로 패터피는 상자를 한 종류만 만든 다음에, 각 상자를 사용자가 거래하는 종목에 적합한 알고리즘으로 프로그래밍할 수 있었다.[5]

아침을 맞아 시장 개장 종이 울리기 전에 패터피는 각 휴대용 기기를 열고 내부에서 작은 선 벨트를 꺼내 쿼트론 선으로부터 데이터를 수집하는 PC에 꽂았다. 휴대용 기기는 컴퓨터로부터 최신 시장가격과 데이터를 수집한 후 거래소 현장을 지키고 있던 사용자들에게 주식과 옵션 가격 호가가 적당한지 알려줄 수 있었다. 사용자들이 현재 시장가격을 입력하면, 태블릿의 화면에 해당 거래가 가치 있는지 표시됐다. 이제 스페셜리스트들이 패터피의 여성 트레이더들에게 매수 매도 호가를 요청하면, 여성들은 가격이 패터피의 알고리즘과 맞는지 확인하고서 재빨리 가격을 제공할 수 있었다.

이 무렵, 패터피는 매년 100만 달러 이상을 벌고 있었다. 당시 그가 궁금했던 건 수익이 얼마나 커질 것인가였다. 알고리즘으로 AMEX를 정복한 그는 새로운 도전을 찾고 있었다. 그는 자신의 코드를 적용할 수만 있다면, 어떤 시장이라도 지배할 수 있다고 확신했다. 그는 가장 거래 규모가 컸던 시카고 옵션 거래소를 목표로 정했다. 시카고의 운영위원회는 패터피와 격론을 벌였고, 객장에서 그의 휴대용 기기 사용을 금지시켰다. 상자가 너무 커서 혼잡한 거래소 내부에 적합하지 않다는 주장이었다. 그는 이 점을 인정하고, 작업실로 돌아가서, 원래 크기보다 많이 줄어든 17.5센티미터 크기의 정육면체 형태 상자를 만들었다. 트레이더가 가슴에 꼭 안을 수 있는 새로운 상자를 제시하자, 시카고 옵션 거래소는 속내를 털어놓았다. 거래소의 임직원들은 어떤 종류의 컴퓨터든 거래소에서 용납할 수 없으며, 기계가 그 사용자들에게 모종의 우위를 제공할까봐 염려된다는 점을 명백히 밝혔다. 효율성과 줄어드는 스프레드 덕분에 투자자와 시장에 득이 된다는 점은 고려사항이 아니었다.

"분명히 거래소는 저에게 반대했습니다." 패터피는 말했다. "그들은 항상 뭐든지 반대하죠."

그래서 패터피는 옵션 거래소를 통해 지배적인 주식 거래소로서의 위상을 강화하려고 했던 뉴욕 증권 거래소로 방향을 돌렸다. 일반적으로 뉴욕 증권 거래소는 거래 조건을 좌우하는 갑의 입장이었지만, 패터피의 거래 규모에 눈독을 들였다. 이미 거래소 컴퓨터로 무장된 자신의 트레이더에게 좀 더 도움을 주고자, 패터피는 거래소에서 자신의 직원들이 위치한 장소 위에 전등 막대 세트를 달았다. 그다음 색상 막대를 이용해, 거래소에 새로운 거래를 알릴 수 있는 시스템을 만들었다.

모든 것들은 여전히 패터피의 컴퓨터 프로그래밍에 의존했는데, 그의 프로그램은 최근 전면적 검토를 거쳐, 대부분의 사업용 코드에 활용되던 포트란보다 좀 더 현대적이고 효율적인 프로그래밍 언어인 C로 동작되도록 재작성됐다. 늘 그렇듯이, 컴퓨터는 입력되는 데이터에서 적합한 거래를 걸러냈다. 컴퓨터는 기회를 찾아내면 곧바로 일련의 전자 펄스를 뉴욕 증권 거래소 객장에 있는 색상 막대로 전송했고, 팀버 힐의 트레이더들은 개장부터 폐장까지 막대를 지켜봤다. 머지않아, 패터피는 뉴욕 증권 거래소에서 주요 시장조성자 중 하나가 됐다.

1977년 AMEX에서 3만 6,000달러에 첫 번째 회원권을 구매한 이후, 패터피는 계속해서 그곳에 본점을 뒀다. 추가적인 확장을 염두에 둔 그는 AMEX가 제공하는 것보다 더 많은 공간이 필요했다. 그래서 1986년 여러 곳의 거래소에 있는 트레이더들을 지휘할 수 있는 더 넓은 공간을 가진 세계무역센터로 본점을 옮겼다.

운영 조직을 거래소 객장에서 몇 블록 떨어진 무역센터로 옮기자, 태블릿에 새로운 데이터를 계속 업데이트하기가 어려워졌다. 데이터를 공급했던 PC도 함께 옮겨졌기 때문이었다. 이 문제에 대한 패터피의 간단한 해결책은 자신도 모르게 월스트리트의 과거 방식을 닮게 됐다. 월스트리트에서는 새로운 소식이 시장에 퍼지기 전에 위쪽 사람들에게 소식을 전파하려고 사람들이 뛰어다니곤 했다. 패터피는 재빠른 일꾼들을 몇 명 고용하고, 이 사람들에게 사무실 잡일 외에 세계무역센터에서 거래소까지 업데이트된 휴대용 기기를 팔에 끼고 달리는 걸 주업으로 맡겼다.

"시내를 걷다가 검은 상자를 끼고 거리를 미친 듯이 전력 질주하는 사람을 봤다면, 우리 직원을 본 겁니다."라고 패터피는 말했다.

1980년대 중반 무렵, 기술에 익숙한 몇몇 트레이딩 업체에서 데이터를 전송하는 전용 전화선을 설치하기 시작하자, 달리기 직원들은 결국 일자리를 잃었다. 패터피는 이런 변화의 선두에 서서, 자신의 무역센터 사무실로부터 거래소 지점까지 데이터를 송수신해주는 전용 전화선을 임대하고, 본사에서 전송된 데이터를 거래소 지점에서 컴퓨터로 가공한 후 휴대용 기기에 집어넣었다. 이렇게 바꾼 후에도, 트레이더들은 여전히 하루에 여러 차례 객장에서 기기를 가지고 거래소 지점에 있는 컴퓨터로 달려가야 했다. 이런 과정을 없애기 위해 패터피와 그의 엔지니어 팀은 거래소에 있는 팀버 힐의 컴퓨터와 휴대용 기기 양쪽에 소형 무선 송신기를 만들어 넣었다. 이 작업이 끝나자, 데이터가 알아서 척척 거래소 객장에 있는 휴대용 기기로 흘러갔다.

1986년이 되자, 거래소는 패터피 트레이더 군단의 현금 인출기가 됐다. 알고리즘 주문은 흘러나갔고, 돈은 흘러들어왔다. 무선 송수신이 되는 기기 덕분에 패터피는 알고리즘에 부합되지 않는 호가를 부를 걱정 없이 더 많은 거래량을 처리할 수 있었다. 팀버 힐은 1986년 100만 달러 자본으로 시작했다. 그해 말에는 은행 잔고가 500만 달러로 늘어나서, 400퍼센트 수익률을 기록했다. 이제 쌓여가는 자금 덕분에 패터피는 확장을 생각할 여유를 갖게 됐다.

기술 진보에 따라, 그의 수법을 베낀 가장 기민한 적수들도 발전했다. 조 리치Joe Ritchie의 시카고 리서치 앤드 트레이딩 그룹Chicago Research and Trading Group은 시카고에서 유력 기업이 됐고, 블래어 헐Blair Hull의 헐 트레이딩Hull Trading은 1985년 설립 이후 재빠르게 치고 올라왔다. 역시 시카고를 근거지로 둔 오코너 앤드 어소시에츠O'Connor & Associates도 패터피와 매우 유사한 전술을 채택하고 있었는데, 트레이더들에게 옵션을 평가하기 위한 용도의 커닝 페이퍼를 지급하고, 끊임없이 위층에서 데이터를 분석해 새로운 수치를 객장으로 송신하는 컴퓨터를 통해 페이퍼의 정보를 보완했다. 오코너는 1989년대 중반에 심볼릭스^{Symbolics} 컴퓨터를 100대 샀을 때, 경쟁사들이 쓰레기통을 뒤져 자신들의 기술을 염탐하지 못하도록 중역들이 포장 박스까지 찢을 정도로 철두철미하게 보안을 유지했다.[6]

알고리즘, 전국에 퍼지다

1987년이 되자, S&P 500 같은 주식 그룹으로 편성된 인덱스 펀드^{index fund}들이 대중뿐 아니라 전문 트레이더들 사이에서도 인기를 끌게 됐다. 그러나 S&P 500을 비롯한 특정 인덱스의 거래는 한 시장에만 라이선스됐다. S&P 500의 경우에는 시카고 상업 거래소^{Chicago Mercantile Exchange}에 라이선스가 귀속됐다. 따라서 다른 거래소들의 경우에는 정확히 똑같지는 않지만, 비슷한 인덱스들을 채택했다. 시카고 옵션 거래소는 S&P 100과 동일한 OEX를 거래했다. 뉴욕 증권 거래소는 전체 NYSE 종목으로 편성된 뉴욕 증권 시장 종합지수^{NYSE composite}를 거래했다. AMEX는 30개의 대형 주식으로 편성된 메이저 마켓 인덱스^{Major Market Index}를 거래했다. 그리고 퍼시픽 증권 거래소^{Pacific Exchange}는 시장에서 비중이 높아지고 있던 기술 기업들을 기반으로 한 PSE라 불리는 지수를 가졌다.

이 모든 인덱스들에 포함된 종목들은 서로 달랐지만, 핵심 종목은 비슷했다. S&P 500 지수는 500개 기업만으로 구성됐지만, 비중으로는 빅 보드^{Big Board}*에서 거래되는 모든 회사가 포함된 NYSE 지수의 90%에 달한다. 빅 보드에서 상위 500개 주식이 차지하는 비중이 나머지 주식들보다 워낙 커서, NYSE 지수는 기본적으로 S&P 500을 따라가고 S&P 500은 NYSE를 따라간다.

인덱스들이 같은 방향으로 움직인다면 그들의 불안정성도 똑같을 것이고, 따라서 그들의 옵션 가격과 미래 가격도 똑같을 것이라고 패터피는 추론했다. 그러나 실제로는 이런 가격들이 거래소마다 상당히 다를 수도 있었다. NYSE 지수의 11월 콜 옵션은 뉴욕에서 2달러에 거래되지만, 비슷한 콜이 시카고의 OEX에서는 3달러에 거래되고, 샌프란시스코의 퍼시픽 거래소에서는 2.25달러에 거래될 수 있었다. "따라서 최소한 우리에게는 뭘 해야 하는지가 명확하게 보였어요."라고 패터피는 말했다. 누워서 떡 먹기였다. 비싼 지수 파생상품^{derivative}을 팔고, 싼 걸 사면 되는 것이었다. "정말 멋진 일이었죠." 그는 즐겁게 회상한다.

이런 손쉬운 거래들을 전부 최대한 활용하기 위해서는 샌프란시스코 거래소, 두 개의 시카고 거래소, 두 개의 뉴욕 거래소에 각각 사람들이 필요했다. 패터피와 그의 개발 팀은 전국의 각 거래소 객장에 팀버 힐의 교두보를 구축할 신입 트레이더 부대에 필요한 새로운 휴대용 기기 세트를 제조했다. 패터피는 수십 대의 새 컴퓨터를 구입하고 데이터용으로 항상 열려 있는 전국망 전화선을 임대해 컴퓨터 네트워크의 실시간 연락을 유지함으로써, 전국에 걸

---

* 뉴욕 증권 거래소의 별명 – 옮긴이

처 자신의 팀에 해당하는 가격을 바로 조정할 수 있도록 만들었다. 새로 진출한 거래소에 무선 송수신기를 갖춤으로써 샌프란시스코, 뉴욕, 시카고에 있는 거래소 트레이더들이 동일한 정보를 공유했다. 이제 뉴욕에서의 매도가 바로 시카고에서의 매수로 헤징hedging 될 수 있게 됐다.

파생상품의 가격이 자신들이 예상했던 범위 내로 들어오면, 패터피의 컴퓨터들은 트레이더에게 수익 유지를 위해 매수 포지션long position과 매도 포지션short position을 모두 버리라고 알려준다. 지수 파생상품은 모든 시장에서 대규모로 거래되므로, 매일 수백 가지(수천 가지는 아니더라도)의 중개 매매 기회가 있었다. 패터피의 방식대로 기술을 활용하는 트레이더들은 매우 드물었다. 일부 트레이딩 업체는 뉴욕과 시카고 사이에 전화선을 열어놓고, 직원들이 서로 가격을 외쳐 대면서 가격 불일치가 크게 생기는 기회를 잡았다. 자동화된 패터피의 시스템에서는 커다란 가격 불일치는 물론 작은 불일치에서도 기회를 잡을 수 있었으며, 거의 언제나 다른 사람들보다 먼저 상황을 포착했다. 패터피는 최초로 전국 규모의 알고리즘 트레이딩 조직을 구축했다.

휴대 기기에 포착된 모든 트레이딩 활동은 패터피가 각 거래소에 설치한 단말로 무선 송신됐다. 그다음 그곳에 설치된 컴퓨터는 곧바로 전용 전화선을 통해 팀버 힐 무역센터 사무실로 데이터를 전송했다. 팀버 힐에서는 코릴레이터Correlator라는 간단한 이름으로 불리는 대형 마스터 알고리즘이 데이터를 받아서, 빽빽한 코드를 돌려 시장을 분석하고 시장의 약점을 집어낸 후 각 도시에 있는 팀버 힐 트레이더들에게 약점을 공략하라고 지시를 보냈다. 코릴레이터는 12개의 주식과 파생상품 시장에 대해 실시간 가격을 분석하고 거의 거저먹기 수익이 보장된 거래 지시를 일제히 내렸다. 완료된 거래가 데이터 선을 통해 들어오면, 코릴레이터는 팀버 힐의 포지션을 입력받아서 그것들을 헤징할 거래를 쏟아냈다. 코릴레이터의 일부 거래는 100퍼센트 자동화됐는데, 해킹된 나스닥 터미널로 곧바로 전송돼 자동으로 키보드를 두드렸다.

코릴레이터로 시작해 나스닥 터미널을 통한 자동화된 처리로 마무리되는 패터피의 거래는 알고리즘 혁명의 2단계에 해당된다. 이 단계에서는 알고리즘이 데이터를 검색해 시장을 파악한 다음, 더 이상 인간에 의해 실행되지 않고 또 다른 기계에 의해 실행되는 명령을 내린다. 패터피는 궁극적으로 인간이 아니라 기계끼리 가장 중요한 커뮤니케이션을 서로 주고받는 월스트리트를 만드는 데 기여했다. 이러한 2단계의 침투가 미 전역의 시장 시스템에 퍼지기까지는 10년이 더 걸렸지만, 이런 침투는 모두 패터피와 나스닥에서 시작됐다. 패터피의 기법 이후에는 3단계만이 남아있다. 3단계에서는 알고리즘이 주인인 인간으로부터 독립적인 형태로 스스로 조정하고, 일부 사례에서는 스스로 알고리즘까지 만들어서 완벽한 봇 혁명이 완성된다.

패터피는 종종 세계무역센터 사무실에 앉아 트레이더들의 결과물이 코릴레이터로 흘러들어가는 장면을 지켜봤다. 화면에는 완료된 거래와 그런 거래들의 헤지 방법이 관련된 시장에 있는 팀버 힐 직원들에게 전송될 메시지로 나열됐다. 거래의 헤지가 이뤄지고 나면, 그것 역시 코릴레이터의 화면에 표시된다. 패터피는 도박을 한 적이 없었다. 그의 게임은 가끔은 작더라도 이익이 보장된 곳에 쉬운 베팅을 걸면서, 손실을 가능한 한 거의 제로에 가깝게 유지하는 것이었다. 큰 거래가 코릴레이터 화면에 뜨면 패터피는 모노크롬 픽셀에 집중하면서, 자신의 트레이더가 베팅을 헤징하는지 지켜봤다. 하지만 인간이 관리하지 않고 내버려두는 알고리즘이 하나같이 그러하듯 막강한 코릴레이터에게도 약점이 있었다.

1987년의 어느 날 아침, 패터피는 흘러들어오는 거래를 지켜보다가 이상한 점을 눈치챘다. 한 트레이더가 10만 NYSE 풋을 팔아서 군중의 누군가에게 미래에 인덱스 10만 주를 보장된 가격으로 판매할 수 있는 권리를 주려고 했다. 실제로 그해에 그렇게 됐지만 지수가 주저앉는다면, 그런 포지션은 팀버 힐에 재앙이 될 수 있었다. 거래를 살펴보고, 패터피는 누가 그런 대담하고 비관적인 전망을 냈을지 골몰하면서 눈썹을 찌푸렸다. 그의 마음속에는 종종 그랬듯이, 끔찍했던 듀퐁 거래가 떠올랐다. 반대 방향의 베팅으로 듀퐁 거래를 헤징하는 데 실패한 것이 처참한 결과를 낳은 이유였다. 하지만 지금 팀버 힐은 모든 거래를 헤징하고 있다.

패터피는 의자에 앉아서 다음으로 예상되는 일, 즉 거래의 헤지를 기다렸다. 예상했던 바로 그대로, 컴퓨터는 시장을 조사하고 트레이더의 리스크를 감소시킬 수 있는 가장 저렴한 방법을 찾아 지시를 내렸다. 풋의 매도는 낙관적인 거래였으므로, 코릴레이터는 트레이더들에게 NYSE 숏과 유사한 인덱스 매도와 더불어 다른 거래소에서 유사하며 저렴한 풋을 매수하라고 지시했다. 시스템은 그가 프로그래밍한 대로 정확히 작동했다. 패터피는 헤징된 거래가 승인된 것을 보고 의자에서 한숨을 돌렸다.

하지만 2분 후에 대형 거래가 다시 떴다. 한 트레이더가 10만 NYSE 풋을 매도했다. 순간 듀퐁의 악몽이 재차 떠올랐다. 그는 급히 전화기를 집어 들고, NYSE에 있는 트레이더의 데스크로 연결하기 위해 다이얼을 돌렸다.

"이 풋들을 누가 팔고 있는 거지?" 패터피는 물었다.

"무슨 풋이요?"라는 대답이 들렸다. 팀버 힐은 NYSE 객장에 여섯 명의 트레이더를 두고 있었으므로, 전화를 받은 트레이더가 이 거래에 대해 모른다고 생각할 수도 있었다. 패터피는 거래를 설명했다. "누가 이 일을 하고 있는지 찾아보게." 이렇게 말하고 그는 전화를 끊었다.

언짢아진 패터피는 의자에 깊숙이 앉았다. 그는 코릴레이터가 추가적인 헤지 지시를 할당하고, 자신의 트레이더들이 적절히 처리하는 것을 지켜봤다. 그러다 곧 그의 속이 뒤틀렸다. 세 번째로, 코릴레이터의 화면에 '매도: 10만 NYSE 인덱스 풋'이 등장했다.

"이런 빌어먹을, 무슨 일이야?!" 패터피는 소리쳤다. 그는 전화로 다시 달려가서 NYSE 객장으로 다이얼을 돌렸다. 한 트레이더가 전화를 받았다.

"도대체 무슨 일이 일어나고 있는 거야? 이 풋들을 누가 팔고 있지?" 패터피는 물었다.

"무슨 말씀인지 모르겠습니다!" 트레이더가 대답했다.

패터피는 소리쳤다. "코드를 전부 뽑아. 당장 뽑으라고!"

트레이더는 바로 몸을 돌려서 거래소 컴퓨터로 들어오는 전원 코드와 데이터 코드를 전부 뽑아내 팀버 힐의 NYSE 운영을 차단했다. 휴대 단말은 아무 정보도 받지 못했고, 남아있던 팀버 힐의 NYSE 트레이더들은 어리둥절한 채 사무실로 돌아왔다.

패터피는 세계무역센터를 뛰쳐나와 뉴욕 증권 거래소로 향했다. 월스트리트 11번가에 있는 신고전주의적인 NYSE 본부 건물의 계단을 올라서, 팀버 힐의 작은 사무실 문을 열어젖혔다. 그는 트레이더들 모두에게 다음과 같이 따져 물었다. "이 거래들이 어디서 오는지 어떻게 해서 아무도 모른단 말인가?"

패터피는 갑작스럽게 마음을 바꿔서, 건물 안에 있는 휴대 기기들을 모두 세보기로 했다. 각 트레이더들은 자신의 태블릿을 재빨리 내놨다. 휴대 기기들은 모두 이상이 없는 것으로 확인됐다. 하지만 그때 패터피의 머릿속에 상당히 빈번히 일어났던 고장에 대비해 여분의 기기를 사무실에 보관해둔 것이 떠올랐다. 패터피는 문 주변의 책상에 놓여진 작은 사각형을 재빨리 찾아냈다. 그것을 집으러 가자, 욕실에 있던 트레이더 중 한 명이 사무실로 돌아왔다. 그가 사무실 문을 열자 획 하는 바람 소리가 뚜렷이 들렸다. 패터피는 바람이 지나가자 기기의 플라스틱 덮개가 흔들리는 걸 볼 수 있었다.

사무실 문이 닫히자, 바람이 잠잠해졌다. 그러다 사무실 바깥 공기에 의해 문이 다시 활짝 열려서 또 다시 바람이 태블릿에 불어왔고, 터치스크린 덮개에 큰 주름이 잡혔다.

"컴퓨터를 켜보세요." 이제 호기심이 생긴 패터피가 한 트레이더에게 말했다.

문이 다시 열렸고, 이제 켜져서 태블릿의 항목을 등록하고 있던 컴퓨터에 10만 NYSE 인덱스 풋 매도 표시가 떴다. 문에서 생긴 작은 바람으로도 마치 누군가가 손끝으로 입력한 것처럼 거래를 등록하기에 충분한 힘이 기기 표면에 가해졌다. 거래소 객장에서 복도로 불어오는 바람 때문에, 사무실 문이 계속 부딪치면서 열렸기 때문에 주문은 계속 입력됐다. 거래가 적법한 것으로 등록되려면, 트레이더가 입력한 후에 확인 과정을 거쳐야 한다. 태블릿이 확인 여부를 물으면서 깜박거릴 때, 바람이 태블릿의 YES 버튼을 건드려서 코릴레이터에 거래를 통지했다.

예전에 이런 대형 거래가 일어난 적은 없었다. 하지만 코릴레이터는 아무 생각 없이 설계된 대로 작동했을 뿐이다. 코릴레이터가 지시했던 헤지 거래는 아무것도 헤징하지 않은 셈이었다. 그 거래들은 그야말로 일반적인 거래였던 것이다. 그날 장이 종료됐을 때, 팀버 힐은 300만 달러가 넘는 무방비 상태의 방향성 베팅을 쥐고 있었다. 패터피는 자신이 그렇게 피하려던, 한탕주의 도박에 목숨 거는 카우보이가 된 셈이었다. 패터피는 자신의 포지션을 모두 해제하기 위해 다음 날 아침까지 기다려야 했다. 그저 개장 전에 시장이 불리한 방향으로 돌아가지 않기를 바랄 뿐이었다.

그날 밤, 패터피는 잠을 이룰 수 없었다. 결국 출근 시간이 될 때까지 밤새 천장만 쳐다봤다.

다행히도 시장에는 큰 변동이 없었고, 팀버 힐은 거의 손해 없이 포지션을 버릴 수 있었다. 만일 이날이 1987년 10월 19일의 블랙먼데이였다면, 오작동에 의한 이번 베팅으로 인해 패터피의 경력은 끝장났을 수도 있다.

월스트리트의 왕족이 된 해커

1988년 패터피는 5,000만 달러를 벌었는데, 그에게는 놀라운 규모의 돈이었으며 그가 큰 성공을 거뒀다는 것을 보여주는 액수였다. 그가 뭘 하는지 아는 사람은 거의 없었지만, 그는 초기에 우위를 잡은 이후부터 무리의 선두에서 질주해 시종일관 인간 상대들을 앞선 봇을 통해 주식시장과 옵션 시장을 지속적으로 지배했다. 하지만 어느 시점인가부터 나머지 월스트리트도 따라잡기 시작했는데, 바로 퀀트 열기가 맨해튼 남부를 사로잡으면서 과학자와 엔지니어들을 금융 직종으로 유혹하기 시작한 때였다.

1999년 골드만삭스는 패터피의 사업을 인수하는 조건으로 9억 달러를 제안했다. 하지만 패터피는 30억 달러를 원했다. 골드만삭스는 대신에 시카고에 있는 블레어 힐의 자동화 트레이딩 사업을

5억 달러에 인수했다. 헐의 사업은 패터피의 사업보다 훨씬 작았지만, 패터피가 트렌드를 일으킨 지 6년이 지난 1990년대 초반에 신시내티 증권 거래소의 거래에서 봇을 사용하기 시작함으로써 새로운 물결을 일으켰다.

투자은행과 월스트리트 우량 기업들이 패터피와 수년간 인간 트레이더들을 앞질러온 다른 프로그래머들을 따라잡는 건 시간 문제일 뿐이었다. 금융 시장의 공룡들은 자체적으로 해커와 엔지니어들을 영입해 신속하게 알고리즘 게임으로 들어왔다. 헐은 골드만에 사업을 매각한 후에 이 게임에서 발을 뺐고, 후일 일리노이주 상원의원 경선에서 버락 오바마에게 패했다. 다른 알고리즘 선구자들은 훨씬 더 일찍 떠났다. 컴퓨터 포장 박스까지 찢었던 오코너 앤드 어소시에이츠는 1992년에 스위스 은행에 매각됐고, 조 리치의 시카고 리서치 앤드 트레이딩 그룹은 네이션스뱅크^{NationsBank}에 매각됐는데, 네이션스뱅크는 1년 후에 뱅크 오브 아메리카^{Bank of America}가 된다. 최초의 알고리즘 트레이더인 패터피는 자칭 우주의 지배자라는 트레이더들의 세계에서 경쟁을 계속했다. 이 헝가리인의 조직은 본사를 코네티컷의 그리니치^{Greenwich}로 옮기면서 최종적으로 사명을 인터랙티브 브로커스^{Interactive Brokers}로 바꿨고, 1990년대에도 계속 월스트리트와 보조를 맞추며 오늘날에 이르고 있다.

그 이유 중 하나는 패터피의 조직은 그가 단언하듯 엔지니어와 프로그래머들의 것이었고 앞으로도 그럴 것이기 때문이다. 골드만과 월스트리트의 다른 기업들은 엔지니어 인재를 찾아서 자신의 퀀트 부서를 채우겠지만, 인터랙티브 브로커스에서는 엔지니어들이 바로 회사다. 패터피의 회사는 엔지니어가 제품을 만들고 중대한 결정을 내리는 곳, 바로 구글의 월스트리트 버전에 가깝다. 실제로 인터랙티브 브로커스는 임직원의 75퍼센트를 프로그래머와 엔지니어로 구성하려고 노력한다. 패터피는 "대부분의 월스트리트 기업들은 자신이 최고로 잘하는 일에 집중합니다. 즉 뭔가를 파는 일이죠. 하지만 우리는 코드를 짭니다. 그것이 우리가 하는 일이죠."라고 말한다.

인터랙티브 브로커스에 경영학 학위를 가진 사람이 아무도 없다는 사실은, 패터피가 강조하듯 이 회사를 경쟁사들과 완전히 다른 분위기로 만들어준다. 패터피는 MBA를 단 한 명도 회사에 들이지 않을 것이라고 주장한다. 앞으로도 영원히 말이다.

1990년대를 거쳐 2000년대에 들어서까지 인터랙티브 브로커스는 확장을 계속했으며, 미국에서 점유율을 늘려가는 동안 유럽 시장에서도 알고리즘을 선보였다. 2007년 5월 4일 금요일, 패터피는 금융 기업이든 기술 기업이든 간에 모든 기업들이 꿈꾸던 날을 맞이했다. 바로 인터렉티브 브로커스의 기업 공개일이었다. 그는 다림질한 흰색 셔츠에 거의 보라색으로 보일 정도로 새파란 넥타이를 매고, 섬세한 체크 패턴이 수놓아진 베이지색 수트를 입었다. 그는 회사에 일찍 출근한 후 녹차를 한 모금 마시고, 자신의 사무실 창가 구석에서 그리니치의 분주한 거리를 내려다봤다.

오전 7시 30분이 되자, 인터랙티브 브로커스는 활기를 띠었다.

패터피는 사무실을 나와서 손님들을 맞이했다. 오전 9시 29분에 수십 명의 사람들이 패터피를 중심으로 모두 한 자리에 모여들었다. 시계가 9시 30분을 가리키자, 그는 손을 들고 박수를 치며 소리를 질렀다. 그가 손을 재빨리 큰 오렌지색 버튼 위에 올려놓자, 주변에서 온통 박수가 터져 나왔다. 접합된 전선, 해킹된 데이터선, 직접 작성한 코드로 연명하던 그의 자동화된 사업을 나스닥이 해체하려고 시도한 지 20년이 지난 후에, 패터피는 나스닥의 개장종을 울렸다. 시장은 그의 회사 가치를 120억 달러로 평가했다. 패터피는 인터랙티브 브로커스 소유 지분의 85퍼센트를 보유하고 있었으며, 자신의 주식 중 10퍼센트만을 판매를 위해 공개했다. 이 거래만으로도 그는 11억 8,000만 달러를 바로 수중에 넣었으며, 그해 미국에서 두 번째로 큰 규모의 기업 공개로 기록됐다. 온전한 엔지니어링 학위가 없는 상태에서, 1960년대에 컴퓨터 매뉴얼을 읽으며 프로그래밍을 선택하기로 결심했던 헝가리 이민자로서는 나쁘지 않은 결과였다.

알려지지 않은 금융 개척자

신선한 코드와 더 빠르고 더 새로운 하드웨어가 무대에 넘쳐나자, 월스트리트에서 거래의 속도와 규모는 계속 솟구쳤다. 1990년대 후반에서 2000년대에 이르기까지 월스트리트에서 '군비 경쟁'이 지속되자, 월스트리트의 방법론과 재능이 다른 분야로 흘러들어가기 시작했다. 월스트리트는 과학에서 약간 베꼈을지도 모르지만, 어떤 다른 산업 분야도 월스트리트만큼 끝없이 복잡한 알고리즘과 자동화된 봇의 발전을 완성시키지 못했다.

오늘날의 주식시장에서 인간의 역할은 주로 이해관계를 가진 관찰자로 축소됐다. 이제 알고리즘이 시장을 지배한다. 다우존스와 블룸버그는 트레이딩 봇을 위해 특별히 작성된 뉴스 서비스를 제공한다. 이런 이야기가 사람들에게는 이해하기 어려울 수도 있겠지만, 봇의 입장에서는 완벽하게 말이 된다. 이런 뉴스는 시장에 영향을 미치며, 월스트리트 트레이더가 그리니치에서 열차를 타고 바론즈 신뢰도지수$^{Barron's}$를 대강 훑어보듯, 이제 알고리즘도 신문을 읽는다. 게다가 훨씬 빨리 읽는다.

기계가 상황을 통제하게 되면, 우리는 시장에서 무슨 일이 벌어질지 확실히 알 수 없다. 2010년 5월 6일 발생했던 1조 달러에 이르는 부의 증발 사태가 딱 들어맞는 사례다. 그리고 그 여진은 계속되고 있다. 6개월 후에 노스캐롤라이나주의 공공 사업체인 프로그레스 에너지$^{Progress\ Energy}$는 뚜렷한 이유 없이 회사의 주식 가치가 몇 분 만에 90퍼센트나 폭락하는 상황을 지켜봤다. 5월 6일에 심하게 요동쳤던 애플 주식은 몇 달 후에 뚜렷한 이유 없이 4퍼센트 떨어져 시가총액 기준으로 160억 달러가 사라졌다가 다시 반등했다. 트레이더를 위한 알고리즘을 작성하면서, 기계가 통제하는 이러한 새로운 시장을 연구한 바 있는 펜실베니아 대학의 마이클 컨스$^{Michael\ Kearns}$ 교수는 지금처럼 알고리즘에게 전체적인 통제

권을 주는 것이 어떤 결과를 낳을지 알 수 없다고 말한다.[7]

월스트리트 알고리즘 간의 경쟁은 너무나 기묘하게 전개돼서, 어떤 날에는 나스닥에서부터 NYSE에 이르기까지 미국의 모든 거래소에서 이뤄지는 거래의 40퍼센트가 대부분의 사람들은 물론 금융 업계에 종사하는 사람들조차 들어본 적이 없는 중서부 두 개회사에 의해 이뤄진 경우도 있을 정도다. 두 회사 중 하나인 겟코 Getco 는 시카고 소재이고, 다른 하나인 트레이드봇 Tradebot 은 캔자스 시티 소재다. 두 회사는 세계 수준의 해커와 엔지니어들을 채용해 주당 1센트 이하의 수익을 거두는 데 초점을 맞춰왔다. 겟코와 트레이드봇은 가장 작은 기회를 찾기 위해 시장을 샅샅이 뒤지는 수천 가지의 알고리즘을 적용했다. 그리고 봇으로 시장에서 돈을 벌겠다는 똑같은 목표를 가진 이외의 회사들이 큰 회사, 작은 회사를 합해 수천 개가 존재한다. 이제 알고리즘이 미국에서 이뤄지는 모든 주식 거래의 60퍼센트를 처리하므로, 결과적으로 알고리즘이 주식시장 자체라고 봐도 무방하다. 유럽과 아시아 시장도 크게 다르지 않다. 한때는 떼지어 다니면서 서로 다투고 소리지르던 사람들 무리에 의해 결정되던 시장이 이제 끊임없이 서로를 테스트하고, 우위를 차지하기 위해 경쟁하며, 자신의 의도를 숨기고, 거래하면서 학습하는 경쟁적인 알고리즘에 의해 결정된다.

시장에서 알고리즘의 역할로 인해 많은 이점들이 생겼다. 일반인이 부엌에서 랩톱 화면을 보며 7달러에 주식을 거래할 수 있게 된 것은 그중 으뜸이다. 주문이 인간들이 가득한 거래소를 통과해야만 이뤄지던 방식에서, 알고리즘과 컴퓨터 서버에서 이뤄지는 거래로 처리되는 방향으로 시장이 전환되자 거래 비용이 급감했다. 하지만 저렴한 트레이더라는 편리함으로 인해 우리는 인간의 관여는 점점 줄어들고 알고리즘 자동화를 특징으로 하는 마치 '스타워즈'와 같은 이상한 전쟁에 내몰리게 됐다. 또한 뭔가가 잘못되는 속도도 무서울 정도로 빨라졌다.

우리의 주식시장은 너무나 전문화된 전쟁터가 돼서, 일부 알고리즘은 몇 달간 조용히 숨어 지내다가 설계상의 오류, 낡은 코드, 식별할 수 있는 거래 패턴을 보이는 적 알고리즘을 기습할 수도 있다. 주식시장을 좌지우지하는 많은 알고리즘들은 무작위성을 흉내 내도록 개발됐다. 무작위적인 것은 속이거나 이용하거나 강탈할 수 없다. 예를 들어, 가장 중요한 월스트리트 알고리즘 중 일부는 401K 플랜이나 IRA 형태로 뮤추얼 펀드를 소유한 일반인들의 주식을 거래한다. 피델리티^{Fidelity}나 뱅가드^{Vanguard} 또는 티 로우 프라이스^{T. Rowe Price} 등 어떤 뮤추얼 펀드 회사가 포지션을 하나 추가하거나 제거하는 거래는 필연적으로 매우 큰 주문이다. 수백만 주의 주식을 거래하면, 애플이나 엑슨모빌과 같은 엄청난 거래 규모의 주식에 있어서도 대형 매수자나 매도자와 반대 방향으로 시장을 움직일 수 있다. 만일 다른 트레이더가 수백만 주의 주식 매도 주문이 일어날 예정이란 걸 안다면, 그 전에 어떻게든 가능한 한 많은 주식을 사놓으려고 할 것이다. 그런 식으로, 그들은 뮤추얼 펀드가 주문을 소화하리라는 것을 알고서 새로 취득한 주식을 더 높은 가격에 다시 올려놓을 수 있다.

뮤추얼 펀드가 높은 가격으로 주식을 사야 한다면, 해당 펀드의 소유자, 즉 은퇴를 위해 저축하는 일반인들은 손해를 입게 된다. 악용할 대형 거래를 찾아 헤매는 트레이더들에 대적하기 위해, 뮤추얼 펀드와 기타 기관 트레이더들은 해커를 고용함으로써 자신들의 대형 거래를 작은 거래로 쪼개 무작위적으로 위장하는 알고리즘을 개발한다. 스텔스 비행기의 설계와 표면은 레이더상에서 비행기가 하늘에 떠 있는 거대한 금속 덩어리로 보이지 않고, 구름 덩어리나 새들, 또는 다른 작은 파편이나 수백 개의 작은 물체처럼 보이도록 위장해준다. 새떼들을 요격하러 대륙을 가로질러 전투기가 출격하지는 않으므로 스텔스가 통하게 된다. 하지만 러시아는 끝내 진짜 새떼와 80톤짜리 미제 쇳덩어리를 구분할 수 있는 방법을 개발했다. 이와 같은 일이 월스트리트에서도 일어났다. 처음에는 대형 기관 주문의 위장 알고리즘에 패배했던 트레이더들이 이내 위장된 대형 거래를 눈치챌 수 있는 약삭빠른 알고리즘을 자체적으로 개발해냈다.

대규모 단위로 주식을 거래하는 뮤추얼 펀드와 기관들은 개선된 위장 알고리즘 개발로 대응했다. 미끼 주문을 내고, 탐지된 것으로 의심되면 금방 전략을 변경할 수 있는 봇이 그것이다. 사냥꾼들도 똑같은 방식으로 대응했다. 이 결과, 오늘날 주식시장의 양상은 보통 사람들이 알고리즘이란 검투사들을 구경하는 콜로세움으로 비유할 수 있다. 주식시장은 한 판의 판타지 게임이 됐다. 성장하는 회사는 자본을 조달하고, 일반인들에게는 의미 있는 방법으로 재산을 증식할 수 있는 자산 투자 기회를 준다는 원래 주식시장의 기본 목적과는 하등 관계가 없지만 말이다.

패터피는 도를 넘었다고 생각한다. 그는 이미 자신의 회사를 시장조성에 참여하는 데서 한발 물러서도록 했다. 월스트리트를 제패한 (그리고 이제는 모든 분야에 진출하고 있는) 알고리즘을 지지하던 가장 강력한 세력 중 한 사람의 생각이 바뀌있다. "그 당시는 좋은 쪽만을 바라봤죠." 패터피의 말이다.

물론 그 당시 패터피는 미국에서 가장 많은 축에 속하는 재산을 축적했으니까, 지난 일이 돼버린 지금으로서는 말하기 쉬운 일인지도 모른다. 패터피는 지금과 같은 광속 거래의 시대에는 주식에 대한 매수 매도 호가가 최소한의 시간 동안은 유지돼야 한다고 생각한다. 최소한의 시간이란 여전히 1초보다는 훨씬 짧지만, 현재 시장에 출몰하면서 급격한 가격 불안정의 원인이 되는 허수주문이나 속임수를 없애는 데 충분한 시간을 말한다.

패터피의 궁극적인 우려는 통제를 벗어난 일련의 알고리즘들이 연쇄 작용을 일으켜, 소유자들이 감당할 수 없는 천문학적인 손실을 일으킬 수 있다는 점이다. 일부 초고속 거래 알고리즘은 레버리지를 활용한 신용거래를 할 수 있으므로, 모두 1초 안에 처리될 수 있는 악성 거래가 몇 번 계속되면 유동성 위기를 야기시켜 트레이더의 중개인과 그에게 돈을 맡긴 고객을 파산시킬 수 있다. 그런 사고는 이전에 이미 일어날 뻔한 적이 있다. 2009년 후반 미국에서 가장 비밀스럽고 강력한 트레이딩 기업 중 하나인 시카고의 인 피니엄 캐피털 매니지먼트Infinium Capital Management는 S&P 500 선물을 초고속으로 팔아치우기 시작한 알고리즘을 통제하는 데 두 번이나 실패하면서 시장을 하락시켰다. 같은 사태가 2010년 2월에 인피니엄에 다시 일어났는데, 원유 거래에서 작은 수익을 노리던 새로운 알고리즘이 마구잡이로 거래를 처리해 몇 초 만에 100만 달러 넘게 손실이 발생했고 상품 시장을 엉망진창으로 만들어버렸다. 이 회사는 시카고 상업 거래소로부터 '성실하게 자신의 시스템을 감독하는 데 실패한' 책임으로 85만 달러의 벌금을 부과받았다. 시카고 상업 거래소는 "그런 결함이 있는 알고리즘이 실제 거래 환경에서 작동하도록 방치함으로써, 인피니엄이 거래소의 이익을 해치는 행동을 범했다."라고 밝혔다.[8] 인피니엄은 통상적인 표준대로 6주에서 8주간 알고리즘을 테스트하지 않고 단 2시간 동안만 확인한 후 적용시킨 것으로 알려졌다.[9]

경쟁하는 알고리즘의 가상 세계는 월스트리트와 우리의 돈을 좌우하게 됐다. 알고리즘은 여기에서 멈추지 않는다. 월스트리트 봇의 무용담은 우리의 미래에 어떤 일이 닥칠지 알려주는 단서다.

2

인간과 알고리즘의 간략한 역사

가장 뛰어난 알고리즘의 배경이 되는 고등 수학은 현재 르네상스를 만끽하고 있다. 고등 수학을 이해하는 사람들이나 토론과 연구를 통해 고등 수학에 대한 이해를 넓히고자 노력하는 사람들이 이렇게 많았던 적은 일찍이 없었다. 실제로 이런 현상이 어떤지 알고 싶으면, 와이콤비네이터의 해커 뉴스 메시지 보드[1]를 살펴보길 바란다. 이 사이트는 세계에서 가장 영향력 있는 사이트 중 하나로 성장했다.

여기에는 해커, 수학자, 기업가, 월스트리트 프로그래머, 그리고 일반적으로 웹의 물결에 동참하고 있는 사람들이 거의 모든 주제를 토론하기 위해 모여든다. 토론은 프로그래밍, 스타트업, 실리콘밸리에 관한 것들이 대부분이다. 하지만 여기에도 어김없이 첫 번째 페이지에 가우스 함수와 불리언 논리, 또는 점점 더 알고리즘 중심적인 세상이 만들어지는 데 일조하는 기타 다른 수학 분야를 논하는 게시물이 한두 개는 올라온다.

알고리즘의 세계 지배는 그곳이 회계 사무실이든, 고객 서비스 데스크든 간에 그런 일을 가능케 한 수학이 밝혀진 이후에야 그 기미가 나타났다. 우리는 알고리즘과 봇으로 시장을 정복하고 사회를 개조한 사람들에게 찬사를 보내지만, 250년 전에 이론들이 정립된 이후에야 그들은 날개를 펼칠 수 있었다.

알고리즘의 뿌리

인간은 알고리즘이란 용어 자체가 부상하기 훨씬 오래전부터 수천 년 동안 알고리즘을 고안하고, 바꾸고, 공유해왔다. 알고리즘에 꼭 대학원의 수학이 필요한 것은 아니며, 아예 수학 자체와 전혀 관계가 없을 수도 있다. 바빌로니아인들은 법의 문제에 알고리즘을 적용했고, 고대의 라틴어 교사들은 알고리즘을 이용해 문법을 체크했으며, 의사들은 오래전부터 예후를 진단하기 위해 알고리즘에 의지했고, 지구의 도처에서 셀 수 없이 많은 사람들이 미래를 예언하기 위해 알고리즘을 사용해왔다.[2]

핵심적 의미로 보면, 알고리즘은 희망하는 결과를 달성하기 위해 절차적으로 수행돼야 하는 명령들의 집합이다. 주어진 알고리즘에 정보가 들어가면 해답이 나온다. 대학 신입생 프로그래밍 수업에서 많은 대학생 엔지니어들이 틱택토tic-tac-toe[3] 게임을 문제없이 플레이할 수 있는 알고리즘을 설계한다. 그런 프로그램에서는 상대 또는 인간 플레이어의 움직임이 입력된다. 그런 정보를 기초로 알고리즘은 자신의 움직임이란 형태로 출력을 만들어낸다. 그런 문제에서 A 학점을 기대하는 학생은 게임에 지지 않는(가끔은 무승부가 나오더라도) 알고리즘을 만들어야 한다.

초단타매매high-frequency 트레이더나 음성인식 프로그램에 활용되는 알고리즘도 똑같은 방식으로 작동된다. 입력값(아마도 다른 주식 지수의 움직임, 현재 환율 변동, 유가)이 주어지고, 그 값으로 GE 주식을 매수하라는 등의 출력이 나온다. 알고리즘 트레이딩이란 결국 언제 무엇을 사고팔지를 결정하기 위해 알고리즘에 의존하는 것에 불과하다. 많은 변수가 관련된 알고리즘의 구축은 틱택토 플레이 알고리즘 구축보다 어렵지만 기본 원리는 동일하다.

알고리즘algorithm이란 단어는 최초로 알려진 대수학 저서인 『알 키탑 알뭄타살 피 히삽 알자브라 이무가바라Al-Kitab al-Mukhtasar fi Hisab al-Jabrwa l-Muqabala(완성과 균형을 활용한 계산 개론The Compendious Book on Calculation by Completion and Balancing)』를 저술한 9세기의 페르시아 수학자인 아브 압둘라 무하메드 이븐 무사 알콰리즈미Abu Abdullah Muhammad ibn Musa Al-Khwarizmi의 이름에서 유래했다. 대수학Algebra이란 이름은 책의 제목에 있는 단어인 '알자브라al-Jabr'에서 유래한 것이다. 중세시대에 학자들이 알콰리즈미의 책을 라틴어로 보급하면서, 그의 이름인 '알고리즘algorism'이 체계적이고 자동화된 계산을 처리하는 방법을 뜻하게 됐다.[4]

과거에 기록돼 현대 문명에 의해 발견된 최초의 알고리즘은 슈루파크Shuruppak에서 발견됐는데, 슈루파크는 지금의 바그다드 부근에 위치했던 고대 도시다. 1,500년 동안 유프라테스 계곡^{Euphrates} ^{Valley} 일부를 다스리던 수메리아인들은 대략 기원전 2,500년의 유물로 추정되는 점토판을 남겨놓았는데, 이 점토판은 수확 곡물을 다양한 숫자의 사람에게 똑같이 나누는 반복적인 방법을 보여준다. 기술된 내용은 소형 측정 도구의 활용법을 설명하고 있는데, 당시의 상인들은 수천 킬로그램의 곡물 무게를 측정할 만한 큰 저울이 없었기 때문에 유용한 방법이었다. 이런 알고리즘이 기호로 그려진 점토판은 현재 이스탄불 박물관에 소장돼 있다.[5]

그 개발자들은 상상하지도 못했겠지만, 수천 년 전에 개발된 일부 알고리즘들이 현재까지도 매우 실질적인 구실을 한다. 수많은 웹사이트와 무선 라우터 등 여러 곳에서 패스워드와 사용자 이름이 알고리즘을 채용해 암호화되는데, 이때 사용되는 알고리즘은 알렉산드리아 시대의 그리스 수학자인 유클리드^{Euclid}에 의해 2,000년보다 더 오래전에 창안된 것이다.

유클리드 호제법^{Euclidean algorithm}이란 알고리즘은 수학자들에 의해 종종 언급되다시피, 수십 가지 분야의 현대 산업에서 프로그래밍에 활용되고 있으며, 전부는 아닐지라도 대부분의 현대음악에서 리듬 패턴을 만드는 데 활용될 수 있다.[6] 기원전 300년 무렵, 유클리드는 『원론^{Elements}』이란 책을 썼는데, 이 책은 이후 2,300년 동안 기하학 교과서의 뼈대를 이뤘다. 『원론』에서 유클리드는 두 개의 서로 다른 수의 최대공약수를 찾는 알고리즘을 기술했다. 기초 수학을 배운 사람이라면 누구나 1,785와 374의 최대공약수가 17이

라는 걸 금방 계산할 수 있을 것이다.[7]

황금률

생물학, 식물학, 천문학, 건축학 분야에서 일하는 모든 사람들은 12세기에 유럽이 현대 수학과 십진법을 받아들였을 때 개발된 한 개념에 익숙할 것이다.[8] 특히 수학자들은 황금률The Golden mean이라고 알려진 1.618이라는 특수한 비율에 관심을 갖기 시작했는데, 이 숫자는 고사리류의 프랙탈 기하학이나 DNA 원자 구조, 은하의 궤도 패턴 같이 자연에서 흔히 발견되는 수치다.[9] 비율과 축적에 예민한 감각을 가진 건축가들도 이 비율에 끌려든다. '균형' 잡혀 보이는 위대한 건축물들도 종종 1.618 비율을 기반으로 한 공간과 패턴을 가지고 있다. 스위스 태생으로 영향력 있는 20세기 프랑스 건축가인 르 코르뷔지에Le Corbusier는 1929년에 시작된 프랑스 인근의 빌라 가르쉐Villa Stein in Garches 같은 자신의 많은 건축물에서 이 비율을 눈에 띄게 활용했다. 최근에 그래픽 디자이너들은 로고를 비롯한 많은 애플 제품에서 이 비율을 목격한다.[10]

　황금률을 주장한 레오나르도 피보나치Leonardo Fibonacci는 유럽에서 현대 수학을 채택하는 데 가장 큰 영향을 미쳤으며, 많은 역사학자들에 의해 중세의 가장 중요한 수학자로 평가받고 있다. 이탈리아 중심부에서 현대 은행과 유사한 제도가 생기기 전에, 피사의 레오나르도는 지중해 연안에서 동양까지 널리 여행을 다녔다. 그의 아버지는 피사의 세관 공무원으로, 현재의 알제리아 베자이아^{Bejaïa}에 해당하는 도시에 살았다.[11] 피보나치는 사람들에게 널리 알려진 바와 같이, 시대에 뒤떨어진 로마 숫자 체계보다 나은 아랍 인도 숫자 체계의 유용성을 알아봤다. 특히 수학 계산에서 유용했다.

피보나치는 1202년 『산술 교본$^{Liber Abaci: The Book of Calculation}$』이란 책을 펴냈다. 이 책에서, 젊은 수학의 대가는 십진수와 분수의 관계, 그리고 이런 수치들을 이용해 부기를 간단히 처리하는 방법과 실생활의 문제를 해결하는 방법을 설명했다. 그는 당시의 난제들을 척척 해결했다. 피보나치는 자신의 예제에 후추, 동물가죽 치즈 등의 산물을 나누는 방법을 포함시켰다. 알콰리즈미를 인용하면서, 피보나치는 미래 현금 흐름의 현재가치 계산법과 현대 모기지와 유사한 이자 지불 체계 등 수세기 동안 널리 사용될 일련의 알고리즘들을 서구 문명에 소개했다.[12]

대부분의 고대 수학자들 이름이 먼지 긴 역사의 무덤 속으로 사라진 반면, 피보나치의 이름은 월스트리트는 물론 현대 대중문화 속에도 살아있다. 노벨상 수상자 댄 브라운$^{Dan Brown}$이 쓴 『다빈치 코드$^{The Da Vinci Code}$』는 거의 1억 부가 팔렸는데, 이 책에서도 피보나치는 각광을 받았다. 브라운은 『산술 교본』에 등장하는 이른바 피보나치 수열$^{Fibonacci sequence}$에 주목했는데, 이 수열의 각 숫자는 앞 두 숫자의 합이다. 예를 들면 1, 1, 2, 3, 5, 8, 13, 21, 34 등이다. 수열이 진행됨에 따라 각 숫자와 바로 이전 숫자의 비율은 1.618이란 황금률로 수렴한다.

월스트리트에는 이 수치의 위력에 대해 믿는 사람이 많아서, 일부 별난 트레이더들은 황금률 또는 피보나치 수라고 불리는 수치를 기반으로 한 알고리즘에 수십 억 달러를 투자하기도 했다. 황금률의 위력을 강조하는 책은 100권 이상 출간됐으며, 황금률은 상품, 주식, 외환 등의 다양한 시장에서 모습을 나타내고 있다. 이렇게 된 지는 겨우 20년째로 그런 주장이 사실인지는 명확한 근거가 없지만, 월스트리트는 터무니없는 이론과 견실한 논리가 별 탈 없이 공존하며 함께 번영하는 역설적인 장소다.

현대 알고리즘의 대부

고트프리트 라이프니츠Gottfried Leibniz는 동시대의 아이작 뉴튼처럼 박학다식한 사람이었다. 그의 지식과 호기심은 유럽 대륙 전체와 가장 흥미로운 주제 대부분을 망라했다. 철학에 대해 라이프니츠는 신과 무nothingness라는 두 가지 절대자가 있다고 말했다.[13] 그리고 이 둘로부터 다른 모든 것들이 나온다고 봤다. 따라서 라이프니츠가 계산 언어는 오직 두 개의 숫자, 0과 1로 정의된다고 생각한 것은 어울리는 결론인 셈이다.

라이프니츠는 이 시스템을 발전시켜 숫자와 덧셈, 뺄셈, 곱셈, 나눗셈 등의 모든 연산을 1과 0의 이진 언어로 표현했다. 라이프니츠는 자신의 1703년 논문 '이진 산술연산의 설명Explanation of Binary Arithmetic'에서 이진 언어를 정의했다.

라이프니츠는 1646년 이제는 그의 이름을 본뜬 라이프치히의 거리에서 태어났다. 처음부터 걸출했던 그는 15살에 대학 수업을 시작했고, 20세 무렵에 박사 학위를 받았다. 사교적인 성격으로도 정평이 난 그는, 70세의 나이로 침대에 누워 죽어가면서 담당의사와 연금술에 관해 이야기를 나눴다.[14] 이 책에 드리워진 그의 거대한 그림자는 이진 시스템이 널리 이용될 수 있다는 그의 확신에 뿌리를 두고 있다. 그는 수학 정리의 학구적인 세계와 대수 이론에 대한 학구적인 논쟁의 훨씬 너머까지 생각했다.

라이프니츠는 모든 물리적인 변화에는 원인이 있다고 말했다. 심지어 인간조차도 어느 정도까지는 그들에게 작용하는 외부의 힘에 의해 정해진 나름대로의 경로를 가지고 있다고 생각했는데, 이는 라이프니츠 시대가 한참 지난 후에 개발된 게임이론의 근거가 되는 주장이다. 따라서 라이프니츠는 대부분 만물의 미래를 그들의 인과관계를 조사함으로써 예측할 수 있다고 믿었다.[15] 이는 현대의 많은 월스트리트 거인들이 그 누구보다 확실히 인정하는 주장이다. 라이프니츠가 훨씬 더 나중에 태어났다면, 의심의 여지 없이 성공적인 대형 월스트리트 기업을 세웠을 것이다.

그 누구보다 먼저, 라이프니츠는 차후 인공지능으로 발전될 개념을 생각해냈다. 이 수학자는 인지적 사고와 논리는 일련의 이진 표현으로 간략화될 수 있다고 규정했다. 사고가 복잡해질수록, 그것을 기술하기 위해 이른바 단순 개념이 더욱 필요해진다. 바꿔 말하면, 복잡한 알고리즘이란 간단한 알고리즘이 길게 연결된 것이다. 라이프니츠는 논리란 예외 없이 핵심으로 단순화될 수 있다고 생각했다. 마치 간단한 양방향 철도 스위치 배열이 모여 현기증 날 정도로 복잡한 전국 철도망을 구성하고 있는 것처럼 말이다. 논리가 이진 결정의 배열로 분해될 수 있고 그런 배열이 수 킬로미터까지 뻗어나갈 수 있다면, 인간이 아닌 다른 무엇이 처리하지 못할 이유가 없지 않은가? 모든 논리적 사고를 기계적 처리 과정으로 단순화할 수 있다는 라이프니츠의 꿈은 그가 직접 설계한 기계에서 시작됐다.[16]

블레즈 파스칼Blaise Pascal이 만든 덧셈 기계 이야기를 들은 후에, 라이프니츠는 그를 능가하기로 작정했다. 그의 기계는 덧셈과 뺄셈을 좀 더 쉽게 계산하고, 파스칼의 기계가 처리하지 못했던 곱셈과 나눗셈 문제까지 풀 수 있었다. 설계를 종이에 기록한 후에 라이프니츠는 1674년 기계를 실현하기 위해 파리의 시계공을 고용했다.[17]

라이프니츠는 런던의 영국 왕립학회Royal Society에 기계의 효용성을 보여주기 위해 영국 해협을 건넜는데, 영국 왕립학회는 당시의 지적인 평판을 좌우하는 곳이었다. 하지만 그가 시연을 하던 도중에 기계가 고장나는 바람에, 라이프니츠는 나눗셈의 나머지를 손에 들고 있어야 했다.[18] 그는 시연 후에 기계에 대한 흥미를 잃은 것처럼 보였지만 그의 설계는 200년 동안 가장 뛰어난 것이었으며, 이후 세대의 계산기들은 기록된 그의 설계를 바탕으로 만들어졌다. 기계 자체는 200년이 넘는 시간 동안 역사에서 잊혀졌었다.

라이프니츠는 괴팅겐 대학교^{University of Göttingen}의 다락방에 놋쇠 실린더를 고이 보관해 놓았는데, 아주 낮은 구석에 자리잡고 있어서 1879년 수리공이 새는 지붕을 고치기 위해 다락으로 올라갔을 때 비로소 발견됐다.

계산기 외에도 라이프니츠는 논리와 사고를 산술 계산으로 분해하면, 논쟁을 해결할 수 있는 미적분 추론기^{calculus ratiocinator}를 발견할 수 있다고 믿었다. 그는 의견 불일치가 한쪽이 다른 쪽에게 큰 소리를 치는 것으로 해결될 필요가 없다고 생각했다. 대신에 두 상대가 연필과 종이를 들고 탁자에 가서 논리에 따라 누가 옳은지 가릴 수 있다는 것이다.[19] 미국 정치를 보면 알겠지만, 라이프니츠는 결국 신성한 미적분 추론기를 찾지 못했다.

논쟁은 라이프니츠의 말년을 망쳐버렸다. 그와 뉴턴이 동시에 미적분학을 발견했다는 사실이 이제는 널리 인정되고 있지만, 당시에 뉴턴과 종종 편지를 교환하던 라이프니츠는 뉴턴의 독자적인 발견을 도용했다는 혐의를 받았다. 뉴턴처럼 각광을 받진 못했지만, 역사상 가장 왕성한 수학자이자 물리학자였던 라이프니츠는 눈에 띄는 업적을 많이 남겼다. 미적분학에서도 그의 업적 하나를 만날 수 있다. 오늘날 미적분학 수업에서 학생들이 배우는 우아한 미적분 기호는 뉴턴이 아닌 그가 창안한 것이다.

라이프니츠가 개발한 미적분학의 기본 기호와 이론은 변화를 정확히 연구하고 모델링하는 토대를 제공함으로써 수학자들이 반도체를 만들고, 우리들을 무선으로 연결하고,[20] 레이저 수준의 정확도로 위성을 궤도에 올릴 수 있는 도구를 마련해줬다. 미적분학과 알고리즘은 뒤얽힌 역사, 의미, 위력을 가지고 있다. 이런 관계는 수학자 데이비드 벌린스키David Berlinski의 책 『수학의 역사Infinite Ascent』에 잘 요약돼 있다.

> 이제 사고의 역사에 충격파가 울리고 있다! 미적분학이 발견되기 전의 수학은 커다란 흥미를 다루는 학문이었다. 이후의 수학은 커다란 힘을 다루는 학문이 됐다. 오직 20세기의 [컴퓨터] 알고리즘의 도래 정도만이 그것에 비견할 만한 영향력 있는 수학적 개념을 제시한다. 미적분학과 알고리즘은 서구 과학의 쌍두마차다.[21]

1960년대 이전에 살았던 사람은 그 누구도 일반적으로 해커나 퀀트라고 불리지 않았다. 하지만 그런 별명은 유럽의 르네상스 후기 시대를 살았던 이 독일인에게 붙여야 할 듯하다. 라이프니츠는 알고리즘 과학을 세 가지 측면에서 진전시켰다. 그는 미적분학의 창시자 중 한 명이었으며, 이 논의에서 그만큼 중요한 사실은 복잡한 해결책을 일련의 간단한 이진 구조로 표현하는 알고리즘의 구축 방법을 선보였다는 것이다.

알고리즘의 영향력에 대한 라이프니츠의 세 번째 중요한 기여는 가장 단순한 언어의 파편과 그것이 드러내는 인간의 정서 사이에서 그가 찾았던 관련성에 있다. 라이프니츠는 언어와 인간이 언어를 사용하는 방법을 엄격한 학문적 방법으로 연구해야 한다고 생각했다. 그는 만일 인간의 존재와 같이 복잡한 뭔가가 신이나 무 또는 1과 0 같은 두 개의 절대자로 분해될 수 있다면, 똑같은 방식으로 언어에서 더 많은 의미를 찾기 위해 단락, 문장, 절, 단어들을 걸러내서 언어를 분해할 수 있지 않을까라고 생각했다. 이 철학자이자 수학자는 인간이 개인적인 감정과 인식에 맞는 단어와 구절들을 말한다고 추론했다.[22]

누군가가 말하는 것을 보면, 그가 어떤 사람인지 알 수 있다. 그가 어떤 사람인지 안다면, 그가 미래에 정확히 어떤 일을 할지 예측하기가 용이해진다. 월스트리트와 다른 분야에서 일어난 모든 알고리즘에 의한 혁명의 중심에는 변하지 않는 한 가지 목적이 있다. 예측하는 것이다. 좀 더 정확히는 다른 인간들이 어떤 일을 할지 예측하는 것이다. 그것이 돈을 버는 방법이다. 개별적인 인간은 예측할 수 있는 일정한 방식으로 행동하도록 프로그램돼 있다는 라이프니츠의 육감은 많은 사람들의 생각보다 더 정확했으며, 오늘날 많은 월스트리트 알고리즘의 동력이 되는 사실이다. 차후 이 책에서는 라이프니츠가 최초로 연구했던 이런 인간 예측 과학이 어떻게 NASA에서 개발되고, 이제는 어떻게 우리들의 나머지 일상에까지 퍼지게 됐는지 살펴볼 것이다.

라이프니츠는 자신의 이진 창조물이 그가 꿈꿨던 수준까지 도달하는 광경을 목격하지 못했다. 하지만 1930년대부터 산술 문제를 처리할 수 있는 전자회로가 미국, 독일, 프랑스에서 등장하기 시작했다. 이런 전자회로는 라이프니츠의 이진 숫자 체계를 활용했는데, 이진 숫자 체계의 단순한 탁월함을 재료 과학이 따라올 때까지 250년이 걸린 셈이었다.

컴퓨터 프로그래밍 언어는 알고리즘을 쉽게 작성할 수 있는 수단인데, 이진 시스템 덕분에 오늘날의 모든 컴퓨터 프로그래밍 언어가 꽃을 피울 수 있게 됐다. 또한 이진 시스템은 그런 알고리즘을 작동시키는 컴퓨터 칩과 회로의 토대가 됐다.

가우스: 알고리즘의 기반인 논리를 만들다

알고리즘은 조사되거나 조작돼야 할 정확한 요인을 알 때만 효과를 발휘한다. 주식 옵션의 가격이 주식의 과거 가격 변동성, 이자율, 해당 옵션의 행사가격에 전적으로 좌우된다는 점을 모르는 상태에서, 주식 옵션의 적절한 가격을 판단하는 알고리즘을 구축하는 것은 불가능하다. 만일 패터피나 블랙, 숄즈가 이런 사항들이 옵션 가격에 영향을 미치는 가장 중요한 요인들이라는 점을 몰랐다면, 효과적으로 거래하고 인간을 능가하는 알고리즘을 만든다는 것은 어불성설이었을 것이다. 같은 원리가 우리가 무슨 말을 하는지 조사해 우리가 무슨 생각을 하는지 알아보겠다는 알고리즘에도 적용된다. 알고리즘에는 우리의 말하기 패턴과 문장 구조가 실제로 무슨 뜻인지 알려주는 논리가 스며들어야 한다.

때로는 이런 관계들 속에서 어떤 변수가 가장 중요한지 알아내는 과정이 이런 발견을 자동적으로 활용하는 알고리즘을 구축하는 과정만큼 어렵다. 예를 들어, 주식시장이나 우리가 하루에 말하는 단어의 개수 같은 모델에서는 내포하고 있는 의미를 찾기 위해 수천 가지의 항목들을 분류하고 탐색해야 한다. 하지만 대부분의 데이터는 의미가 없는 잡음일 뿐이다. 제대로 작동되기 위해 예측 알고리즘은 잡음을 무시하고 중요한 요인에 집중하도록 해줄 지시를 필요로 한다. 옵션 가격에 진정으로 영향을 미치는 것이 무엇인지, 어떤 노래가 우리 귀에 쏙 들어오는 이유가 무엇인지, 그 어떤 종류든 간에 이런 중요 요인은 대량의 데이터를 분석함으로써 알아낼 수 있다. 데이터를 걸러내고 가장 흥미롭고 비직관적인 관계에서 잡음을 제거하는 데 가장 널리 사용되는 방법론은 회귀분석regression analysis이라고 일컬어지며 물리학자, 통계학자, 또는 엔지니어들이 과거의 데이터를 기반으로 정확히 예측할 수 있게 해주는 기법이다. 기존 데이터에 맞는 모델을 만드는 방법의 발전에 있어서는 영국 왕실이 그 존재에 일조한 부분이 있다.

왕실이 이런 사실을 스스로 깨달을 만큼 영리하지는 못했다. 하지만 현명한 국왕 조지 4세는 카를 프리드리히 가우스Carl Friedrich Gauss에게 하노버 왕국의 측량을 맡겼다.[23] 이미 성공한 수학자였던 가우스는 당시의 측량 도구가 부정확했다는 점을 발견하고, 헬리오트로프heliotrope란 새로운 도구를 발명했는데, 먼 거리에서 비치는 햇빛을 반사하는 거울을 이용한 장치였다. 이런 새로운 장치가 있었지만, 가우스는 그렇게 광대한 땅을 측량하다 보면 실수가 생기기 마련이란 점을 알았다. 그는 20년 전인 18살 때 이런 종류의 문제를 대처하기 위한 방법을 대략적으로 개발한 적이 있었다. 최소자승법the least squares method이란 방법이었다.

최소자승법은 관찰된 결과를 근거로 예측 모델 구축을 가능하게 해준다. 입수된 데이터에 따른 최선의 모델을 찾기 위해, 가우스는 과거의 주식 가격 같이 측정된 값과 예측 모델로 제시되는 값 간 편차의 제곱값을 최소화하는 방정식을 개발했다. 모델은 이차 방정식에서부터 다층적인 알고리즘까지 다양한 결과가 나올 수 있었는데, 이 모델을 최소 제곱값이 발견될 때까지 값을 올리거나 내려서 조정한다. 최소자승법은 현대 통계학과 알고리즘 모델 구축의 뼈대를 형성하고 있다. 예를 들어, 미래의 주식 가격을 예측하는 알고리즘을 구축할 때는 과거의 날짜와 가격을 나타내는 데이터를 입력한 다음, 반복해 알고리즘을 돌리게 된다. 미래 데이터를 예견해주리라는 기대를 가진 함수나 곡선은 과거 데이터로부터 유도된다. 퀀트나 엔지니어 또는 물리학자들이 데이터 정합성data fitting이라든지 회귀분석을 운운하면, 그들은 가우스의 혁신을 이용하고 있는 것이다.[24]

또한 측정 오류의 분포에 대한 연구에서, 가우스는 편차deviation(오류)는 이른바 정규분포normal distribution(이제는 가우스 분포라고도 알려져 있는)를 가지고 있다고 결론 내렸다. 이런 분포를 곡선으로 그리면 종을 닮았다. 가우스와 그 시대의 다른 학자들은 사람들의 키나 머리 크기 같이 측정 가능한 대부분의 항목들이 동일한 분포를 지닌다는 점을 발견했다.[25] 종 모양의 중간에 있는 평균값을 중심으로 많은 양의 데이터 점들이 존재하고, 평균값에서 멀어지는 종의 끝으로 이동해가면, 데이터 점들이 점점 줄어든다. 학생들의 시험 점수, 사람들의 체격과 신장, 자연 속의 다양한 값들에서 유사한 분포가 목격된다.

종형 곡선의 가장 끝부분은 꼬리라고 일컬어진다. 가우스 분포에서 이런 꼬리는 줄어들어 0에 수렴한다. 금융 시장 같이, 인간의 비합리성에 의해 영향을 받는 실생활의 상황에서는 꼬리가 그렇게 가늘지 않다. 인간 심리와 행동이 끼어들면, 가우스 분포에서 벗어난 이른바 두툼한 꼬리fat tails 분포를 낳는 예외적인 사건이 일어날 가능성이 커진다. 월스트리트의 부는 가우스 분포에 베팅해 만들어졌다. 하지만 그만큼 많은 돈이 가우스 분포를 채용했음에도 두툼한 꼬리를 고려하지 않은 알고리즘에 의해 손실됐다.

정규분포에 부합하는 알고리즘을 짜는 일은 좀 더 쉽다. 역사는 거듭해서 인간의 행동이 결코 정규적이지 않다는 사실을 보여줬는데도, 일부 해커들은 오직 정규분포만을 고려하는 쪽을 선택하곤 한다. 이런 가정은 100일 중에서 100일 동안 돈을 벌게 해준다. 하지만 순전히 가우스 분포만을 고려한 알고리즘에 의지하는 사람들이 망하는 날은 1987년 블랙 먼데이, 1998년 러시아 채무디폴트, 2010년 플래시 크래시 같은 101번째 날이다. 심지어 200년 전의 가우스마저도 정규분포 내에서 규모를 막론하고 어떤 오류가 일어날 수 있다고 경고했다.[26]

정규분포의 도입은 인류를 변화시켰고 현대 통계학 분야의 초

석이 됐다. 그로 인해 생명보험의 대중화, 발전된 교량의 건축, 그리고 그다지 중요하지 않을진 모르지만, 농구 경기 도박 같은 것들이 가능해졌다.

인생 초반의 큰 성공에도 불구하고 가우스는 비교적 검소하게 살았는데, 논쟁을 피하고자 절대로 반박할 여지가 없다고 생각한 결과만을 발표했다. 그는 오일러^{Euler}와 뉴턴이 최고의 수학자라고 생각했다.[27] 하지만 대부분의 전문가들은 가우스 자신도 그 범주에 포함시킬 것이다. 많은 학자들은 아르키메데스, 뉴턴, 가우스가 불멸의 수학 3인방이라고 말한다. 가우스의 어릴 적 수학 재능에 대해서는 수십 가지 일화들이 있지만, 그중 일부는 겨우 세 살이었던 가우스의 놀라운 수학적 재능을 말해준다.[28] 그가 일곱 살 때 학교에서의 일화가 있는데, 선생님이 반 학생들에게 1에서 100까지의 숫자를 모두 더해보라는 숙제를 냈다. 몇 초 후에 가우스는 큰 소리로 답을 말했는데, 그의 머릿속에서 피타고라스 학파 사람들로 이뤄진 비밀 모임의 패스워드로 통하는 알고리즘을 추리했음에 틀림없다.[29]

1/2 n(n + 1) = S

변수 n은 수열의 마지막 숫자를 나타내는데, 이 경우에는 100이고 S는 합에 해당된다. 어린 가우스는 1 + 100은 101이고, 99 + 2와 98 + 3도 마찬가지이며, 총 50세트의 101이 있으니까 5 × 101 = 5,050이라는 점을 깨달았다.

1777년에 태어난 가우스는 당시 일류 지식인들이 보통 상류 계층 출신이었던 것과 달리, 가난한 집안 출신이었다. 14세가 되자, 그의 수학적 재능을 눈여겨본 브라운슈바이크 공작^{Duke of Brunswick}은 장학금을 지급했고, 나중에 괴팅겐 대학의 일자리를 주선해줬다.[30] 그의 머리에서는 아이디어가 너무나 빨리 떠올랐기에 종종 그것들을 전부 적느라고 애를 먹었다.[31]

가우스는 21세에 대수학의 핵심 이론을 최초로 완벽히 증명한 논문으로 박사 학위를 땄는데, 이 이론은 뉴턴과 오일러가 각기 증명하려고 시도했지만 마무리 짓지 못한 것이었다.[32] 가우스의 두뇌는 수치 이론, 이차 방정식, 정수 사이에서 소수素数의 일반적인 분포 패턴을 비롯한 다양한 수학 분야에서 발견을 이끌어냈다.

일부 사람들은 가우스의 이름에서 가우시안 코풀라^{Gaussian copula}를 떠올릴지도 모른다. 가우시안 코풀라는 2000년 데이비드 리^{David X. Li}에 의해 월스트리트에 소개된 악명 높은 공식이다. 통계학에서 코풀라는 두 개 이상의 변수 사이의 행동 관계를 판별하는 데 사용된다. 리는 겉으로는 무관해 보이는 한 모기지가 디폴트에 빠질 경우 다른 모기지가 디폴트될 위험성을 측정하는 방법을 찾고 있었다. 이런 위험성을 상관 리스크^{correlative risk}라 부른다. 리는 서브프라임 모기지에 대한 디폴트 기록 데이터를 대량으로 가지고 있지 않았으므로(실제로 존재하지 않았었다.), 기존 데이터를 기반으로 자체적인 코풀라를 만들었다. 여기에서 기존 데이터는 신용 디폴트 스왑^{CDS, credit default swap} 가격의 과거 기록인데, 이 가격은 기초 증권^{underlyng securities}(이 경우에는 모기지)이 디폴트될 경우, 스왑의 소유주에게 지불하게 되는 금액이다. 하지만 CDS 시장은 우리가 현재 잘 알고 있다시피, 스왑을 거래하고 가격을 정하는 사람들에 의해 터무니없는 가격이 매겨져 있다. 그럼에도 불구하고, 월스트리트는 리의 공식을 철석 같이 믿었다. 코풀라는 모기지 기반의 유가증권에 대해 검토하고 승인 도장을 찍는 애널리스트와 평가 기관이 활용하는 여러 가지 카드 중 하나여야 했다. 그렇기는커녕, 코풀라는 유일한 카드가 됐다.

이로 인한 유가증권 담보 채무의 급격한 증가와 주택 시장의 버블은 아무런 해가 없는 알고리즘을 잘못 활용한 은행 업자들의 책임이었다. 가우시안 코풀라는 유용한 도구이고 다양한 분야에서 활용되고 있지만, 극단적인 사건, 특히 인간들이 부채질하는 데 능한 사건들 사이의 의존성을 모델링하지는 못한다.[33]

파스칼, 베르누이, 세상을 바꾼 주사위 게임

연금에서부터 보험과 알고리즘 트레이딩에 이르기까지 대부분의 현대 금융은 확률 이론에 뿌리를 두고 있다. 카지노에서부터 초고층 빌딩 건축과 비행기 제조에 이르기까지 많은 다른 비즈니스도 마찬가지나. 현대 의학에서 가장 유망한 발전은 그것의 테스트와 진단 방법론에서 확률을 기반으로 한다. 정당들은 후보나 자신들의 정책 방향에 대해 결정을 내릴 때 실용주의나 사실보다는 확률 이론을 근거로 한다. 축구 코치에게 무슨 결정을 내릴지 알려주는 휴대용 카드는 남은 시간 동안 발생할 가능성이 있는 다른 경기의 상황에 대한 확률을 기반으로 한다.

이 모든 수학 이론의 현대적 표현은 1654년에 두 프랑스인이 주고받은 편지에서 유래를 찾을 수 있다. 블레이즈 파스칼$^{Blaise Pascal}$은 피에르 페르마$^{Pierre Fermat}$에게 보낸 편지에서 아직 끝나지 않은 운에 좌우되는 게임에서 돈을 어떻게 나눌지에 대해 논했다. 예를 들어, 한 플레이어가 다섯 번 이기고, 다른 플레이어가 두 번 이겼다면, 남아있는 돈에서 각자 얼마를 가져가야 하는가? 파스칼은 3,200자짜리 논문에서 사건이 일어날 가능성을 정확히 계산하는 방법을 증명했다. 게임 문제에 대한 해답은 각 플레이어들이 돈을 딸 확률을 계산하고 그 확률에 따라 돈을 나눈다는 것이었다.[34]

프랑스를 가로질러 한 유명 수학자로부터 또 다른 유명 수학자에게로 편지가 오간 지 5년이 지나자, 그에 따라 세상도 변하기 시작했다. 미래에 어떤 일이 일어날 가능성을 좀 더 정확히 계산할 수 있게 되자, 새로 싹트는 산업이 생겼고, 사람들은 자신의 삶과 사업을 훨씬 더 확실성을 가지고 영위할 수 있게 됐다. 페르마에게 보낸 파스칼의 편지 덕분에 농부들은 곡물 수확에서 시장 리스크를 분리할 수 있게 됐다. 또한 그 덕분에 정확히 100년 후에 유럽의 금융 부문에서 생명표$^{mortality tables}$*가 발행됐다. 파스칼의 편지는 최소 1세기 동안 런던이 세계에서 가장 영향력 있는 도시가 된 결정적 이유 중 하나였다. 런던의 상인들은 세계에서 가장 큰 규모의

---

* 한 나라 또는 한 지역에 속한 인구의 생존과 사망을 반영하는 조사통계표 ─ 옮긴이

해상 함대 대부분을 보험에 가입시켜, 항해와 탐험에 수반되는 엄청난 리스크에 연연하지 않고 새로운 땅을 힘차게 개척할 수 있는 사업을 장려했다.

파스칼의 성과를 기반으로 야곱 베르누이Jacob Bernoulli는 자신보다 몇 년 전의 크리스티안 호이겐스Christiaan Huygens와 마찬가지로, 주사위나 카드 등을 이용하는 운에 좌우되는 게임에서 확고한 확률을 구하는 데 사로잡혔다.[35] 이런 게임에 대한 연구를 통해 베르누이는 대수의 법칙law of large numbers[36]이라고 알려진 법칙을 개발했다.

동전 뒤집기와 같이 계산될 수 있는 확률(앞면이 나올 확률 50%, 뒷면이 나올 확률 50%)을 가진 과정에 대해, 베르누이의 법칙은 게임 플레이(즉 동전 뒤집기)를 여러 번 반복할수록, 평균적인 결과는 미리 계산된 확률에 수렴한다고 주장했다. 예를 들어, 동전을 열 번 뒤집을 때, 70퍼센트의 비율로 앞면이 나오는 건 있을 수 있는 일이다. 그러나 동전을 1,000번 뒤집을 때, 70퍼센트의 비율로 앞면이 나오기란 거의 불가능하다.

이 원리는 블랙잭 도박사들과 포커 플레이어들에게 지침이 됐다. 또한 대부분은 아닐지라도 수많은 월스트리트의 초단타매매 트레이더들에게 지침이 됐다. 그들은 자신의 순수익이 예측할 수 있는 평균치에 근접하도록 보장하기 위해 거래 규모를 높은 수준으로 유지했다. 확률 이론은 현대의 야구단 단장에게도 유용했다. 그들은 방어율이나 타율 같은 정규 기록이 연속된 불운으로 인해 낮게 왜곡된 플레이어들을 찾는다. 그런 불운은 보다 정교한 기록 측정법에 의해 밝혀질 수 있는데, 예를 들어 투수의 경우에는 땅볼이 특별히 높은 비율로 안타가 되거나, 타자의 경우에는 특별히 높은 비율로 직선 타구가 안타가 되지 못할 수 있다. 이런 플레이어들의 기록이 불운에 의한 왜곡에 해당한다. 또한 환자를 진찰할 때, 우선적으로 자신의 편견에 사로잡히지 않고 확률에 기반한 알고리즘을 살펴보는 새로운 종류의 의사들이 존재한다.

주식 트레이더의 경우, 주식의 매도 매수 호가 사이의 스프레드를 포착하려고 노력하는 알고리즘은 시장이 변화될 때 좌절을 겪을 수 있다. 이런 시기에는 트레이더와 그의 알고리즘이 거래의 한쪽, 즉 잘못된 방향으로 치우칠 수 있기 때문이다. 만일 알고리즘이 마이크로소프트 주식을 50달러의 매수가에 산 다음에, 몇 초 지나서 시장이 하락하기 전에 50.02달러의 매도가에 파는 데 실패한다면, 트레이더는 새로운 매도가인 49.99달러에 팔게 돼 손실을 입을 것이다.

이런 알고리즘들은 시장의 향방을 예측하도록 만들어졌다. 알고리즘은 51퍼센트의 경우만 맞아도 성공이다. 하지만 51퍼센트 확률 역시 초단타매매 트레이더가 하루에 열 번만 거래한다면, 그를 큰 위험에 처하게 할 수 있다. 그가 열 번 거래하는 도중 일곱 번 거대한 손실을 입는 날이 잦을 수 있다. 하지만 초단타매매 트레이더가 그렇게 불리는 데는 이유가 있다. 그들은 하루에 수백만 주에 해당하는 수만 번의 거래를 처리한다. 그들의 거래 횟수가 증가함에 따라, 베르누이가 지적했듯이 수익을 얻을 수 있는 거래의 숫자는 51퍼센트란 평균치로 수렴하게 될 것이다. 이것이 바로 가장 거대하고 가장 강력한 많은 알고리즘 트레이더들이 1년 넘게 하루도 손실을 입지 않고 거래할 수 있는 비결이다.

월스트리트 외부로 눈을 돌려 보면, 수학을 배우는 사람들은 복리compound interest 계산 공식을 정의한 데 대해 베르누이에게 감사해야 할 것이다. 복리는 금융과 관련해 대부분의 사람들이 제일 처음 배우는 개념이다. 끊임없이 복리로 불어나는 이자에 대한 자신의 알고리즘에서, 베르누이는 e라고 알려진 수학 상수를 밝혀냈다. 라이프니츠와의 편지에서 베르누이는 그 숫자를 b라고 언급했는데, 아마도 자신의 성에서 딴 것 같다. 하지만 레온하르트 오일러Leonhard Euler 란 이름의 사나이가 자신의 이름을 본떠서 e라고 부른 이후에 그 이름으로 세상에 알려지게 됐다.

알고리즘에 시각적인 형상을 부여하다

1791년, 유명한 오스트리아의 작곡가인 요제프 하이든Joseph Haydn 은 웨스트민스터 사원에서 장대한 무대로 진행된 게오르그 프리드리히 헨델George Frideric Handel의 '메시아messiah'를 관람했다. 1,000명의 합창단과 오케스트라 단원들이 참여한 공연이 끝날 무렵, 하이든은 눈물을 보이며 자신의 동료인 헨델이야말로 '대가 중의 대가'라고 선언했다.[37]

거의 비슷한 시기에, 프랑스의 수학자이자 통계학 분야를 발전시킨 위대한 사상가 중 한 명인 피에르 시몽 라플라스^{Pierre-Simon} Laplace 역시 메시아의 작곡가가 아닌 다른 누군가에 대해 똑같이 감탄했다. 라플라스가 '대가 중의 대가'라고 칭한 사람은 레온하르트 오일러였다.[38]

오일러는 세상을 바꾼 지성인의 요람이었던 바젤 대학교^{University of Basel}가 낳은 또 하나의 인물이었다. 교황 파우스 2세는 1460년에 이 대학을 설립했는데, 스위스에서 가장 오래된 이 대학은 수세기 동안 로테르담의 에라스무스^{Erasmus of Rotterdam}, 베르누이, 오일러, 야코프 부르크하르트^{Jacob Burckhardt}, 프리드리히 니체^{Friedrich Nietzsche}, 칼 융^{Carl Jung} 같은 당대 최고 지성을 끌어모았다. 1707년에 태어난 오일러는 한동안 야곱 베르누이의 형제였던 요한 베르누이에게 수업을 받았는데, 그는 당시 세계에서 가장 뛰어난 수학자였다.[39]

대학 시절, 오일러는 토요일 오후면 주로 동생 베르누이와 수학이나 철학에 대해 이야기하며 시간을 보냈다. "그는 내가 이해하기 어려웠던 걸 뭐든지 친절하게 설명해줬습니다."라고 오일러는 회상했다.[40] 오일러가 학업을 마칠 무렵에는 설명이 필요한 것들이 거의 남지 않게 됐다. 그리고 나서 오일러는 아마도 한 사람이 해낸 것으로는 유례없을 정도로 왕성한 수학 저술을 시작했다.

러시아 성 페테르부르크 과학 아카데미^{Saint Petersburg Academy of Sciences}의 신임 교수로서, 오일러는 유럽 대륙의 많은 사람들을 사로잡았던 '쾨니히스베르크의 일곱 개 다리^{Seven Bridges of Königsberg}'로 알려진 문제에 도전했다. 이제는 칼리닌그라드^{Kaliningrad}라고 불리는 쾨니히스베르크는 폴란드와 리투아니아 사이에 낀 작은 변방에 자리잡고 있었는데, 오일러의 시대에는 프러시아의 일부였다. 이 도시는 프레겔 강$^{Pregel River}$의 지류에 의해 두 개의 섬을 포함한 몇 개의 땅덩이로 나뉘어져 있었는데, 이 땅덩어리들이 일곱 개의 다리로 연결돼 있었다. 그 당시 도시를 거니는 사람들에게 인기를 끌었던 퍼즐은 각 다리를 오직 한 번씩만 건너서 도시를 통과하는 길을 찾는 것이었다.[41]

이 문제를 설명하기 위해, 오일러는 노드^{node}라고 불리는 일련의 점들을 엣지^{edge}라고 불리는 선들로 연결해 땅덩어리와 다리를 표시했다. 그는 모든 선(다리)들이 원래대로 남아있기만 한다면, 선의 거리와 모양을 어떤 방식으로 바꿔도 무방하다는 데 주목했다. 오일러가 만들었던 건 오늘날 수학에서 그래프^{graph}라고 알려진 것으로, 실제로 모든 다리를 오직 한 번만 건너서 쾨니히스베르크를 건너는 건 불가능하다는 점이 결국 입증됐다. 이 문제를 풀면서, 오일러는 그래프 이론$^{graph theory}$을 창안했다.

오일러가 창안한 그래프 이론은 오늘날 우리가 주식시장이나 판매 보고서에서 흔히 보는 그래프와는 다른 것이다. 오일러의 그래프는 자연 속의 망 구조, 마이크로칩 회로, 도시 속 인간들 사이의 관계 등을 상징할 수 있는 트리 구조의 다이어그램이다. 특히 그래프 이론을 위한 알고리즘 작성은 컴퓨터과학의 흥미진진한 새로운 분야를 대표하며, 이를 통해 생물학자들은 DNA 가닥과 신체적 특징 사이의 관계를 연관 지을 수 있고, 학자들은 비틀즈의 음악을 해독할 수 있으며, CIA는 전 세계의 테러리스트들을 파악할 수 있고, 월스트리트 분석가들은 겉으로 보기엔 무관해 보이는 것들 사이의 관계를 발견할 수 있다. 그래프 이론은 특히 페이스북 네트워크 분석가들에게 유용하다. 그래프에서 가장 많은 엣지(연결)를 끌어들이는 노드(사람)를 분석하고, 관심과 댓글을 이끌어내는 측면에서 가장 활발한 모서리들을 분석함으로써, 가장 영향력 있는 인물을 찾을 수 있다. 페이스북 입사 면접을 보는 엔지니어들은 종종 그래프 이론에 대해 질문을 받곤 한다.

오일러는 76세까지 살았지만, 그의 저술들은 그가 죽은 이후 거의 1세기 동안 계속 출간됐다. 그는 886권의 책, 논문, 교과서, 기술 교본을 저술했는데, 그가 살아있는 동안 유럽에서 출간된 수학 출판물의 거의 1/3에 해당하는 분량이다. 그가 수학에서 새로운 방법론들을 매우 많이 발견했기에, 한 사람의 이름이 너무나 많은 것들에 붙여지는 상황을 피하려는 차원에서 많은 정리와 방정식들이 오일러 다음으로 가장 먼저 발견하거나 응용한 사람들의 이름을 땄다.[42]

일부 사람들은 학교에서 V − E + F =2라는 오일러의 공식을 배운 기억이 있을지도 모르겠다. 이 공식을 기반으로 셀 수 없을 정도로 많은 알고리즘이 만들어졌는데, 이 공식에서 V는 꼭지점(선들이 교차하는 모서리)의 개수, E는 모양의 모서리 개수, F는 물체의 면의 개수에 해당하는 3차원 물체를 기술한다. 예를 들어, 정육면체는 여섯 개의 면과 12개의 모서리, 여덟 개의 꼭지점을 가지고 있으므로 8 - 12 + 6 = 2가 된다.

이 공식은 오일러가 정육면체, 각뿔, 원추, 구 같은 기초적이고 정형적인 형태의 범위를 훨씬 넘어서게 해줬다. 차후 오일러의 공식은 탄소 분자의 기하학적 배열, 겉으로 보기엔 무작위적으로 보이는 날씨 체계, 광학, 자력, 유체 역학을 설명하는 데 도움이 됐다. 자신의 이름을 딴 공식의 기반이 된 이론을 통해 오일러는 비정형적인 형태를 연구하기 시작했는데, 이 분야의 연구는 위상수학topology이라고 알려져 있다. 위상수학은 카오스 이론chaos theory의 일부로, 지난 20년 동안 월스트리트로 건너와서 이 이론을 기반으로 알고리즘을 구축한 수학자들에게 부를 안겨줬다.

불리언 논리 기계

이 책에서 언급된 수학 천재들은 하나같이 인간의 사고와 인간의 기원, 인간의 한계와 인간의 방법론에 대해 심사숙고했다. 라이프니츠는 인간의 사고가 일련의 이진 의사결정으로 표시되는 최소 기본단위로 분해될 수 있다는 이론을 펼친 첫 번째 인물이었다. 이런 이진 선택을 필요한 만큼의 높이로 연속적으로 쌓아올리면, 보다 복잡한 사고, 즉 알고리즘을 형성할 수 있다고 라이프니츠는 주장했다.

라이프니츠가 현재 우리의 삶을 통제하고 있는 기계 구축에 첫 발을 내디뎠다면, 라이프니츠의 기세를 물려받은 사람은 라이프니츠가 태어난 지 거의 200년이 지난 시대의 인물인 조지 불^{George Boole}이었다. 사람들이 페이스북에 올리는 이미지에서부터 블로그에 올리는 게시물에 이르기까지 오늘날의 웹이 있을 수 있는 건 불의 계산 시스템과 혁신적인 대수학 형식 덕택이다. 오늘날 우리의 일상을 지배하는 복잡한 알고리즘들이 인간과 유사한 논리적 분기를 할 수 없다면 아무 쓸모없을 것이다. 예를 들어, 구글은 G메일 사용자가 자신의 비밀번호를 정확히 입력하고 경우에 따라 읽기 어려운 구불구불한 단어를 정확히 알아보는 경우에만 그에게 받은 편지함을 보여줄 것이다. 동일한 이메일이 1,000만 명의 G메일 우편함으로 배달된 경우에 그 메일이 그루폰^{Groupon} 같이 공신력 있는 대량 전송자가 보낸 것이거나 각각의 사람들과 이전부터 이메일 연락을 주고받던 그 누군가가 보낸 것이 아니라면, 구글은 그런 메일들을 스팸으로 처리해 수신자에게 보여주지 않을 것이다. 컴퓨터과학과 알고리즘은 바로 if, and, or, not 같은 수정자^{modifier} 덕분에 제 역할을 할 수 있다.

이런 깨달음의 계기는 17살의 불이 초원을 거닐고 있을 때 찾아왔다. 난데없이, 그는 대수학적 기호가 논리나 사고를 표현하는 언어를 정의하는 데 사용될 수 있다는 생각이 떠올랐다. 즉 인간의 합리적 사고의 내부 작동을 분석하는 데 사용될 수 있다는 것이었다. 이런 생각은 세상에서 너무나 혁명적이었고 불의 인생에서 매우 중요한 것이었기에, 그는 자유로운 사고의 힘에 대해 깊이 생각하기 시작했다. 과학에 의해 잠재의식이야말로 인간의 가장 중요한 도구라는 점이 충분히 입증됐으나, 불 이전에는 그 누구도 그것을 이론적으로 체계화하려고 시도하지 않았다. 불은 이를 '무의식the unconscious'이라고 칭했다.[43]

불은 1815년 영국 런던에서 태어났다. 그의 아버지 존은 구두 제작자였지만 수학, 천문학, 광학기기 제작 등을 비롯해 다양한 학구적인 취미를 가졌다. 존 불이 자신의 아들을 대학에 보낼 만한 여유가 없었기 때문에 조지는 독학을 했다. 결과적으로 독학은 큰 효과가 있었으며, 그는 10대가 되기도 전에 네 개 국어를 읽고 쓸 수 있을 정도로 특출해 그 무렵 시골 학교에서 아이들을 가르쳤다.[44]

20대가 되자 불은 고차원적인 수학 문제들에 도전했으며, 학술지들은 1841년부터 불의 논문들을 출간하기 시작했다. 4년 후, 그는 아일랜드 코크Cork의 퀸스 대학교Queen's College(현재 명칭 코크 유니버시티 칼리지University College Cork)에서 창립 교수로 임명됐다. 1854년 불은 17살 때 『논리와 확률의 수학적 기초를 이루는 사고의 법칙 연구An Investigation of the Laws of Thought, on Which Are Founded the Mathematical Theories of Logic and Probabilities』를 출간함으로써, 초원에서 싹트기 시작했던 아이디어의 결실을 맺었다. 이런 노력을 통해 불은 라이프니츠가 오래전에 꿈꿨던 것을 찾기 위해 노력했다. 결국 아이디어를 활용 가능한 형태로 구체화한 인물은 라이프니츠가 아니라 불이었다.

불은 자신의 책을 이렇게 시작했다.

'이 논문의 의도는 추론 수행의 기반이 되는 사고의 작동에 대한 기본적인 법칙을 탐구하는 것이다.'

이 영국인은 인간 사고의 논리 기능을 나타내는 상징을 만들어서, 인간의 추론을 종이에 손쉽게 기록 가능한 일련의 수학적 표현으로 분해하는 언어를 규정하기 위해 노력했다. 곱셈이나 나눗셈 같은 일반적인 산술 연산에 사용되는 if, and, or, not 같은 기호들이 그런 상징이다. 기초적인 컴퓨터 코드를 작성해본 사람이라면 누구나 이런 수정자에 익숙할 것이다. 불리언^{Boolean} 대수는 컴퓨터 회로의 핵심을 제공한다. 불리언 대수가 없다면, 현재 세상을 매일 변화시키고 있는 부류의 끝없이 복잡한 알고리즘의 실행은 불가능할 것이다.

불의 생각은 책이 출간된 후에도 세상에 영향을 끼치지는 못했다. 영국의 수학자들을 비롯해 논리 이론에 익숙한 영국인은 거의 없었다. 그리고 알고리즘을 처리할 수 있는 기기나 컴퓨터가 없었던 상황에서는 현재 불리언 대수라고 불려지는 것들을 적용할 만한 뚜렷한 방법 역시 존재하지 않았다.

시도해본 사람이 전혀 없지는 않았다. 아마도 가장 중요한 인물로는 에이다 러브레이스$^{Ada\ Lovelace}$를 꼽을 수 있다. 여성이 학문을 하는 경우가 흔치 않던 시기에 활동했던 여성 수학자였다는 사실 외에 그녀는 종종 최초의 해커로서도 큰 의미를 지닌다. 1842년 찰스 배비지$^{Charles\ Babbage}$가 고안했지만 완성하지 못했던 기계적 계산 기기인 해석기관^{Analytical Engine}을 서술하면서, 러브레이스는 해석 기관이 이론적으로 특정 계산이나 과제를 처리하도록 만들 수 있는 몇 가지 다양한 입력 방법을 고안했다. 이 과정을 통해, 러브레이스는 기계를 위한 최초의 알고리즘을 작성했다. 러브레이스의 연구는 불리언 기호를 사용하지 않았기 때문에, 인간 사고 과정을 표현하는 방법을 찾는 과제가 남겨졌다. 그녀는 정확한 결정이나 과정을 찾기 위해 '생각'할 수 있는 기계가 필요하다고 서술했다.[45] 1979년, 러브레이스가 사망한 지 1세기가 훨씬 지난 후에 미 국방성은 자신들의 새로운 컴퓨터 언어에 최초의 해커 이름을 딴 '에이다^{Ada}'라는 이름을 붙였다.[46]

배비지, 러브레이스 등에 의한 기계적 컴퓨터를 위한 시도에도 불구하고, 1900년대 초반까지 수학 정리로 인정을 받았던 불의 통찰력은 전자 시대를 열었던 엔지니어들이나 물리학자들에게는 그다지 인기를 끌지 못했다.[47] 하지만 기술이 진보하고 과학자들이 점점 더 고차원의 회로를 구축하려고 시도함에 따라, 엔지니어들은 자신들이 개발하고 있던 고도의 전자공학 기술을 통제하고 완벽하게 활용하는 데 도움이 될 만한 뭔가, 즉 수학적 도구가 필요하다는 점을 깨달았다.

1930년대 후반, 클로드 섀넌^{Claude Shannon}이란 이름의 MIT 대학원생은 최초로 이진 계산과 라이프니츠의 숫자 체계를 and, or, not, nor-or, if 같은 불리언 연산자와 조합시켰다. 섀넌은 이런 표현식들이 모두 전자회로 내에 구축될 수 있으며, 게다가 거의 모든 수학 문제를 풀 수 있을 뿐 아니라 데이터를 저장하고 이미지에서 텍스트에 이르기까지 모든 종류의 정보를 편집할 수 있다는 사실을 발견했다. 그의 긴 인생 동안 많은 업적을 이룬 섀넌은 정보 시대의 아버지로 알려져 있다.[48]

진정한 컴퓨터 회로와 언어가 탄생하고, 그것에 기반을 둔 현대적 알고리즘과 인간을 흉내 낼 수 있는 기계가 시작된 순간이었다.

3

봇 인기가요 차트

2004년 어느 메이저 영화 스튜디오는 미개봉된 영화의 각본 아홉 개를 알고리즘이 스캔하도록 허용했다. 에파고긱스^{Epagogix}란 이름의 신생 회사에 의해 수행된 분석 결과는 비공개로 숨겨졌다. 영화들은 결국 모두 개봉됐고, 마지막 영화가 영화관 상영을 마치자 영화 스튜디오는 영화 각 편의 박스 오피스 수익을 예측하기 위한 알고리즘이 실제로 어느 정도의 수익을 예측했는지 살펴봤다. 알고리즘은 총 아홉 건 중 세 건에서 큰 오차를 보였다. 하지만 나머지 여섯 건은 놀라울 정도로 정확히 예측했다. 스튜디오가 1억 달러 이상을 기대했던 한 영화는 총수입 4,000만 달러로 큰 실망을 안겨줬다.[1] 이 영화에 대해 알고리즘은 4,900만 달러로 예측했다. 또 다른 예측에서는 불과 120만 달러의 차이가 났다. 하루 아침에 에파고긱스 알고리즘은 스튜디오들이 영화 촬영 전에 각본을 분석할 때 없어서는 안 될 수단이 됐다. 특히 대규모 예산이 수반될 것 같은 영화에서는 더욱 그랬다. 에파고긱스는 두 명의 영화 애

호가들이 연구해 만든 것이었는데, 그중 한 명은 변호사였고, 다른 한 명은 월스트리트가 좋아하는 분야인 리스크 관리자 출신이었다. 2012년 디즈니에 2억 달러의 손실을 안겨준 '존 카터: 바숨 전쟁의 서막John Carter' 같은 대실패작을 제작할 위험성을 최소화하자는 것이 요점이었다.

알고리즘이 실제로 스캔한 것은, 각본을 읽은 사람들이 영화의 배경에서부터 영화를 이끌어가는 주인공의 유형, 플롯 내에 내재된 도덕적 딜레마, 조연, 엔딩, 러브 스토리 등에 이르기까지 수백 가지의 다양한 요인에 대해 평가한 보고서였다. 새로운 각본을 구매해야 되는지에 대해 포커스 그룹이나 회의실에서 이뤄지는 논쟁 또는 중역 간의 의견 충돌 같은 것은 전혀 필요치 않았다. 단지 평점을 매겨서 알고리즘에 보내면 된다. 이 알고리즘이 천재적인 산물이긴 하지만, 역시 단어, 스토리, 플롯, 캐릭터 등 모든 것들을 평가하는 사람들을 필요로 한다. 입력을 위한 사람이 필요 없는 알고리즘이 있다면 어떨까? 각본 자체를 만들어낼 수 있는 알고리즘이 있다면?

예술, 혁신, 글, 혁신적인 기업 전략, 세상을 바꾸는 제품을 상상하는 사람들의 일은 언제나 알고리즘을 벗어나는 것으로 간주돼 왔다. 이런 직업과 지위를 차지하고 있는 사람들은 존경과 높은 연봉, 그리고 노동 시장 내에서 자유와 선택의 기회를 누려왔다. 어떤 사람들은 이들을 창조적 계층이라고 칭하고, 어떤 사람들은 대학을 넘어서는 교육을 받았다고 칭하며, 어떤 사람들은 단순히 똑똑한 사람이라고 칭한다.

똑똑한 사람들은 엄습하는 봇 노동자 혁명이 자신들을 건드릴 수 없다고 생각한다. 알고리즘은 혁신할 수 없으며, 창조할 수 없다는 믿음에 의해서다. 하지만 우리는 이런 믿음이 위험한 가정이라는 점을 깨닫고 있다.

알고리즘은 다른 이들이 만든 창조물의 품질과 독창성을 평가하도록 학습될 수 있다. 게다가 그들은 자신만의 창조물을 만들 수도 있다. 음악은 알고리즘이 침투하기 어려울 것으로 보이는 분야 중의 하나다. 많은 사람들에게 음악은 인간 영혼의 고동치는 창조성을 의미한다. 음악이 정확히 어떻게 우리에게 영향을 끼치고 우리의 기분과 의식을 어떻게 바꾸는지 설명하기는 어려울 것이다. 음악을 창작하는 사람들조차 영감이 어떻게 떠오르는지 거의 설명할 수 없을 것이다. 음악 창작이란 인간의 잠재의식 내의 설명할 수 없는 불꽃으로 간주되는 과정이며, 잠재의식이란 적절한 두뇌의 능력과 아울러 특정 문제에 대해 의식적 또는 무의식적으로 오랜 기간에 걸쳐 축적된 집중적인 사고가 결합된 것이다. 창조성은 형태가 없는 것이라서 가르치거나 기계가 처리 가능하게 분리할 수 없는 것으로 생각돼 왔다.

하지만 이제는 그런 일을 처리할 수 있는 알고리즘이 존재한다. 이 중에는 브람스, 바흐, 모차르트 같은 거장의 작품들만큼이나 대담하고 독창적이면서 대형 매장에서 플레이되는 곡만큼 인기 있고 매력적인 음악을 만들 수 있는, '애니Annie'라는 인간의 이름을 가진 알고리즘이 있다.

당신이 레이디 가가가 될 확률은 41퍼센트

뮤지션이자 작곡가인 벤 노박^{Ben Novak}은 2004년에 자신이 당시 살 수 있는 차였던 닛산 블루버드^{Nissan Bluebird}를 몰았다. 이 차는 그의 고향인 뉴질랜드 오클랜드 거리를 다니는 데 안성맞춤이었다. 노박의 유일한 불만은 라디오였는데, 도시에 방송되는 수십 개 방송 중에 오직 두 개의 FM 방송국만 차 내에서 잡혔다. 매 순간을 음악을 흡수하거나 플레이하는 데 쓰는 사람으로서, 노박은 이것이 사소한 문제가 아니란 점을 깨달았다. 하지만 그는 새 차를 살 만한 돈이 없었기에, 자신이 들을 만한 유일한 채널이었던 BBC에 다이얼을 고정시켜 놓았다.

BBC로 고정한 데에는 나름의 장점이 있었다. 노박은 최신 뉴스에 대한 잡다한 얘깃거리로 무장됐고, 대화가 지루해질 즈음이면 언제든지 새롭고도 지적인 화제를 꺼낼 수 있게 됐다. 더욱 중요한 건, 그가 스페인에서 개발된 어떤 기술에 대한 짤막한 BBC 뉴스를 놓치지 않았다는 점이다. 이 뉴스에서 소개된 인물은 어떤 노래가 인기를 끌지 예측할 수 있다고 주장했다.

"나는 운전하면서 이 내용을 듣고 흥미롭다고 생각했어요. 계속 운전하다가 잊어먹을 수도 있었지만, 다음 고속도로 출구에서 빠져나오려던 참이었어요."라고 노박은 회상한다.

출구를 빠져나와 집에 도착한 다음, 그는 컴퓨터 앞에 앉았다. 이어서 당시에 폴리포닉^{Polyphonic} HMI라고 불리던 회사의 웹사이트를 띄웠다. 이 회사의 알고리즘은 노박이 업로드한 어떤 음악 파일이든 50달러에 분석한다고 안내했다. 히트 가능성이 있는 곡은 높은 점수를 받았고, 가능성이 없는 곡들은 낮은 점수를 받는 식이었다.

"50달러란 말입니다. 장기적인 가치를 고려하면 정말 작은 돈이었죠." 노박은 말한다. "그래서 해봤습니다."

노박은 수년 전에 'Turn Your Car Around$^{차를 돌려요}$'라는 제목의 곡을 썼었는데, 이 곡이 상당한 가능성이 있다고 생각했다. 따라서 이 곡을 업로드하고 화면 앞에 앉아 결과를 기다렸다.

노박은 12살 때부터 곡을 쓰기 시작했고, 10대 후반 무렵부터 기타를 치기 시작했다. 그는 20대 중반 무렵 작곡에 너무나 전념한 나머지, 사교적인 생활을 대부분 포기하고 밤이든 주말이든 간에 집에 틀어박혀 음악 작업에 몰두했다. 그는 남는 침실을 음악 작업실로 꾸미기 위해 컴퓨터와 중급 녹음 장비에 3,000달러를 썼다. 그는 두툼한 이불로 벽장을 채우고, 자신이 가진 최고의 마이크를 가운데에 위치시켰다. 이 방이 그가 'Turn Your Car Around'를 녹음한 사운드 부스였다.

드디어 웹사이트가 윙윙 소리를 내어 움직이며 노박에게 답을 내놨다. 사이트의 기반이 되는 알고리즘은 음악 평가에 수치 척도를 사용했고, 6.5점이 넘는 곡은 히트 가능성이 있었다. 7점이 넘는 곡은 인기 차트에 오를 만큼 매력적인 곡이었다. 노박의 곡은 7.57점을 기록했는데, 알고리즘이 스테픈울프Steppenwolf의 'Born to be Wild'나 이글스Eagles의 'Peaceful Easy Feeling' 같은 역사상 가장 히트한 수많은 곡들에 대해 매긴 정도의 높은 점수였다.

"결과를 보고 무척 기뻤습니다. 하지만 정말로 그렇게 될지는 확실하지 않았죠."라고 노박은 말한다.

폴리포닉 HMI가 있던 스페인에서, 알고리즘을 관리하던 컴퓨터 엔지니어가 높은 점수 때문에 이 곡에 주목했다. 그들은 곡을 서버로부터 다운로드해 사무실에서 재생해봤다.

회사를 운영했던 마이크 맥크레디Mike McCready는 말한다. "그 곡에는 분명히 뭔가가 있었죠. 우리 직원들은 수도 없이 반복해 들었어요." 스스로가 작곡가이기도 했던 맥크레디는 유럽의 몇몇 음반사에 연락해 곡을 배포하도록 했다.

자신의 노래를 맥크레디의 웹사이트에 올린 지 대략 2주 후에 노박의 전화벨이 울렸다. 수십 건의 히트곡을 가지고 있던 영국의 음악 프로듀서인 애쉬 하우Ash Howes의 대리인이었다. 그는 젊은 영국 팝스타인 리 라이언Lee Ryan의 앨범을 채울 곡들을 몇 곡 필요로 했다. 하우는 노박의 노래가 잘 어울릴 것이라고 생각했다. 사실은 그 노래가 싱글이 될 수도 있다고 생각했다.

노박은 재빨리 좋은 조건으로 계약에 합의했다. 그는 곡이 라디오, TV, 광고에서 플레이될 때마다 모든 로열티의 50퍼센트를 받기로 했다. 노박의 곡은 라이언의 앨범에 수록됐을 뿐 아니라 CD

의 첫 번째 싱글곡으로 지명됐다. 이 곡은 영국 인기 차트에서 12위로 데뷔했고, 2개월 연속으로 영국에서 가장 많이 들려지는 노래가 됐다. 이 곡은 유럽 대륙에서도 좋은 성적을 거뒀는데, 특히 라디오에서 이 곡을 열광적으로 틀어댔으며 몇 가지 광고에도 삽입됐다. 이탈리아에서는 2위까지 올랐다.

이 곡의 성공은 노박의 인생을 바꿨다. 그는 로열티 수입으로 자신이 투자했던 일련의 임대 부동산 대금을 완불했다. 그는 더 나은 녹음 장비를 구입하고, 보유 악기도 최신 제품으로 바꿨다. 하지만 이 책을 쓰는 시점까지도 그가 바꾸지 않은 것이 하나 있다. 오래된 닛산 자동차였다. 그는 말한다. "아직도 차는 잘 나갑니다. 그리고 이제 BBC를 절대로 끄지 않을 겁니다."

노박은 공을 알고리즘에 돌리는 데 주저하지 않았다. 음악 세계는 실낱같은 운의 차이로 성공할 수도, 묻힐 수도 있는 곳이다. 재능을 발견해낼 수 있는 알고리즘은 이런 상황을 바꿀 수 있다. "이런 음악 세계 전체는 이곳에 들어오는 사람들에겐 거대한 도박이죠. 이 프로그램과 웹사이트는 나에게 길을 열어줬습니다."

노박의 인생을 바꿨던 알고리즘은 맥크레디가 이끄는 스페인의 엔지니어 그룹에 의해 설계됐는데, 맥크레디는 음악의 미래를 바꿀 기술의 권위자가 되기 위해 특이한 길을 선택한 미국인이다.

맥크레디는 네브래스카의 시골에서 성장했는데, 이곳은 그의 말에 따르면 영영 떠나버리든지 아니면 영원히 눌러 살게 되는 농촌 지역이었다. 1986년, 고등학교 최종 학년인 맥크레디에게 처음으로 떠날 기회가 생겼다. 당시 어느 교환학생 프로그램에 참가했는데, 9개월 동안 네브래스카를 떠나서 바르셀로나 외곽의 작은 마을에 있는 가정에서 숙식을 제공받는 프로그램이었다. 프로그램을 마치고 돌아온 그는 오마하^{Omaha} 소재의 크레이톤 대학교^{Creighton University}로 진학해 심리학을 전공했다. 대학 생활을 끝마치면서, 맥크레디는 두 가지 선택이 있다고 생각했다. "네브래스카 시골로 돌아갈지 바르셀로나로 놀아살지의 선택이있죠."

맥크레디는 스페인으로 돌아왔다. 하지만 그곳에서 일자리를 잡는 건 네브래스카 농촌 마을에서 일자리를 얻는 것만큼이나 어려웠다. 스페인 정부가 맥크레디에게 취업 허가를 부여하지 않았기 때문에, 그는 합법적으로 일자리를 구해 임금을 받을 수가 없었다. 돈을 벌기 위해 그는 스스로 사업을 시작해야 했고, 초기에 사업 아이디어가 떠오르기 전까지는 이상한 일들을 전전했다.

학생 신분이었던 맥크레디는 스페인의 카탈로니아어 사용 지역에서 시간을 보냈다. 로망스어^{Romance language}인 카탈로니아어를 주 언어로 사용하는 지역은 이곳 외에도 프랑스와 이탈리아의 일부 지방과 안도라^{Andorra} 공국 전체가 있었다. 세계에서 카탈로니아어를 쓰는 1,100만 명 가량의 사람들은 독특한 방법으로 시간을 표현한다. 1시 15분이나 1:15이 아니라, 2시의 4분의 1^{one-quarter of two o'clock}이다. 카탈로니아어 사용자들은 1:20에 대해 1시 20분이라고 말하지 않는다. 그들은 2시의 4분의 1과 5분^{one-quarter and five minutes of two o'clock}이라고 말한다. "시계를 보면 정말 점점 더 이상한 기분이

들죠."라고 맥크레디는 말한다.

친구와 함께 맥크레디는 카탈로니아어에서 말하는 대로 표시되는 시계 숫자판 디자인을 개발했다. 그는 수천 달러를 긁어모아 프랑스에서 시계를 제조할 수 있는 공장을 찾았다. 5개월이 지나자 작은 시계 회사는 수지가 맞기 시작했다. 머지않아 그 시계는 스페인에서 대유행했다. 유명인사들이 그 시계를 찼다. 맥크레디는 새로운 한정판 디자인도 선보였는데, 며칠 만에 동났다.

평생 동안 뮤지션이었던 맥크레디는 시계 사업을 운영하면서도 자신의 전공을 살려나갔다. 그는 블루스 밴드와 함께 연주를 했는데, 바르셀로나에서 구름 떼 같은 팬을 끌어모았고, 결국 스페인의 메이저 음반사와 계약을 맺었다. 하지만 밴드는 스튜디오 세션을 함께 시작하자마자 갑작스럽게 해체됐고, 멤버들의 개인적인 문제들이 동시다발적으로 터져 나왔다. 밴드는 영어로 노래했지만, 맥크레디는 자신만의 버전을 카탈로니아어로 레코딩하고 있었다. 일단 밴드의 운명이 명확해지자, 그는 음반사로 가서 자신의 솔로 작품을 제안했다. 그들은 그 작품을 마음에 들어 했고 계약에 합의했다.

맥크레디의 노래 두 곡이 카탈로니아 차트의 최고 순위에 올랐다. 작은 시장이었지만, 이 성공은 맥크레디를 무시할 수 없는 음악인으로 자리잡게 해줬고, 동시에 그의 시계 성공담은 스페인에서 마케팅 분야의 전설이 됐다. 이런 성과는 1992년 바르셀로나 하계 올림픽 경기장 운영 회사의 채용 제안으로 이어졌다. 그들은 관중석을 채울 새로운 방안을 찾을 수 있는 마케팅 책임자를 원했다. 스타디움은 돈 먹는 하마가 됐고, 운영 비용을 감당할 만한 이벤트가 너무나 부족했다.

맥크레디는 경기장에 대형 투어 공연과 콘서트를 끌어들이는 데 성공했다. 하지만 대규모 쇼가 들어오더라도 대개는 하루뿐이었다. 일회성 수익도 괜찮긴 했지만, 경기장은 뭔가 꾸준한 것을 필요로 했다. 그래서 맥크레디는 밴드들에게 공연 투어를 바르셀로나에서 시작하도록 설득했는데, 이는 대개 경기장에서 1~2주간의 리허설과 더불어 몇 가지 오프닝 쇼가 열린다는 뜻이다. 이 계획은 제대로 들어맞았고, 바르셀로나는 유럽에서 밴드들이 투어를 시작하는 가장 히피스러운 도시가 됐다. 그런데 맥크레디가 경기장 운영 회사의 수익을 맞춰주는 동안, 실리콘밸리에서 시작된 기술 붐의 물결이 스페인에도 들이닥쳤다.

"모든 친구들이 인터넷 회사로 부자가 됐죠. 아니면 부자가 되는 중이라는 생각이 들었어요. 나도 해야겠다는 생각이 들더군요." 라고 맥크레디는 말한다.

실제로 인터넷은 2000년에는 할 만한 사업 아이템이었으며, 맥크레디는 디오^{Deo}라고 불리는 온라인 음악 스타트업의 마케팅 책임자로 일을 시작했다. 이 스웨덴 회사는 최초로 음악 오픈 마켓플레이스를 만들었다. 뮤지션과 밴드들은 디오에 자신의 음악을 업로드하고 그곳에서 바로 소비자들에게 음악을 팔 수 있었다.

이 시기에 탄생한 다른 많은 회사들과 마찬가지로, 디오는 끝없는 낙관주의와 돈더미로 가득 차 있었다. 그리고 수백 개의 다른 스타트업과 마찬가지로, 디오는 자신들의 장점과 시장을 오판했다. 디지털 파일이 뭔지 아는 사람은 드물었고, 그런 사람들조차 냅스터Napster 같은 사이트를 통해 불법적으로 파일을 얻곤 했다.

1년이 지나자, 디오는 돈이 떨어졌고 주저앉았다. 음악과 기술의 접점에서 1년을 보내면서, 맥크레디는 귀중한 경험을 얻었다.

이 12개월 동안, 그는 바르셀로나에서 인기곡의 하부구조, 패턴, 구성을 분석하는 알고리즘을 개발한 작은 기술 회사를 만났다. 맥크레디는 이 회사의 엔지니어들과 시간을 보냈고, 이 기술이 실제로 효과가 있다는 결론에 도달했다. 그는 뮤지션과 음반사를 타깃으로 한 기술 중심의 새로운 회사를 만들자고 제안했다. 그들은 이 회사를 폴리포닉이라고 불렀다.

폴리포닉의 기반이 되는 알고리즘은 입력된 음악에 대해 놀라울 정도의 분석 작업을 수행한다. 이 회사 알고리즘의 기반이 되는 특정 기술은 어드밴스드 스펙트럼 디콘볼루션advanced spectral deconvolution이라고 불린다. 다양한 순서의 푸리에 변환Fourier transforms 과 수학 함수들에 의해 곡이 분석돼, 곡의 멜로디 패턴, 비트, 템포, 피치, 코드 진행, 사운드의 풍성함, 음향 품질, 마무리 등이 분리된다. 폴리포닉의 소프트웨어는 이런 데이터를 구해 3차원 모델을 구축한다. 알고리즘은 노래를 듣는 대신에 노래의 3차원 구조를 관찰함으로써, 가능한 한 객관적인 방식으로 노래를 과거의 히트곡과 비교한다. 방금 분석된 곡을 과거에 1위를 기록했던 곡과 비교한 후 화면에 표시하면, 각 곡을 나타내는 점들로 채워진 일종의 구름 모양이 나타난다. 히트곡들은 군집을 이루며 뭉쳐지는 경향을 보이며, 유사한 하부구조를 드러낸다. 그런 인기 군집의 중앙에 가깝다면, 성공이 보장된 정도까지는 아닐지라도 매우 좋은 상태라고 할 수 있다.

이 알고리즘을 마무리하면서 바르셀로나에 머무는 동안, 맥크레디는 가능한 한 많은 빌매 예정 앨범들을 이 봇에서 실행시켰다. 이런 테스트 사례를 통해 이 알고리즘이 실제 효과가 있는지 알 수 있었다. 알고리즘은 대부분의 미발매 CD를 지루하다고 평가했다. 하지만 한 앨범은 전체 14곡 중 아홉 곡이 히트할 가능성이 있다고 판단됐다. 비틀즈 수준의 점수였다. 맥크레디는 믿기 어려웠다. 아무도 이 앨범의 아티스트에 대해 들어보지 못했기 때문에, 맥크레디는 봇이 터무니없이 틀린 것 아닐까 우려했다. 'Come Away with Me'는 발매 후 2,000만 장 이상이 판매돼, 아티스트인 노라 존스Norah Jones에게 여덟 개의 그래미 상을 안겨줬다.[2] 존스는 군집에 끼어들었다.

"어떤 사람들은 히트곡을 두뇌의 가려움증이라고 생각해요. 노래를 반복해 들으면, 그런 가려운 곳을 긁는 거죠."라고 맥크레디는 말한다.

군집은 가장 가려운 부분이며, 맥크레디는 자신의 회사가 음악적 광맥을 식별할 수 있는 공식을 찾아냈다고 생각했다. 음악 산업은 언제나 히트곡을 식별하려고 노력해왔지만, 20퍼센트의 경우에만 맞췄을 뿐이었다. 따라서 맥크레디의 도구는 제대로 작동된다면 음악 산업의 성배가 될 것으로 보였다.

A&R 봇은 싱글을 듣지 않는다고 말한다

폴리포닉에게는 경쟁자가 있었다. 새비지 비스트Savage Beast라고 불리는 스타트업이 방법은 완전히 다르지만, 똑같은 일을 하겠다고 나섰다. 알고리즘으로 새로운 곡들을 뒤져보는 대신에, 새비지 비스트는 수백 명의 뮤지션들을 채용해 곡들을 들어보고 400가지의 다양한 속성을 기준으로 곡들을 분류하도록 했다. 이 회사는 처음에는 자신의 제품을 샘 구디Sam Goody, 타워 레코드Tower Records, 베스트 바이Best Buy 같은 오프라인 상점에 팔려고 시도했다. 하지만 그 계획은 만연한 MP3 공유로 인해 좌절됐다. 닷컴이 붕괴되자 새비지 비스트는 돈이 떨어져서 직원들 월급까지 밀릴 정도였다.[3] 그러다 2005년에 이 회사는 전략을 바꿨다. 이에 따라 알고리즘을 더 많이 쓰고 사람을 더 적게 써서 사람들이 들어야 할 곡을 판별함으로써, 약간의 자금을 끌어들였고 새로운 이름으로 사명을 바꿨다. 판도라Pandora란 이름이었다. 2011년 7월 무렵에 이 회사는 뉴욕 증권 거래소 거래 종목이 됐고, 30억 달러의 가치를 가지게 됐다.

판도라는 다른 패러다임으로 시작했다가, 맥크레디와 똑같은 일을 하게 됐다. 맥크레디의 첫 번째 해킹 덕분에 벤 노박과 같은 아티스트들은 자신의 곡을 50달러에 업로드하고 폴리포닉의 알고리즘을 통해 성공 가능성에 대한 즉각적인 피드백을 받을 수 있었다. 그리고 음반사와 신인 발굴 스카우터들은 맥크레디의 사이트에 접속해 최고 점수를 받은 무소속 아티스트들을 살펴볼 수 있었다. 맥크레디는 아티스트와 음반사 양쪽을 수십 년간 괴롭히던 음악 산업의 일부 관행을 뜯어고치거나 아니면 최소한 개선하려고 노력했다.

톰 페티^{Tom Petty}의 1991년 곡 'Into the Great Wide Open'에는 야구의 신인 스카우트에 해당하는 음반 산업의 A&R 스태프를 언급하는 유명한 가사가 등장한다. 음반사의 A&R(아티스트와 레파토리^{artists and repertoire}) 스태프는 음반 산업의 창구 역할을 담당한다. 그들은 경력을 만들 수 있고 뮤지션을 무명에서 스타로 키워줄 수 있다. 대중음악 세계에서 A&R 담당의 일자리는 싱글을 찾는 데 달려 있다. 싱글이 없는 아티스트란, 톰 페티의 냉소적인 가사처럼 별 가치가 없다.

한 가지 문제는 A&R이 하는 일이 본질적으로 주관적이라는 점이다. 야구와는 다르다. 한 스카우트 눈에 보이는 시속 160킬로미터의 투구는 다른 스카우트에게도 동일하게 시속 160킬로미터다. 그토록 손쉽게 양적으로 측정되는 타고난 재능은 부정할 수 없다. 하지만 음악적 재능은 도처에 존재한다. 더욱이 모든 음악적 재능이 대중에게 통할 수 있는 가능성을 가진 건 아니다. 세계에서 가장 뛰어난 몇몇 아티스트도 아주 작은 범위의 팬들에게만 알려질 수도 있다. 반면, 피아노를 칠 줄 아는 여덟 살짜리 보통 아이의 수준보다 나을 바 없는 음악적 재능을 가진 어떤 아티스트는 한 곡의 대박 히트곡으로 세계를 접수할 수도 있다.

이런 이유로, 음악은 도서 출판과 유사한 사업으로 남아있다. 음반사는 50개 중 한 개의 앨범에 의존해 수익을 올리고, 새로운 아티스트에게 나눠줄 계약금을 충당한다. 음반사는 필요한 히트곡을 얻기 위해 큼지막하게 그물을 던져야만 한다. 평균 수준보다 많은 다이아몬드를 발굴하는 A&R 담당은 충분한 보상을 받는다. 꾸준히 무명 가운데 스타를 뽑아내는 A&R 담당은 전설이 된다. 이런 탁월한 실적을 거두는 인물들은 종종 해당 음반사의 중역 자리에 오르곤 한다.

A&R 담당은 늘 가망성 있는 아티스트를 찾고 있지만, 그들의 계약 대부분은 개인적 관계나 직접적 추천을 통해 이뤄진다. 음악 산업에서 실력은 10대 소녀의 귀를 사로잡는 능력에 있지만, 음악 산업은 실력주의와는 거리가 먼 상태로 남아있다. 하지만 A&R이 과학적으로 이뤄질 수 있다면 어떨까? 단지 성공 확률이 평균 30퍼센트만 돼도 업계의 평균 기록에 비하면 엄청난 향상이 될 것이다. 청취자를 만족시키는 요령을 아는 아티스트들은 영영 오지 않을지도 모를 인맥이나 추천을 통한 소개를 기다리지 않아도 된다. 폴리포닉의 알고리즘과 맥크레디의 아이디어가 해답을 입증할 수도 있다.

노박의 성공은 폴리포닉이 뜰 수 있는 기회를 줬다. 추가로 맥크레디의 도구는 대중이 무슨 밴드인지 알기도 전에, 마룬 파이브 Maroon 5가 매우 높은 성공 확률을 가진 그룹이라고 판단했다. 분명히 소프트웨어가 모든 것을 다 맞추지는 못했다. 폭넓은 인기를 끌지 못한 많은 곡들에 높은 점수를 주기도 했다. 하지만 효과가 있으면서 음악 산업의 미래를 바꿀 수 있는 뭔가를 맥크레디가 창조했다는 사실은 부인하기 어렵다.

하지만 기술적인 가능성에도 불구하고, A&R 전문가들은 이 도구를 신뢰할 만큼 관심을 주지 않았다. 만일 이 도구가 주장한 대로라면, 그들은 일자리를 위협받게 될 것이다. 많은 A&R 전문가들과 음반 업계 중역들은 자신들의 세계에서 기계가 한자리를 차지하게 될 거라는 생각을 비웃었다. 폴리포닉의 제품과 아이디어에 대해 의견을 묻자, 버진 레코드Virgin Records의 전 세계 마케팅 책임자인 로레인 배리Lorraine Barry는 비웃었다. 그러면서 "현대의 A&R 담당이 기계나 컴퓨터 프로그램이라고요? 끔찍한 생각이군요. 나는 마케팅 술수라고 생각합니다. 과학인 체하는 거죠."라고 말했다.[4]

이 소프트웨어가 A&R 게임을 과학으로 만들었는지에 대해서는 논쟁의 여지가 있다. 하지만 맥크레디 사단이 업계에서 환영받지 못한다는 건 분명하다. 음악 산업은 변화에 개방적인 것으로 정평이 나 있지 않다. "그런 면에서는 아미쉬Amish* 파보다 약간 나은 정도랄까요."라고 맥크레디는 말한다.

폴리포닉을 뒷받침하는 수익 모델은 음악 산업이 새로운 A&R

---

* 현대 기술 문명을 거부하고 소박한 농경 생활을 하는 미국의 한 종교 집단 – 옮긴이

기기로 자신의 소프트웨어를 활용해줄 것인지에 달려 있었다. 그 도박은 무모한 것으로 판명됐다. 폴리포닉은 비상한 기술에도 불구하고, 전혀 돈을 벌지 못했다. A&R 담당들은 자신들의 명을 재촉할 기법을 활용하길 꺼려했다. 그들의 협력이 없었기에 폴리포닉은 허덕였다. 맥크레디는 직원들을 해고하고 나서, 네브래스카 시골 소년으로 태어나서 시계 재벌, 팝 스타를 거친 후 현재는 기술 기업 설립자가 된 자신이 다음에 무슨 일을 해야 할지 고민했다.

잃을 것이 없었던 맥크레디는 사업 모델을 바꿨다. 2008년 그는 뉴욕으로 옮겨서 음악 산업과 좀 더 친숙해졌다. 그는 새로운 투자가들부터 자금을 모으고 자신의 회사를 뮤직 엑스레이^{Music X-Ray}라고 이름 붙였다. 이전과 마찬가지로 아티스트를 초대해 그들의 곡을 자신의 사이트와 데이터베이스에 올리도록 했지만, 이제는 A&R 담당과 프로듀서들 역시 새로운 곡이나 아티스트들을 찾을 때 구인 공고를 올릴 수 있도록 허용했다.

음반사, 광고 회사, 마케터, 음악 프로듀서들은 종종 특정한 종류의 사운드를 찾곤 한다. 예를 들어, 음반사는 또 하나의 라디오헤드^{Radiohead}를 찾을 수도 있고, 마케팅 회사는 롤링 스톤즈의 'Brown Sugar'가 자신들의 텔레비전 스폿 광고에 안성맞춤이라고 생각하지만 롤링 스톤즈가 요구하는 수준의 돈을 지급하기는 어려울 수도 있다. 당연한 일이겠지만, 메이저 음반사의 공식 신인 스카우트가 새로운 아티스트를 찾는다는 공고를 내면, 대개는 엄청난 반응이 돌아온다. 영화 프로듀서가 사운드 트랙으로 창작곡을 찾는다든지 특정 종류의 곡을 찾을 때도 마찬가지다. 음악 사업 관계자들에 의하면, 그들은 매우 바쁘다. 알 수 없는 뮤지션이 제출한 수천 곡의 신청곡(대부분은 평균 이하 수준의)을 검토하는 일은 그들의 일과를 좌우할 만큼 중요한 일이 아니다. 유명 아티스트들이 새로운 작업에서 알짜배기 몫을 차지하곤 하는 이유다. 새로운 뮤지션을 찾는 일은 너무나 많은 시간을 잡아먹는다.

이 부분에서 바로 맥크레디 알고리즘이 필요하다. 알고리즘은 적절치 못한 사운드에서 적절한 사운드를 신속하게 분류함으로써 음악 산업의 내부 관계자들이 자신의 원래 목적에 가장 어울리는 곡을 찾을 수 있게 해준다. 롤링 스톤즈의 곡인 'Brown Sugar'를 예로 들면, 알고리즘은 신청곡 데이터베이스를 뒤져 그 노래에서 롤링 스톤즈가 연주했던 리프[riff], 비트, 리듬, 스타일 등 전반적인 사운드를 가장 잘 흉내 낸 곡을 찾는다.

아니면, A&R 담당은 단순히 뮤직 엑스레이에 업로드된 다양한 장르의 음악에서 최고 점수의 곡을 찾을 수도 있다. 맥크레디의 데이터 창고는 날로 커지고 있다. 맥크레디의 사이트는 신속하게 세계 속의 음악 재능을 망라한 백과사전이 되고 있으며, 아무리 노력하고 아무리 재능이 있어도 자신의 작품이 빛을 보지 못할까 걱정하는 벤 노박 같은 뮤지션들에게 발전할 수 있다는 희망을 준다. 미래의 많은 뮤직 스타들이 뮤직 엑스레이에 의해 탄생될 것이라는 상상은 꿈이 아니다. 그런 일은 실제로 이미 일어나고 있다.

2010년 이후로, 맥크레디는 음반사와 다른 상업적 채널을 통해 5,000명이 넘는 아티스트들에게 기회를 제공했다.

그런 뮤지션 중 한 명인 토미 보츠^{Tommy Botz}는 웹에서 뮤직 엑스레이에 우연히 들른 63세의 회복 중인 알코올 중독자였다. 보츠는 재활센터에서 7년간 지냈는데, 그 기간 동안 자신의 200곡 중 일부를 작곡했으며 그중 일부를 뮤직 엑스레이에 올리기로 작정했다. 맥크레디의 알고리즘은 보츠의 곡이 조니 캐쉬^{Johnny Cash} 같은 선율에 필적할 만큼 독창적이라는 점을 발견했고 미시간 레이블^{Michigan label}에 연결시켜줬다. 미시간의 아티스트는 그의 노래 일곱 곡을 녹음했다.

보츠만이 아니었다. 여섯 손자의 할머니인 린 퍼거슨^{Lynne Ferguson}은 뮤직 엑스레이에서 'Tears to Gold'란 곡으로 아트리움 뮤직 그룹^{Atrium Music Group}의 관심을 끌었다. 이 음반사는 총 11곡의 퍼거슨 곡을 골라서 앨범을 발매했는데, 퍼거슨의 미소 띤 얼굴이 커버에 실렸다. 인디밴드 역시 맥크레디의 봇을 통해 성공을 거뒀다. 월드 라이브 뮤직 앤드 디스트리뷰션^{World Live Music & Distribution}은 뮤직 엑스레이에서 도미닉 고메즈^{Dominic Gomez}를 발견한 즉시 계약을 체결하고 수십만 달러 예산의 레코딩 계약을 맺었다. 영화 스튜디오 역시 소득을 올렸다. 스파이크 리^{Spike Lee}가 제작한 2011년 영화 'You're Nobody 'Til Somebody Kills You'는 뮤직 엑스레이에서 찾은 아티스트로부터 배경음악 세 곡을 얻어냈다.

양쪽 당사자들에게 자리를 주선해주는 대가로, 뮤직 엑스레이는 거래 대금의 일부를 챙겼고 매출이 불어나기 시작했다. 맥크레디는 자신의 사업에서 적자를 없애고, 음악 산업이 수용할 수 있는 뭔가를 만들어냈다. 2011년 기준으로 1,500개의 음반사와 기타 음악 구매 업자들이 그의 알고리즘을 활용하고 있는데, 이 중에는 컬럼비아Columbia, 타임워너Time Warner, 게펜Geffen, EMI 등 거의 모든 메이저 음반사들이 포함돼 있다.

"드디어 음반사들로부터 러브레터를 받았어요."라고 맥크레디는 말한다. 그는 어떤 레벨에서는 언제나 인간 의사결정자가 존재하겠지만, 결국 자신의 봇과 봇의 인기 군집에 대한 감각이 대중이 누구를 듣게 될지를 바꿀 것이라고 생각한다.

맥크레디 모델의 효율성과 넓어진 아티스트의 폭이 음악 산업에 제시하는 사실은 메이저 음반사들(실제로는 모든 음반사들)이 계약할 뮤지션을 고르고 마케팅할 곡을 선택하기 위해 알고리즘에 의존하는 건 시간 문제일 뿐이라는 점이다. 워드프로세서가 처음으로 시장을 강타했을 때와 유사하다. 처음에는 대부분의 사람들이 자신의 타자기를 고수했으며, 오직 얼리 어댑터early adaptor들만이 프로세서의 작은 화면, 조잡한 인쇄물, 그리고 언제든지 볼 수 있고 들고 다닐 수 있는 종이가 아닌 5인치 플로피디스크에 자신의 작업물을 집어넣는다는 끔찍한 생각을 넘어선 미래를 볼 수 있었다. 하지만 결국 날이 갈수록 화면은 커졌고 소프트웨어는 좋아졌으며, 다른 걸 쓴다는 건 생각조차 하기 어려워졌다. 그런 날이 음악 세계에도 다가오고 있다.

그것이 음악에 좋은 일일까? 분명히 보통의 A&R 담당자들에겐 좋지 않은 일일 것이다. 하지만 레이더에 포착되지 않거나 인맥이 좋지 않은 아티스트들에겐 어떨까? 알고리즘이 우리에게 더 나은 인기 차트를 선사하게 될까? 대답은 아마도 '아니오.'일 것이다. 알고리즘은 우리에게 새로운 아티스트들을 선보일지 모르겠지만, 알고리즘은 과거에 인기 있던 곡을 기준으로 판단하기 때문에, 이미 우리가 듣고 있는 잊혀질 만한 대중음악과 같은 종류의 음악들을 내놓게 될 것이다. 이는 최근의 그저 그렇고 그런 음악들을 분석에 포함시키고 있는 기술의 분명한 약점이라고 하겠다.

그럼에도 불구하고, 맥크레디는 다르게 생각한다. 그는 여느 사업가처럼 자신의 알고리즘이 앞으로 수십 년 동안 음악 세계의 중심을 차지할 것이라고 기대한다. 하지만 그는 알고리즘의 존재는 획일화되지 않은 더욱 다양성이 풍부한 인기 차트로 우리를 이끌어줄 것이라고 말한다. 다른 방식의 사운드를 가진 아티스트들은 실제로 대중성과 약간의 차이가 나는 비트, 멜로디, 마무리 때문에 인기 군집 부근에 찍히게 되므로, 이제 놓치기보다는 발견될 가능성이 높다고 그는 말한다. 또한 맥크레디는 프로듀서와 아티스트들이 자신의 곡이 인기 군집에 좀 더 가깝게 이동할 수 있도록 리듬, 비트, 템포를 살짝 바꾸는 데 도움을 줄 수 있다. 언젠가는 길거리 밴드들이 즉흥적으로 곡을 뽑아낸 다음에 랩톱 화면에 곡을 올려서, 해당 버전이 3D 인기 군집 세계에서 어떤 위치를 차지하는지 보게 될 날이 올 것 같다. 창조적 분야에서 그토록 빠른 판정은 드물다. 하지만 이런 상황은 동시에 의문을 제기한다. 알고리 즘이 다양성을 꽃피우기보다는 강제적으로 획일화된 음악 세계를 낳지 않을까?

인기 차트를 뒤덮고 있는 히트곡들 대부분이 동일한 그룹의 사 람들에 의해 만들어진다는 건 이미 알려진 사실이다. 그중 한 사 람으로 음악계에서 맥스 마틴^{Max Martin}이란 이름으로 통하는 스웨 덴의 작곡가 마틴 샌드버그^{Martin Sandberg}는 1990년대 본 조비^{Bon Jovi}, 백스트리트 보이즈^{Backstreet Boys}, 브리트니 스피어스^{Britney Spears}가 부 른 1위 히트곡을 연달아 작곡하기 시작했다. 2008년 이후, 그는 어셔^{Usher}가 부른 'DJ Got Us Fallin' in Love'와 케이티 페리^{Katy Perry}가 부른 'I Kissed a Girl'을 비롯해 열 곡이 넘는 1위 히트곡과 20곡이 넘는 톱10 싱글을 작곡했다.[5] 특정한 사람이 대중에게 먹 히는 인상적인 선율을 작곡하는 재능을 타고난다면, 그리고 마이 크 맥크레디의 알고리즘이 이미 히트곡의 일반적인 특징을 알고 있다는 점을 감안한다면, 인기 음악이 곧 봇에 의해 지배될 것이라 는 예측도 얼마든지 가능하다. 음반사들은 시대적 취향이 어떤 것 이든 간에 그것에 맞추려고 노력할 것이라는 점, 그리고 그런 일에 있어서 그 누구도 달콤한 히트곡들을 뽑아내도록 최적화된 알고 리즘보다 더 잘할 수 없다는 점에는 의심의 여지가 없다.

바흐 봇

인기 군집은 대중음악에만 적용되지 않는다. 인기 군집은 베토벤, 모차르트, 바흐, 헨델 등의 고전적인 대가들에게도 적용된다. 맥크레디의 소프트웨어는 가장 인기 있는 일부 교향곡들이 그 나름대로의 군집에 어떻게 속하게 되는지 보여준다. 모차르트와 베토벤은 맥크레디가 인기를 파악하기 위해 사용하는 기기나 알고리즘 개념은 몰랐지만, 대중에게 보다 더 큰 호소력을 가진 어떤 패턴이나 리듬이 있다는 점을 그 누구보다 확실히 이해했다. 일부 클래식 작품들이 비슷하게 들리는 이유는 그 때문이다. 한 뮤지션의 성공은 다른 이들의 모방을 낳고, 그들 모두는 같은 종류의 사운드와 그에 따르는 갈채를 쫓게 된다. 따라서 만일 알고리즘이 음악을 인기 있게 만들어주는 것이 무엇인지 파악할 수 있다면, 대중음악이든 클래식이든, 다음 단계로 도약해 대중을 만족시키도록 설계된 새로운 음악을 간단히 창조할 수도 있지 않을까? 알고리즘이 인간만큼 멋진 음악을 작곡하게 될 것이라고 믿을 만한 이유를 가진 사람들이 있다. 그렇게 믿는 사람들 중에 대표적인 인물은 캘리포니아 대학교 산타크루스 캠퍼스University of California at Santa Cruz의 음악 교수인 데이비드 코프David Cope다.

코프는 알고리즘을 이용해 교향곡, 오페라, 오라토리오를 창작한다. 그가 만든 음악, 아니면 그의 알고리즘이 만든 음악은 너무나 훌륭해서 일부 뮤지션들이 두려워할 정도였으며, 또한 어떤 이들은 다음과 같은 궁금증을 품기도 했다. 인간의 창조와 기계의 창조 사이에서 경계는 어디쯤일까? 어디쯤에서 알고리즘이 정말로 예술가가 될 것인가?

이런 질문들이야말로 코프가 1980년대 이후로 답을 찾으려고 노력했던 것들이었다. 그의 생각으로는, 그 어느 때보다 결론에 가까워졌다. 알고리즘과 인간의 창조 간에 명확한 구분을 선호하는 이들에게는 달갑지 않을 결론이다. 코프가 자신의 음악 창작 알고리즘에 사람의 이름을 붙여줬다는 사실은 이런 혼란스러운 상황에 보탬이 되지 못한다. 그는 자신의 첫 번째 봇에 '에미^{Emmy}'라고 이름을 붙였다.

에미가 오케스트라 작품들을 너무나 인상적으로 창작한 나머지, 일부 음악가들은 그것들이 기계의 작품이라는 점을 판별하지 못했다. 그 결과로, 코프는 순간적으로 수많은 적들을 만들어냈다. 그들은 그의 작품들을 전혀 인정하지 않았고, 어떤 경우에는 에미의 작품이 연주되지 못하도록 막으려고 했다. 독일에서 열린 학술 회의에서는 코프의 동료 중 한 명이 다가와 그의 코를 후려쳤다. 코프의 작품이 최고의 클래식 뮤지션계에서 논의될 때는 종종 고함 소리와 함께 언쟁이 발생했다. UC 산타크루스의 동료 교수 중 일부는 '오즈의 마법사$^{Wizard\ of\ Oz}$'에 등장하는 심장 없는 캐릭터를 본떠서 코프를 '양철맨$^{the\ Tin\ Man}$'이라고 불렀다.[6]

코프의 봇은 베토벤의 힘과 모차르트의 기교를 가지고 노트들을 지그재그로 엮을 수 있다. 기계가 그런 아름다운 뭔가를 만들어낼 수 있다는 사실은 음악계의 많은 이들에게 위협적이었다. "만일 여러분이 인생 대부분을 오래전에 죽은 이런 작곡가들과의 사랑에 빠진 채로 보냈는데, 이런 소프트웨어 따위로 똑같이 당신에게 감동을 줄 수 있다고 주장하는 얼뜨기가 나타난다면 갑작스런 의문이 생길 겁니다. '무슨 일이 일어난 거지?'" 코프는 이어서 말한다. "나는 굉장히 강력한 어떤 관계를 망친 것이죠."

코프에게 에미는 다년간의 끈기 있는 학습, 개발과 재개발의 정점이었다. 느긋한 비치 타운인 산타크루스에 자리잡은 코프의 아지트는 기술 세계로 퍼지고 있던 알고리즘 혁명에서 멀리 떨어진 것처럼 보였다. 하지만 실제로 산타크루스와 세계에서 알고리즘 천재들이 가장 밀집된 장소를 갈라놓은 유일한 장벽이라곤 해변가의 기다란 산맥뿐이었다. 이마저도 17번 고속도로가 실리콘밸리에서 해안가로 연결되면서 48킬로미터로 줄어들었다.

음악계의 많은 사람들은 그를 비웃었지만, 코프는 컴퓨터과학계에서 지지와 공감을 찾았다. 뮤지션들이 코프를 영혼이 없는 과학자라고 깎아내린 건 모순이 없지 않았다. 무엇보다 이 캘리포니아 교수는 한 사람의 뮤지션이었다. 코프의 최초 기억은 그의 어머니가 건반을 누르고 있을 때, 그랜드 피아노 밑을 바라보면서 마루에 누워 있는 장면이었다.[7]

아직 초등학생 시절이었을 때, 코프는 차이코프스키, 라흐마니노프, 스트라빈스키 같은 작곡가들에게 빠졌다. 12살 때 그는 직접 작곡을 한다는 생각에 마음을 빼앗겼다. 결국 그는 서던캘리포니아 대학교^{USC, University of Southern California}의 음악 작곡 전공 대학원에 입학하기 위해 로스앤젤레스로 향했다.

USC 졸업 후에, 코프는 1973년 오하이오주 옥스포드의 마이애미 대학교^{Miami University}에서 교수 자리를 얻었다. 이 일은 그에게 언제나 자신의 운명이라고 느꼈던 일, 바로 작곡을 할 수 있는 시간 여유를 줬다. 코프의 창작곡들은 카네기 홀^{Carnegie Hall}에서부터 케네디 예술센터^{Kennedy Center for the Performing Arts}에 이르기까지 클래식 음악계를 대표하는 최고의 전당에서 공연됐다. 그의 곡들은 국제적으로도 퍼졌는데, 페루와 폴란드를 비롯한 여러 국가의 오케스트라에서 공연됐다.

음악 봇에 대한 코프의 애정은 그가 동시대의 음악에 대해 쓴 책의 연구에서 시작됐다. 그는 컴퓨터 생성 음악이라는 새로운 분야에 대해 한 장을 할애할 계획이었지만, 자신이 컴퓨터 작곡에 대해 아는 것이 거의 없다고 생각했다. 그래서 그는 가능한 한 가장 험난한 길을 선택했다. 단순히 다른 사람을 인터뷰하기보다는 자신이 직접 컴퓨터로 음악을 만들어보기로 한 것이다.

분명히 코프는 음악 작곡에 알고리즘을 활용한 최초의 인물은 아니었다. 1025년 구이도 다레초^{Guido of Arezzo}는 텍스트를 화음으로 자동 변환하는 기법을 개발했다. 그는 쓰여진 단어와 같이 겉으로 보기에는 무의미한 잡동사니로 보이는 것을 입력받아서, 귀로 들을 만한 뭔가로 변화시킬 수 있는 규칙 집합을 고안했다.[8] 17세기에 헨델의 천재성에 감탄해 울었던 요제프 하이든^{Joseph Haydn}은 음악의 주사위 놀이^{Musikalisches Würfelspiel}라고 불리는 게임을 플레이했는데, 이 게임에서는 주사위를 굴려서 곡의 박자를 정했다. 모차르트를 비롯한 대가들은 이 기법을 가지고 놀았다.⁹ 1950년대에는 일리노이 대학의 두 연구자 레자렌 힐러^{Lejaren Hiller}와 레오나드 아이잭슨^{Leonard Isaacson}이 당시 세계에서 가장 빠른 슈퍼컴퓨터였던 일리악^{ILLIAC} 컴퓨터를 이용해 일리악 조곡^{Illiac Suite}이라 불리는 곡을 만들었다.

하지만 현대적 기계를 이용해 자신이 의도하는 방식으로 음악을 창작하기 위해 코프가 참조할 만한 자료는 없었다. 그래서 그는 부지런히 당시의 프로그래밍 언어인 포트란^{Fortran}, 파스칼^{Pascal}, 알고^{Algo}를 직접 배웠다. 자신의 코드를 컴파일하고 작업을 체크하기 위해, 그는 방만 한 크기의 IBM 메인프레임 사용 시간을 확보하기 위해 분투했다. 컴퓨터는 코프가 만든 작품을 표시하는 구멍이 뚫린 천공 카드를 차례로 찍어내곤 했다. 그러면 그는 수치 천공을 음높이와 음표로 해석한 다음, 마지막으로 악보를 피아노로 가져가서 자신이 만든 것이 무엇인지 확인하곤 했다.

"나는 이야기조차 꺼내고 싶지 않은 정말로 끔찍한 합창곡을 만들었어요."라고 그는 말한다.

끔찍하든 말든, 곡은 컴퓨터 프로세서의 도움으로 작곡됐으므로, 코프는 알고리즘 작곡이라는 여전히 새로운 주제에 대해 정통성 있는 권위자가 됐다. 그는 컴퓨터 생성 음악에 관한 장을 저술해 책을 마무리했다. 음악에 관한 학문 분야에서 새롭고 혁신적이며 흥미로운 뭔가를 창조하는 일은 쉬운 일이 아니었기 때문에, 이 책은 전 세계에 있는 동료 학자들의 이목을 끌었다. 그는 다른 곳에서 교수 자리를 제공하겠다는 수십 통의 전화를 잘 받아넘겼다. 가장 끈질긴 전화는 UC 산타크루스의 음악과에서 왔는데, 결국 코프를 캘리포니아로 불러내서 면접을 보고 1977년 이직하도록 그를 설득시켰다.

작곡가 겸 프로그래머는 새로운 대학에 정착했고, 곧 음악 수업과 작곡에 총력을 기울여서 지속적으로 찬사를 받았다. 그러나 1981년 코프의 왕성한 방식은 장애물에 부딪혔다. 그는 오페라를 작곡하기로 계약했는데, 자신의 두뇌에서 음악적 창조성이 말라버렸다는 점을 알게 됐다. 그는 몇 달 동안 피아노 건반과 빈 종이 페이지만을 바라봤다. 그는 오페라 작곡 대금을 환불해야 했으나, 이미 모두 써버린 상태였다. 그는 어린 아들 넷이 있었고 평범한 수준의 월급을 받고 있었다.

난감한 코프는 컴퓨터를 동원해 난국을 타개할 수 있으리라 생각했다. 그래서 그는 스탠포드와 UC 산타크루스의 컴퓨터과학 코스를 수강하고, 도서관에서 오랜 시간을 보내며 두 번은 봐야 겨우 이해되는 프로그래밍 서적을 숙독하기 시작했다. 공부를 하다가 어느 시점에, 그는 컴퓨터과학에서 가장 발전된 언어 중의 하나인 리스프Lisp로 프로그래밍해야겠다고 확신했다. 코프는 말한다.

"아무도 내게 어렵다고 말해주지 않았어요. 그래서 그 일이 어려운지 몰랐죠."

그는 의뢰인이 자신에게 기대하는 방식으로 오페라를 완성하기 위해, 자신의 작곡 스타일을 흉내 내는 것을 목표로 프로젝트를 시작했다. 하지만 그는 그 목표가 모호하다는 점을 깨달았다. 그의 스타일이란 무엇인가? 그건 프로그래밍하기 어려운 과제였다. 그래서 그는 대가 중의 대가인 요한 세바스찬 바흐^{Johann Sebastian Bach}의 좀 더 정형적인 스타일을 흉내 내는 프로그램을 만들기로 결정했다. 해킹 프로젝트를 시작한 지 1년이 지나자, 그의 프로그램은 합창곡을 작곡할 수 있었다. 1970년대 이후 그가 시도한 것 중에는 가장 나았지만, "그리 좋지는 못했죠."라고 그는 회상한다.

이 음악 교수는 끈질겼다. 수백 곡의 바흐 찬송곡을 샘플링함으로써 바흐가 가장 인상적인 곡을 작곡할 때 사용했던 패턴을 '학습'하는 시스템을 구축했다. 지루한 작업이었다. 샘플링한 음악 단편들을 그의 알고리즘이 컴퓨터에서 알아들을 수 있는 좀 더 작은 데이터 조각 형태로 만들어야 했다. 오늘날의 음악 샘플링 기술은 1980년대 초반에는 꿈도 못 꿀 일이었다. 음악을 컴퓨터 코드에 집어넣기 위해, 코프는 악보에서 각 음과 화음을 수작업으로 수치로 변환하곤 했다. 각 음은 시간, 음높이, 길이, 채널(악기), 소리 크기를 나타내는 다섯 숫자의 코드를 필요로 했다. 한 곡을 변환하는 데 몇 주가 걸릴 수도 있었다. 코프는 종종 한 세트의 결과를 얻기 위해, 필기로 데이터를 기록하느라 6개월을 보내곤 했다.

바흐의 천재성을 단순한 숫자와 몇 페이지의 컴퓨터 데이터로 분해하는 작업은 코프에게 영향을 끼쳤다. 그는 천재가 그런 수준으로 단순화될 수 있을지 의아스러워졌다. 정말로 바흐 알고리즘이 존재할 수 있을까? 그의 프로그램이 더 많은 음악을 만들어낼수록, 바라보는 시각에 따라 해답은 가망성이 없어 보였거나 아니면 놀랄 만큼 긍정적일 수도 있었다. 코프의 알고리즘이 만들어낸 결과물은 패턴, 멜로디, 조화로운 소절에서 바흐의 특징을 드러내기 시작했다.

하지만 뭔가 문제가 있었다. 음악은 그럴싸했다. 귀에서 기대하는 대로 화음도 변화됐다. 그러나 음악에는 뭔가 본질적인 활력이 부족했다. 모든 것이 제대로 됐지만, 음악에는 바흐 특유의 활기가 전해지지 않았다. 코프는 다양성을 증가시키면 돌파구가 생기리라고 기대하며, 더 많은 음악을 알고리즘의 데이터베이스에 입력했다. 그는 자신의 코드를 연구하고 여러 번 계속해서 고쳤다. 하지만 보탬이 되지 않은 듯이 보였다. 음악은 따분할 따름이었다.

인간 수준의 작곡이 가능한 프로그램 개발은 전보다 더 까마득해 보였다. 코프는 몇 차례나 신경쇠약에 걸릴 뻔했다. 막다른 골목에서 빠져나갈 길이 보이지 않자, 그는 그만두기로 결심하고 한때는 몇 주간 알고리즘에서 손을 떼기도 했다. 하지만 그는 언제나 컴퓨터 화면 앞에 돌아와서 그가 그토록 공들여 쌓아올린 수천 행의 코드를 다시 들여다보곤 했다.

하루는 볼일이 있어 집을 나가다가, 코프에게 번뜩 생각이 떠올랐다. 문제는 샘플의 분량이나 그가 작성한 규칙 집합이 아니라, 그의 알고리즘이 규칙을 너무나 잘 지켜서일지도 모른다는 생각이었다. 분명히 위대한 작곡가들은 과거의 패턴을 기반으로 작곡을 하겠지만, 통상적으로 그들의 음악이 지키는 규칙을 깨뜨리기 때문에 비범해진 것이다. 바흐의 알고리즘은 절대로 규칙을 위반하지 않았으므로, 청취자의 귀를 놀라게 하거나 매혹시킬 만한 가능성이 있는 음악을 절대로 만들지 못했다. 코프는 리스프에 파묻혀서, 루프와 랜덤 함수를 작성해 음악의 패턴과 구조를 유지하다가 탁월한 인간 작곡가의 번뜩이는 느낌을 떠올리게 만드는 예상치 못한 리듬 변화가 생기게끔 만들었다.

이 작업의 마무리는 코프의 알고리즘 컴퓨터에서 DNA의 마지막 가닥이었다. 최종 프로그램은 리듬, 소절, 도입부, 마무리를 창작할 줄 알았다. 또한 느리고 온화한 음들을 시끌벅적한 바로크 피날레와 섞을 줄 알았다. 코프는 요한 세바스찬 바흐와 같이 천재적인 누군가의 정신을 진정으로 잡아낼 수 있는 산더미 같은 코드와 기계 한 대를 만들었다.

시작한 후 7년이 지나서 완성 단계에 접어들었다고 느낀 코프는 그의 작품에 '에미^{Emmy}'란 이름을 붙였는데, '음악적 지능에 대한 실험^{Experiments in Musical Intelligence}'의 머리말을 딴 것이었다. 1987년 어느 날 코프는 늘상 하던 대로 점심을 먹으러 연구실을 나가기 직전에 알고리즘을 작동시켰다. 컴퓨터로 돌아왔을 때, 에미는 바흐의 스타일을 거의 그대로 흉내 낸 5,000곡의 합창곡을 창작해 놓았다.[10]

에미가 만든 바흐의 곡들은 어배너^{Urbana}의 일리노이 대학 메인 캠퍼스에서 처음으로 공연됐다. 합창곡 공연이 끝날 무렵이 되자, 청중석에는 충격으로 인한 침묵이 흘렀다. 이 곡이 기계의 작품이 라니! 청중들은 경악했다. 그의 본거지인 산타크루스의 음악 페스 티벌에서 음악에 감동받은 수십 명의 숭배자들이 코프를 찾아왔 다. 일리노이의 청중들과는 달리, 그들은 에미가 작곡자라는 걸 몰 랐다. 그 사실을 알게 되자, 놀라움과 웅성거림에 이어서 다시 충 격으로 인한 침묵이 흘렀다.

코프는 원래 자신을 이 길로 내몬 오페라를 여전히 완성하지 못 한 상태였다. 그는 1970년 이후 자신의 작품 대부분을 에미에게 입력시켰고, 알고리즘은 코프의 스타일로 오페라를 만들기 시작했 다. 알고리즘과 팀을 이뤄, 그는 마침내 오페라를 일주일 만에 완 성했다. 6년간 헤맨 후의 일이었다. 그는 오페라를 제출했고, 2년 후에 버지니아의 리치몬드에서 기획, 리허설 끝에 공연됐다. 그 당 시에는 아무도 그 음악에서 에미가 맡은 역할을 알지 못했다. 오 페라는 코프의 경력에서 가장 우호적인 평가를 받았다. '최고로 드 라마틱한 순간, 마음을 사로잡는 드럼 비트로 마무리되는'이라고 「리치몬드 타임즈 디스패치Richmond Times-Dispatch」는 평했다.[11]

이런 상황의 전개는 완전히 새로운 질문을 낳았다. 음악을 진정 으로 창작한 사람은 코프인가? 아니면 에미인가? 코프 교수는 이 질문에 답하기가 난감했지만, 결국에는 땅을 파는 건 삽이 아니라 사람이라는 결론을 내렸다. 하지만 그는 이 논쟁의 상반되는 측면 을 이해한다고 인정한다. "저작권에 대한 질문은 답하기 어렵습니다. 시작할 때부터 곤혹스러웠던 질문이죠."라고 그는 말한다.

인공지능 학계 내에서의 세계적인 명성에 용기를 얻은 코프는 에미의 음반 계약을 추진했다. 대박을 예상했던 계약은 상당히 어렵게 진행됐다. 클래식 음반사들은 현대음악은 취급하지 않는다고 말했고, 현대음악을 다루는 음반사들은 클래식을 녹음하지 않는다고 말했다. 계약을 마무리하고 나자, 이번에는 에미의 곡을 연주하려는 일류 아티스트를 찾을 수 없었다. 하는 수 없이, 코프는 전자 신호에 의해 연주되는 자동 피아노인 디스클라이버^{Disklavier}를 활용해야 했다.[12]

앨범 'Classical Music Composed by Computer^{컴퓨터로 작곡된 클래식}^{음악}'는 잘 팔렸으며, 무엇보다 코프에게 일거리가 많이 생겼다. 음반에는 바흐 모사곡뿐만 아니라 베토벤, 쇼팽, 라흐마니노프, 모차르트, 스트라빈스키, 스콧 조플린^{Scott Joplin}의 모사곡 등이 수록됐다.

게다가 이 앨범을 통해 코프는 음반 작업을 함께할 아티스트를 찾을 때, 그를 인정하지 않던 뮤지션들로부터도 약간의 명성을 얻는 데 성공했다. 이내, 코프가 추천하는 에미의 명곡이라면 뭐든지 연주하겠다는 유명 클래식 연주자들이 그에게 접근했다. 하지만 그런 요청은 새로운 문제를 낳았다. 코프는 어떤 협주곡을 제안해야 할지 난감했다. 이제 에미는 비슷한 품질의 곡들을 수천 곡 작곡했다. 뮤지션들은 이런 상황을 꺼림직하게 여겼다. 수많은 곡 중에 한 곡을 뭣 하러 연주한단 말인가? 아티스트들은 에미의 최고 작품을 연주한다는 일종의 보장을 원했다. 하지만 에미는 다음 날

불쑥 훨씬 더 좋은 곡을 만들어낼 수 있었다. 뮤지션들은 그토록 쉽게 흔해지는 곡을 연주하고 싶지 않았다.

이는 코프를 음악계에서 퇴출시킬 수 있는 위험성을 가진 문제였다. 그는 바흐에서부터 모차르트, 베토벤에 이르기까지 모든 다작 작곡가들 역시 흔해빠진 곡들을 만들었다고 주장한다. 코프는 그들이 평생 들었던 음악을 기반으로 패턴을 개발했다고 말한다. 코프에 의하면 바흐는 완전히 새로운 뭔가를 창조한 적은 없고, 다만 그 이전의 음악들에 조금씩 뭔가를 더했던 것뿐이다. 그리고 바흐는 뭔가를 창작할 때면, 유사한 패턴과 구축 기법으로 그런 과정을 반복하곤 했다. 그것이 바로 창조성이며, 정확히 에미가 하고 있는 일이라고 코프는 주장한다. 클래식 대가들이 패턴을 쏟아내는 알고리즘과 다를 바 없다는 이런 주장은 음악계로부터 누구나 예상할 수 있는 부류의 반응을 불러일으켰다. 코프와 에미, 그리고 그들의 작품을 거부하는 것이었다.

하지만 코프는 유리한 고지를 되찾았다. 1997년, 클래식 음악계의 이목이 집중된 상태에서, 에미는 오레곤 대학의 강력한 두 적수와 대결을 펼쳤다. 오레곤 대학의 음악 이론 교수인 스티브 라슨[Steve Larson]이 이벤트 개최를 도왔다. 그는 적수 중 한 명이기도 했다. 수백 명의 청중들이 모두 바흐 스타일로 만들어진 세 곡의 피아노곡을 들었는데, 세 곡 중 한 곡은 에미가, 다른 한 곡은 라슨이, 나머지 한 곡은 바흐 자신이 작곡한 곡이었다. 청중들은 각 곡에 대해 누가 작곡한 것인지를 판단해 투표했다. 자신의 작품이 컴퓨터가 만든 곡이라고 지목되자 라슨은 자존심에 큰 상처를 입었다. 청중들이 에미의 곡이 작고한 뮤지션의 진짜 작품이라고 판단하자, 라슨의 표정은 일그러졌다.[13]

인디애나 대학의 인지과학 교수인 더글러스 호프스태터^{Douglas Hofstadter}는 라슨, 에미, 바흐 사이의 경쟁을 지켜봤다. 호프스태터가 1979년 출간한 『괴델, 에셔, 바흐: 영원한 황금 고리』^{Gödel, Escher, Bach: An Eternal Golden Braid}는 인공지능과 음악 작곡에 대해 고찰했으며, 퓰리처 상을 받았다.

호프스태터는 당시 이렇게 말했다. "에미는 우리가 위대한 예술 작품을 살펴보고, 그들의 기원과 깊이에 대해 생각해보도록 해줬다."[14]

통제된 학술적 환경에서의 승리 덕분에 에미와 코프의 주가는 치솟았다. 하지만 쏟아지는 인기나 찬사와 더불어, 이 둘을 향한 냉소도 커졌다. 평론가들은 기계가 사람처럼 음악에 혼과 같은 걸 불어넣을 수는 없다고 계속해서 떠들어댔다. 스탠포드 대학의 컴퓨터 음악과 음향 연구소^{Center for Computer Research in Music and Acoustics}의 작곡가이자 연구원인 조나단 버거^{Jonathan Berger}는 비판자 중 한 명으로서, 에미가 어디에 음을 넣을지는 알지만 인간 작곡가만의 진정한 정수를 음악에 넣을 줄은 모른다고 주장했다. "코프가 말하는 특징^{signature}과 내가 말하는 스타일^{style} 사이에는 엄청난 간극이 있어요."라고 그는 말했다.[15]

터프트 대학^{Tufts University}의 철학자이자 인지 과학자인 대니얼 데

닛$^{Daniel\ Dennett}$은 에미의 경이로움은 인정했지만, 여전히 기계가 인간과 경쟁할 수는 없다고 생각했다. 그는 "코프의 작품이 멋지기는 합니다만, 뭔가 빈약한 부분이 있어요."라고 말했다.[16] 소프트웨어로 만들어진 작곡가는 현실 세계에 대한 감이 없기 때문에, 음악을 통해 진정한 감정을 표현할 줄은 모를 것이라고 데닛은 추론했다.

에미를 향한 성별적인 태도는 코프를 괴롭히기 시작했다. 그는 사람들이 자신이 듣고 싶은 대로 듣는다고 생각했다. 사람들은 자신이 컴퓨터 알고리즘 세트로 작곡된 음악을 듣고 있다는 걸 안다면, 음악에 의해 영향을 받지 않으려고 한다는 점을 코프는 발견했다. 청취자들은 음악이 작곡은 잘됐지만 보이지 않는 영혼의 울림이 없다고 말하곤 했다. 하지만 코프가 똑같은 음악을 PC 프로세서 칩에서 싹튼 것이라고 알리지 않은 채 들려주면, 청취자들은 종종 사운드에 흠뻑 빠져들어 그 음악이 얼마나 깊은 감동을 줬는지 말하곤 했다.

편향된 잠재의식에 대해서는 잘 알려져 있다. 그런 본능적인 경향과 싸우다 보니 코프는 분노를 느꼈다. 설상가상으로, 코프가 생각하기에 사람들은 에미를 일종의 전시품으로 바라보기 시작했다. 마치 모든 관람자들이 전시용이란 걸 알고 있는 모터쇼의 콘셉트 카처럼 말이다. 하지만 코프의 구상은 황당한 꿈이 아니었다. 그 구상은 음악과 창조성에 대한 그의 생각을 변화시켰다. 그는 에미와 같은 알고리즘이 음악의 미래라고 말한다. 코프의 설명에 의하면 인간 작곡가는 예전처럼 계속 존재하겠지만, 그들은 다룰 수 있는 모든 도구를 사용하도록 진화하게 될 것이다. 알고리즘이 그런 도구에 포함될 수 있다.

코프는 세계 곳곳의 컴퓨터과학 행사에서 키노트를 담당하는 등 인공지능 학계에서 슈퍼스타의 지위를 얻었음에도 불구하고, 에미가 음악계에서 제대로 받아들여지지 않는 점을 한탄했다. 20년 연구의 결과로 유능한 컴퓨터과학자가 되긴 했지만, 그는 기본적으로 뮤지션이었다.

이 교수는 뭔가 신기한 걸 만들려는 것이 아니었다. 그는 에미가 슈베르트의 미완성 8번 교향곡 또는 말러의 10번 교향곡을 완성하거나, 쇼팽의 오페라를 만들어낼 수 있겠느냐고(쇼팽은 오페라를 작곡한 적이 없다.) 묻는 사람들 때문에 진절머리가 났다. "사람들이 나를 단순한 프로그래머라고 생각한다는 느낌이 들기 시작했어요. 창조성에 관련된 사람이 아니라, 파일을 다운로드해 데이터베이스를 구성하는 그런 사람으로 말이죠."

또한 코프는 에미의 실질적인 불멸성이 사람들의 인식에 영향을 끼쳤다고 우려했다. "인간 작곡가들은 죽습니다."라고 그는 말한다. 그들의 작품은 드물기 때문에 흥미로워지고 중요해진다. 에미는 영원히 작곡할 수 있고 너무나 많은 곡들을 창작할 수 있어서 '우리 주위에 넘쳐날' 정도이니 절대로 드물어지지 않을 것처럼 보였다.

2004년 코프는 자신의 고집대로 에미를 파괴시켰다. 그는 자신이 손수 공들여서 수집한 알고리즘의 데이터베이스를 모조리 지워버렸다. 에미는 바흐 건반 즉흥곡이나 베토벤 교향곡을 흉내 낸 곡들을 다시는 창작할 수 없게 됐다. 원래 코드는 학습용으로 남겨 놓았는데, 그런 코드야말로 알고리즘적 창조성에 있어서 진정한 도약으로 입증됐기 때문이었다. 하지만 에미에게 주입돼 인간의 작곡을 그토록 잘 흉내 내도록 만든 데이터베이스를 소멸시킴으로써, 코프는 실험을 끝마치고 비평가들이 비판힐 거리를 없애버렸다. 인간의 음악에 그 어느 때보다 근접했던, 알고리즘 음악의 세계는 잠잠해졌다.

잠잠한 순간은 일시적이었다.

코프가 정말로 원했던 건 집중된 이목과 비판자들로부터의 도피였다. 그는 에미를 파괴할 때, 비밀리에 이미 두 번째 알고리즘 프로젝트를 시작했다. 그는 자신의 두 번째 작품에 에밀리 하웰 Emily Howell이란 이름을 붙였다. 이 알고리즘은 보다 발전하긴 했지만, 에미의 직계 후손이었다. 하웰은 똑같은 종류의 논리, 기법, 방정식을 기반으로 동작됐다. 하지만 하웰이 좀 더 나았다. 에미가 애플 II라면 하웰은 맥북 프로였다. 산타크루즈에서 열린 한 공연에서 하웰이 만든 음악을 연주했는데, 청중들은 그 음악이 컴퓨터가 만든 것인 줄 모르고 음악에 심취했다. 코프가 잘 알던 어느 교수는 자신이 평생 들었던 가장 감동적인 음악 중 하나였다고 말했다. 몇 달 후, 이 교수는 에밀리 하웰에 대한 코프의 강연에 참석하고는 영혼이 없다며 하웰의 음악을 평가절하했다.

영혼이 있든 없든, 에밀리 하웰은 여덟 곡의 오페라와 몇 곡의 피아노 협주곡을 작곡했다. 하웰의 첫 번째 앨범 'From Darkness, Light'는 탁월하다는 찬사와 더불어 건조하고 피상적이라는 손가락질도 동시에 받았다. 너무 많은 곡 때문에 대우받지 못했던 에미의 전철을 밟고 싶지 않았기에, 코프는 2011년 두 번째 앨범을 끝으로 에밀리 하웰의 짧은 작곡 경력을 마무리했다.

30년 동안 알고리즘의 한계를 시험해온 코프가 쉴 리는 없었다. 코프는 또 하나의 보다 역동적인 사이보그 작곡가를 연구했다. 최고로 발전된 최신의 음악 작곡 기계를 개발하면서, 그는 『The Transcendent Machine^{초월적인 기계}』이란 책에 그 과정을 실었다.

코프의 새로운 음악 요정에는 '애니^{Annie}'란 이름이 붙여졌다. 애니에게는 에미나 하웰에서 그랬던 것처럼 작곡 규칙 집합을 주는 대신, 머신러닝^{machine learning}이란 것을 활용해 애니가 자신만의 규칙을 만들 수 있도록 개발했다. 머신러닝 알고리즘에는 여러 가지 종류가 있는데, 코프는 최첨단 기술을 활용했다. 간단한 머신러닝 알고리즘에 원하는 결과를 알려주면, 알고리즘은 결과에 도달하는 최선의 방법을 학습한다. 과학자들은 방대한 데이터 저장고에서 직관적으로 알아보기 어려운 관계를 찾아내는 데 이런 기법을 활용한다. 더 많은 데이터를 주입하면, 알고리즘은 점점 더 똑똑해진다. 예를 들어, 와인스테인^{Winestein}은 뉴질랜드의 스마트 리서치^{Smart Research} 팀이 개발한 머신러닝 알고리즘으로, 디너 준비에 알맞은 와인을 추천해준다. 와인스테인은 세계 최고의 레스토랑과 소믈리에가 활용하는 수천 가지의 음식 와인 조합을 스캔해 자신의 지혜를 얻는다. 더 많은 데이터를 수집할수록 와인스테인의 추천은 섬세하고 똑똑해진다.

그런데 애니의 방식은 와인스테인보다 한발 앞선 것이었다. 애니는 학습하는 방법을 배운다. 애니는 선호도와 기준을 판단해서, 궁극적으로 조화를 이루기 위해 필요한 경로를 판단한다. 애니는 엄청난 음악을 만들 수도 있었다.

코프는 설명한다. "정말 흥미로운 점은 애니가 뭘 하게 될지 나도 모른다는 것입니다. 애니는 그 누구보다 나를 놀라게 할 수 있어요."

코프는 애니의 알고리즘을 음악 외의 분야에도 적용할 수 있게끔 개발했다. 체계화될 수 있고, 샘플링될 수 있는 방대한 규모의 과거 결과를 제공하는 분야라면 어떤 분야도 가능하다. 코프는 『Comes the Fiery Night^{무서운 밤이 온다}』라는 제목으로 2,000개의 하이쿠^{haiku*}로 구성된 책을 출간했다. 애니는 이 책의 하이쿠를 일부 썼다. 나머지는 일본의 대가가 쓴 고전들로 구성돼 있다. 하이쿠는 전통적으로 각각 다섯, 일곱, 다섯 개의 음절을 가진 세 개 행의 시구로 구성된다. 단^{short}-장^{long}-단^{short}의 리듬은 영어로 듣기에도 좋지만, 일본어에서는 훨씬 더 효과적이다. 대개 일본어의 17음절은 영어보다 훨씬 더 많은 뜻을 전달할 수 있기 때문에 최고의 효율로 쓰여질 수 있다.

---

* 일본의 짧은 시조 형태 – 옮긴이

이 책에는 누가 어떤 시를 썼는지 구분돼 있지 않다. 코프 역시 이 책에서 알고리즘이 만든 내용이 어느 정도 비율인지는 밝히지 않았다. 그는 "사람들에게 누가 만들었는지 알려주는 건 아무 보탬이 되지 않는다는 걸 알았죠."라고 말한다.

여기서 하이쿠 세 작품을 소개하는데, 최소 하나는 인간이 만든 시이고, 하나는 애니가 만든 것이다(코프는 누가 만들었는지 알려주지 않을 것이다).

저 강물의 끝에 Cannot the fervor

걸쳐 있는 열정이 지금으로 Over the river's ending

연기될 수는 없을까? Be postponed to now?

물 뱀은 몸을 뒤틀고, Water snakes writhe,

물은 깨어나면서 부서지고, Water splashes in their wake,

개구리는 집으로 향한다 A frog heads for home

내가 길을 헤맬 때, The fire crackles loud

아침 공기 속에서 In the morning air as I

불꽃은 큰 소리로 타오른다 Wander on the path17*

---

* 하이쿠는 원래 일본어로는 5-7-5 음절이나 이 책(『Comes the Fiery Night』)에서는 영어로 옮기다 보니 음절 수가 정확히 떨어지지 않는다. 그에 따라 이 한국어판에서도 5-7-5 음절은 맞추지 않았다. – 옮긴이

어떤 하이쿠가 사람이 쓴 것이고, 어떤 하이쿠가 디지털 비트로 만들어진 것일까? 수백 개의 하이쿠를 샘플링하고 규칙을 고안해 패턴을 발견하고 독창성을 불어넣는 방법을 창안함으로써, 애니는 코프의 모든 알고리즘이 클래식 음악에 도전했던 방식과 똑같이 일본의 짧은 운문을 흉내 냈다. "결국에는 이진 수학의 레이어가 겹겹이 쌓인 것일 따름입니다."라고 코프는 말한다.

코프는 수준 높은 독창성을 선호하는 취향 덕분에, 애니가 대부분의 인간 작곡가를 능가할 수 있다고 말한다. 인간 작곡가들은 그저 과거의 작품을 기반으로 할 뿐인데, 이런 과거의 작품은 또 더 오랜 작품을 기반으로 만들어지기 때문이다. 코프는 별다른 감정 없이 이렇게 말하지만, 그에게는 여전히 에미에 대한 음악계 엘리트들의 반응으로 인한 상처가 남아있다. 그는 인정하지 않겠지만, 싸울 준비가 돼 있는 것처럼 보인다.

양쪽의 주장에는 모두 근거가 있다. 여태까지 창조된 가장 위대한 음악이 패턴 인식, 규칙 설정, 통제된 규칙 파괴로 분해될 수 있다는 공포는 음악 유형에 따라서는 받아들이기 어려운 것이다. 아티스트들은 자신의 작품으로 규정되는 사람들이다. 그들은 자신의 창조성이야말로 사무실에 일하는 사람들, 길 위를 돌아다니는 영업 사원, 스프레드시트를 다루는 MBA 같이 흔해빠진 사람들과 자신을 구분하는 것이라고 믿는다. 코프는 이런 예술가적 우월성이란 보호막이 신비롭게 타고나서 주의 깊게 길러진 일종의 재능이 아니라 길고 효과적인 공식으로 축소될 수 있다고 주장한다. 자신의 창조성으로 인공지능에 대한 우리의 생각을 바꾼 사람은 자기도 모르게 창조성 게임에서 수천 명(수만 명은 아닐지라도)에 달하는 다른 사람들의 몫을 파멸시켜버린 것이다. 사회에서 작곡자의 역할이 알고리즘으로 대체될 수 있다면, 인간에게 남겨진 역할은 무엇이겠는가?

봇이 음악 창작 사업에 진출한다 해도 혁신자에게는 기회가 남을 것이다. 혁신은 대개 기술로부터 유래되긴 하지만, 알고리즘으로 만들어진 곡들이 주종을 이룰 것이 확실시되는 인기 차트는 정말로 다른 뭔가를 만들어내는 독립적인 아티스트들에게 쉽게 기회를 허락할 가능성이 높다. 순전히 과거를 기반으로 하는 알고리즘이 새로운 음악 장르와 밴드들을 태동시킨 너바나^{Nirvana}의 두 번째 앨범인 '네버마인드^{Nevermind}'를 우리에게 안겨줄 수 있을까? 아니면 안드레 3000$^{Andre\ 3000}$*이 작곡한 아웃캐스트^{Outkast}의 '헤이 야$^{Hey\ Ya}$'를 생각해보자. 2003년에 발표된 이 노래는 사람들이 이전에 들어봤던 음악과는 전혀 달랐다. 알고리즘이 과거의 인기곡을 바탕으로 그런 노래를 만들 수 있다고 상상하기는 어렵다. 거의 불가능한 일이다. 사람들은 이제 수천 번 들었기 때문에 '헤이 야'를 자연스럽게 받아들이겠지만, 이 곡은 유행되는 다른 노래들과 전혀 다르면서도(대개는 음악이 대중적인 인기를 얻는 데 방해가 되는 요인), 반년 동안 미국 전역의 라디오에서 밥 먹듯이 흘러나올 수 있었다는 점에서 정말 예외적이었다. 잘난 체하는 인디 애호가든, 유행에

---

* 미국의 그룹 '아웃캐스트'의 멤버 – 옮긴이

민감한 십대든 예외 없이 거의 모든 사람들이 이 노래를 좋아했다. 이 곡은 진정한 인간의 창조를 필요로 하는 그런 음악이다. 코프는 그런 목표를 달성하려고 하겠지만 아직은 먼 일이다. 알고리즘이 방송을 지배하는 세상이 오더라도, 비록 좁기는 하겠지만 인간 아티스트가 추구할 수 있는 틈새는 항상 있기 마련인 이유다.

"기계는 이진 수학에 의해 동작합니다. 인간은 그렇지 않죠. 인간의 두뇌를 이진 수학을 이용해 흉내 내는 건 세포나 DNA로 만드는 것과는 많이 다릅니다. 우리의 알고리즘도 훌륭하긴 하지만, 세포나 DNA를 똑같이 흉내 내기는 불가능할지도 모르죠."라고 코프는 말한다.

하지만 광고음악, 배경음악, 영화음악을 작곡하는 아티스트들은 주의해야 할 것이다.

비틀즈 미스터리 풀기

알고리즘은 미래에 우리가 듣게 될 노래를 결정할 뿐만 아니라, 과거에 우리가 들었던 노래에 대해서도 정보를 준다. 어떤 알고리즘은 바흐와 그의 동시대 음악인들의 유사점을 면밀히 조사해서, 누가 누구에게 영향을 줬는지 찾는다. 어떤 알고리즘은 무명의 바로크 시대 곡들이 이미 우리가 알고 있는 위대한 작곡가들의 곡인지 알려줄 수 있는 단서를 찾는다. 그리고 한 캐나다 교수의 일련의 알고리즘은 세계에서 가장 크고 가장 열렬한 음악 팬 그룹인 비틀매니악^{Beatlemaniacs} 내부에서 한바탕 분란을 일으켰다.

거의 모든 사람들이 어느 정도까지는 비틀즈에 대한 호감을 가지고 있다. 'I Want to Hold Your Hand'의 단순한 멜로디에 껌벅 죽지 않는 사람이라도, 그런 사람이 좋아할 만한 한 무더기의 곡들이 있다. 영혼을 울리는 'While My Guitar Gently Weeps'에서부터 시적인 'Let It Be'에 이르기까지 비틀즈는 혁신으로 인해 유명해졌다. 폭넓은 음악성은 그들을 돋보이게 만들어줬고, 불과 7년 만에 완성된 풍성한 곡 목록은 비상한 생산성을 보여준다.

비틀즈와 그들의 음악은 그들이 부르는 가사 각 구절의 의미에서부터 그들이 연주하는 악기와 그들이 데이트하는 연인에 이르기까지 구석구석 연구돼 왔다. 그들의 음악은 너무나 빠르게 진화했기에, 그들을 천재라고 인정하지 않는다면 설명할 방도가 없다. 비틀즈를 신봉하는 사람들에게 열광적인 찬사는 흔한 일이다. 하지만 제이슨 브라운^{Jason Brown}은 평범한 비틀즈 팬이 아니다. 그는 조지 해리슨^{George Harrison}의 뛰어난 기타 곡조를 분석한 수학 박사다. 더욱 중요한 점은 브라운이 음악의 다양한 측면을 그 배경이 되는 분석적 수학과 연결 짓는 솜씨로 인해 전 세계적인 명성을 얻었다는 것이다. 게다가 그는 비틀즈, 특히 존과 폴이 뛰어난 수학자였다고 믿고 있다.

"만일 그들이 수학에 심취해 있었다면, 그들은 반 세기마다 등장하는 천재 부류에 속했을 겁니다."라고 브라운은 말한다. "그들은 다른 사람들이 풀지 못하는 온갖 종류의 증명들을 풀어내는 부류의 사람들입니다. 게다가 그들이 이 넓은 세계에서 같은 지역에 살고 그들이 그랬던 것처럼 서로 만날 확률이라니, 정말 놀랍습니다."

자신의 수학과 프로그래밍 배경을 기반으로, 브라운은 수십 년 동안 비틀즈의 흔적에 따라다니던 좀 더 중요한 질문들 몇 가지를 살펴보기 시작했다. 우선 한 가지 특정 사운드, 즉 'A Hard Day's Night'의 시작 코드부터 살펴봤다.

'A Hard Day's Night'의 첫 번째 코드는 아마도 녹음된 록 연주 역사상 가장 인상적인 것이다. 간신히 1초가 넘을 정도로 울리지만, 평범한 라디오 시청자들조차 정확히 다음에 무엇이 등장할지 알 수 있다. 이 코드는 비틀즈가 창조한 사운드 중에서도 인상적인 편에 속한다. 오랫동안 비틀즈의 프로듀서였던 조지 마틴George Martin은 이 코드의 효과와 중요성에 대해 인정했다. "영화와 사운드 트랙 레코드 양쪽에서 시작 사운드로 사용할 계획이었기 때문에, 우리는 특히 강하고 인상적인 시작을 원했어요." 이어서 그는 말했다. "불협 화음의 기타 코드야말로 완벽한 출발점이었죠."[18]

하지만 어떤 기타 플레이어도 그 코드를 똑같이 따라 하는 건 불가능하다고 말할 것이다. 악보로도 정확한 표현이 불가능하다. 아무도 조지의 리드 기타 코드 사운드가 어떻게 만들어졌는지 정확히 모르기 때문에, 노래의 시작 부분에 대해서는 노래 책마다 다른 코드와 음을 나열한다. 그것들은 모두 정확하지 않다. 컴퓨터와 알고리즘으로 무장한 수학자가 등장해서 그 사운드가 만들어진 방법에 대한 미스터리를 풀기까지 40년이 걸렸다.

분명히 과거에도, 그 특정한 코드가 어떻게 만들어졌는지를 설명하는 수많은 이론들이 있었다. 많은 이론들이 해리슨의 12현 리켄배커Rickenbacker 기타를 끌어들였는데, 이 기타는 1964년 비틀즈의 첫 번째 미국 투어 중에 얻은 것이었다.[19] 하지만 12현만으로는 충분치 않았다. 많은 마니아들은 그 사운드에서 피아노 소리가 들렸다고 말했다. 다른 이들은 존의 6현 기타와 심지어 폴의 베이스까지 들었다고 말했다.

해리슨은 세상을 떠나기 얼마 전인 2001년 야후 채팅에서 이 코드 질문에 대해 절반쯤 답했다.

a_t_m98 질문: 해리슨 씨… 'A Hard Day's Night'에서 당신이 사용한 시작 코드는 무엇이죠?

조지 해리슨: G음이 얹혀진 F 코드입니다(12현에서).

조지 해리슨: 하지만 정확한 전모를 아시려면 베이스 음에 대해 폴에게 물어보셔야 될 겁니다.[20]

폴 메카트니에게 접근하는 건 대부분 팬들에게 가능한 일이 아니었으므로, 미스터리는 여전히 남아있었다.

브라운 자신의 비틀매니악 시절은 그가 토론토 부근에서 성장하면서, 비틀즈의 '레드Red' 앨범과 '블루Blue' 앨범을 손에 넣고부터 시작됐다. 이 앨범들은 비틀즈의 인기 싱글들을 대거 모은 앨범으로 밴드 해체 직후 출시됐다. 비틀즈의 음악은 브라운에게 영향을 끼쳤고, 그는 곧 기타를 사 달라고 부모님에게 졸랐다. 그는 기타를 쉬지 않고 연습했는데, 1972년 여름 동안에는 매일 8시간에서 10시간을 쏟아부었다. 그는 대학 시절까지 내내 술집 밴드에서 연주했는데, 음악 전공까지 고려했지만 결국 더 나은 직업 전망 때문에 수학을 선택했다. 수년 후에 노바스코샤$^{Nova\ Scotia}$주 핼리팩스^{Halifax}에 있는 달하우지 대학교$^{Dalhousie\ University}$의 수학 교수로서, 브라운은 비틀즈 코드 수수께끼를 풀기 위해 푸리에 급수$^{Fourier\ series}$를 활용한 알고리즘을 개발했다.

1807년, 조제프 푸리에$^{Joseph\ Fourier}$는 한 시점에 데워진 금속판 내에서 시간에 따른 열의 분포를 기술하는 열 방정식$^{heat\ equation}$을 발표했다. 이 결과, 오일러와 다니엘 베르누이의 연구를 기반으로 일련의 삼각 적분$^{trigonometric\ integrals}$으로 전개되는 푸리에 주기 함수가 개발됐다. 이 함수는 이제 푸리에 급수라고 불리는데, 수십 가지 응용 사례에서 더할 나위 없이 긴요한 역할을 한다.

푸리에의 업적으로 재미를 본 사람 중에는 피셔 블랙과 마이런 숄즈가 있다. 이들은 변형된 푸리에 열 방정식을 이용해 월스트리트의 질서를 바꾼 자신들만의 알고리즘을 개발했으며, 이 결과로 마이런 숄즈는 노벨상을 받았다.[21] 1985년 헤트르 하우프트만$^{Herbert\ A.\ Hauptman}$과 제롬 칼$^{Jerome\ Karle}$은 푸리에 급수와 엑스레이를 이용해 결정 구조를 모델링한 업적으로 좀 더 먼저 노벨상을 받았다.[22]

푸리에의 연구는 음악 해독에도 유용한 것으로 입증됐는데, 브라운은 1990년 중반 수학 학술지에서 이 사실을 접했다. 흥미를 느낀 브라운은 이 사실을 자신의 무의식에 새겨 넣었다.

2004년에는 전 세계 곳곳에서 비틀즈 40주년을 축하했다. 브라운은 대대적인 축하의 물결에 빠져드는 걸 느꼈고, 이에 따라 'A Hard Day's Night' 시작부의 수수께끼를 생각하게 됐다. 그간 브라운의 두뇌는 10년 전 푸리에 급수에 관한 학술지 논문에서 본 작은 정보를 놓치지 않고 있었다.

코드를 흉내 내기 위해 기타를 잡고 몽상적인 시도로 몇 시간 보내는 대신에 브라운은 생각했다. "왜 이 문제에 과학을 적용하지 않는 걸까?"

브라운의 시도를 이해하기 위해선, 음악과 사운드의 바탕이 되는 과학적 원리에 대해 조금 이해하는 것이 중요하다. 밴드가 내는 사운드 같이 우리가 듣는 모든 사운드는 음^{tone}으로 구성돼 있다. 음악의 음은 주파수^{frequency}와 음량^{amplitude}을 가진다. 음의 주파수는 음높이^{pitch}와 관련되고, 음량은 소리의 크기와 관련된다. 음을 조합하면 화음^{chord}이 만들어진다. 화음에 관한 수학적 함수를 구하려면, 화음에 포함된 음들의 함수를 더하면 된다.[23] 음의 주파수와 음량은 정확히 푸리에 급수에 사용된 것과 동일한 사인 및 코사인 함수로 모델링될 수 있다.[24]

연주되는 악기를 녹음하면 해당 악기의 순수한 음뿐만 아니라 다른 모든 악기들이 내뿜는 좀 더 작은 음량의 최종적인 사운드가 더해지고, 여기에 녹음 당시 마이크 속으로 반향된 다른 소음들까지 포함된다. 푸리에 변환을 이용해 화음을 알고리즘으로 분석하면, 브라운은 화음에 기여하는 각 악기의 의도된 음을 분류할 수 있다고 생각했다. 이렇게 하면 40년 묵은 수수께끼에 반박할 수 없는 답이 얻어질 수 있었다.

브라운은 자신이 찾을 수 있는 곡의 가장 순수한 샘플을 컴퓨터로 전송하는 것부터 시작했다. 그 샘플에서 그는 대략 1초 길이의 시작 코드 중간에 있는 한 덩어리의 사운드를 잘라냈다. 이 작은 화음 조각에 그가 알고 싶어 하는 모든 정보가 포함돼 있을 것이다. 그는 이런 목적으로 작성한 푸리에 변환에 이 화음 조각을 통과시켜서 코드를 별개의 사운드 주파수로 분리시켰다. 유일한 문제는 녹음에 2만 9,375개의 다양한 주파수가 있는 것으로 드러났다는 점이었다. 이런 주파수에는 악기에 의해 연주되는 실제 음뿐만 아니라, 배경 소음과 영국 뮤지션들이 자기도 모르게 만든 부가적인 주파수까지 포함된다.

정확한 음에 초점을 맞추기 위해 브라운은 수천 개의 주파수를 분류해 .02보다 큰 음량을 가진 주파수만을 골라냈다. 이렇게 함으로써, 그의 목록은 58개의 주파수로 줄어들었다. 이 주파수들이 비틀즈가 자신들의 악기로 연주했던 음들일 것이다. 그다음 브라운은 주파수들을 밴드가 연주하는 음표로 변환해주는 두 번째 알고리즘을 개발했다.[25] 그의 수학적 변환은 비틀즈의 악기들이 정확하게 튜닝됐다고 전제했다. 하지만 결과는 비틀즈가 엄격하게 자신들의 악기들을 튜닝하지 않았으며, 그럼에도 그들의 음악이나 노래에는 해로운 결과를 끼치지 않았다는 점을 보여줬다(우리들 인간 청취자의 귀에 한해서는).

얻어진 48개의 음표를 가지고 브라운은 분석을 시작했다. 그가 추리해낸 첫 번째 사실은 가장 잘 알려진 세 가지 코드 채보는 부정확했다는 점이었다. 이런 채보에는 낮은 G2(2는 옥타브)가 있었지만, 브라운의 데이터에는 존재하지 않았다. 비틀즈는 그런 음표를 연주하지 않았다. 문제 전체를 풀기도 전에, 그는 가장 유명한 세 가지 답안의 오류를 밝혀냈다.

D3의 한 음표는 다른 음표의 거의 두 배 음량으로 두드러졌다. 브라운은 해리슨이 자신의 12현 기타를 플레이했다고 확신했으며, 곡의 후반부에서 명확하게 12현 기타 소리를 들을 수 있었다. 하지만 이 악기는 균등한 형태의 현으로 구성돼 있어서 대략적으로 비슷한 음량의 음표들을 만들어냈으며, 이는 특별히 큰 음량의 D3는 낼 수 없다는 뜻이었다. 똑같은 이유로 이 음표는 레논의 기타에서 난 음일 수도 없었다. 이 음표는 메카트니의 호프너 베이스 Hofner bass 음이어야 했다.

하지만 브라운의 데이터에는 네 개의 D3 음이 있었으므로, 그들 중 세 개(좀 더 작은 음량을 가진)는 설명되지 않는 상태였다. 한 음이 해리슨의 12현 기타에서 나왔고, 또 다른 음이 레논의 6현 기타에서 나왔다고 해도, 여전히 한 음이 남는다. 추가로 떠다니는 세 개의 F3 음표로 이뤄진 성가신 그룹이 하나 있었다. 만일 해리슨이

12현 기타로 그중 한 음표를 연주했다면 그의 기타는 F4 음까지 내야 했지만, 아무리 봐도 그런 음표의 흔적은 존재하지 않았다.

자신의 데이터를 살펴보다가 브라운은 해답을 떠올렸다. 삼중 음표 세트는 기타가 아니라 피아노에서 나온 것이었다. 내장을 마무리하기 위해 그랜드 피아노 내부를 들여다본 사람이라면, 피아노의 건반이 현에다 작은 해머를 두드려서 우리가 듣는 소리를 만들어낸다는 사실을 알고 있다. 실제로는 세 개의 현이 피아노의 고음역을 만들어낸다(중음역은 두 개의 현, 저음역은 한 개의 현). 이 음은 고음이었기에 피아노의 현이라면 삼중 노트와 F4의 부재가 설명된다. 이제 브라운은 코드에 조지 마틴이 연주한 피아노 음도 포함돼 있다는 사실을 알게 됐다. 조지 마틴은 그 시절 비틀즈의 다른 곡에서도 그랬던 것처럼 밴드가 핵심 악기를 담당하는 동안 피아노를 연주한 것이었다.

브라운의 알고리즘 분석은 해리슨이 자신의 리켄배커로 연주한 실제 음표들이 A2, A3, D3, D4, G3, G4, C4, C4란 점을 밝혀냈다. 이런 음표 집합은 세계 도처에 퍼져 있는 어떤 악보와도 전혀 닮지 않았다. 우리는 이제 이런 악보들이 이렇게 가장 고전적인 코드를 연주하는 방법을 잘못 알려줬다는 사실을 알게 된 셈이다. 레논은 자신의 6현 기타로 큰 소리의 C5를 연주했고, 마틴은 피아노로 D3, F3, D5, G5, E6를 연주했다.

이런 정보를 안다면, 2001년 웹 채팅에서 해리슨이 말한 의미가 보다 명확해진다. "(12현 기타에서) G음이 얹혀진 F 코드입니다… 하지만 정확한 전모를 아시려면 베이스 음에 대해 폴에게 물어보셔야 될 겁니다."

실제로 G음이 얹혀진 F 코드였다. 그리고 해리슨이 타이핑한 대로 12현이 G음을 연주했다. 대부분의 사람들은 단순히 기타가 F음도 같이 연주했으리라 추정했다. 아마도 해리슨이 그걸 원했는지도 모르겠다. 하지만 F는 실제로 마틴의 스타인웨이^{Steinway} 피아노에서 나왔고, 폴은 완전히 다른 음표를 연주했다. 마틴은 마지막 트랙을 섞었는데, 브라운에 의하면 그는 피아노의 음량을 12현 기타 소리와 거의 비슷하게 맞춰서 기타의 날카로운 사운드 뒤에 숨겼다.

1979년 비틀즈 시대를 회고하면서, 마틴은 영화 제작자들이 원하는 환상을 만들기 위해 실제 장면을 효과와 믹스해 처리하는 과정에 대해 언급했다. 그는 '사람들이 반드시 음반에서 연주하는 것처럼 보이는 대로 연주한다고 예상하면 안 된다.'라고 썼다.[26]

브라운은 이 곡의 시작 코드를 분석하는 것에서 끝내지 않았다. 이 노래에서 조지 해리슨의 기타 솔로는 완벽하게 튕겨진 스타카토 음표의 탁월한 잔치로, 브라운에게는 항상 너무나 완벽한 부분처럼 보였다. 해리슨은 어떻게 그렇게 빨리 연주했을까? 브라운은 솔로를 절반 속도로 녹음한 다음, 최종 믹스에서 속도를 올리는 식으로 처리가 가능하다고 항상 생각해왔다. 그 자신의 직감 외에는 그런 가설이 옳다고 입증할 만한 증거는 전무했다.

몇몇 비틀즈 전문가들은 브라운에게 테이프 스피드 변경이 사용될 때는 언제나 녹음 악보에 마틴과 밴드가 표시를 해뒀다고 확인해줬다. 하지만 이 곡의 악보에는 그런 표시가 없었다. 솔로가 절반의 속도로 녹음됐다면 잘 기록되고 널리 알려졌을 것이라고 다른 이들은 주장했다. 하지만 시작 코드에 대한 자신의 성과로 인해 대담해진 브라운은 자신의 의문을 굽히지 않았다.

실제로 솔로는 해리슨의 12현 기타와 같은 음을 치는 마틴의 피아노가 조합된 것이라는 사실은 널리 알려져 있다. 만일 그들이 이 부분을 원래는 절반 속도로 녹음했다면, 음악에서 테이프 속도를 두 배로 올릴 경우 한 옥타브가 올라가게 되므로 들리는 것보다 한 옥타브 낮게 연주했을 것이다.

피아노가 관련됐기 때문에 브라운에게는 비집고 들어갈 틈이 있었다. 그는 솔로의 작은 덩어리를 채취해 자신의 알고리즘을 통해 돌렸다. 그는 해리슨의 기타와 마틴의 피아노로 동시에 연주되는 G3음이 포함된 솔로 조각을 선택했다. 브라운이 레코딩에 포함된 주파수를 조사하자, 실제로 G3가 세 개 주파수에 존재했다. 그들 중 하나는 해리슨의 12현에서 나온 음이었다. 다른 두 개는 피아노에서 나온 음이었다. 대성공이었다. 만일 솔로가 완전한 속도로 연주됐다면 피아노에서 나온 세 개의 G3음이 있어야 했다.

앞에서 언급된 대로, 피아노의 고음역에는 세 개의 현이 포함되는 반면에 중음역은 두 개의 현만을 친다. 만일 이 곡을 정확한 옥타브와 완전한 속도로 연주했다면, 마틴은 세 개의 현을 가진 G음을 쳤어야 했다. 하지만 피아노에서 한 옥타브를 내린다면, 두 개의 현에서만 G음이 나올 것이다. 이것이 정답이었다. 브라운은 테이프가 실제로 두 배 속도로 돌려졌다는 반박할 수 없는 증거를 제시했다.

과거로 돌아가서 비틀즈가 스튜디오에서 녹음을 끝마치고 대략 3개월이 지난 후에 'A Hard Day's Night'를 연주한 라이브 공연이 방송됐던 '탑 기어Top Gear'란 1964년 BBC 프로그램을 회상해보자. 그러면 브라운이 오래전에 눈치챘던 몇 가지 수상한 점들이 좀 더 이해된다. 조지의 솔로 직전에, 명백한 잘라 맞추기 때문에 필름이 딸깍거린다. 브라운에 의하면, 이는 해리슨이 아직 정상 속도의 솔로 플레이를 마스터하지 못했기 때문에 프로그램에서 그 부분을 더빙해야 했기 때문이다.

브라운은 신속하게 이런 스튜디오 작업이 해리슨의 능력을 속이기 위해서가 아니었다고 지적한다. 실제로 해리슨은 BBC 레코딩에서 몇 주 지나지 않아 완전한 속도의 솔로 플레이를 마스터했다. 브라운은 수학 학술지에 이렇게 썼다. '곧 무대에 올라가 전 세계가 지켜보는 가운데 원래 속도로 연주해야 한다는 걸 알면서도 그토록 대담하고 빠른 솔로를 절반의 속도로 연주할 만한 용기가 있었다는 건 조지 해리슨에게 명예로운(그리고 비틀즈 팬에게는 기쁜) 일이다.'[27]

브라운은 지금 또 다른 비틀즈 미스터리에 대한 도전을 시작했는데, 아주 민감한 영역을 건드리는 일이다. 코드 수수께끼는 비틀즈와 마틴 입장에서는 계속 화제가 되는 걸 즐기기도 했고, 어느 정도까지는 분명히 환영하는 일이었다. 반면, 열정적인 많은 비틀즈 팬들은 메카트니와 레논이 밴드의 최고 곡 중 하나로 손꼽히는 'In My Life'의 대부분을 자신이 썼다고 서로 주장한다는 사실을 알고 있다. 「모조Mojo」지를 포함한 어떤 이들은 이 곡이 역사상 가장 위대한 곡이라고 말한다. 이 곡은 외부로 알려진 레논과 메카트니의 주장이 서로 일치하지 않는 매우 드문 몇 곡 중 하나로 남아 있는데, 이는 두 사람이 수많은 곡들을 공동으로 창작한 점을 고려하면 이례적인 일이다.

누가 이 곡을 작곡했을 가능성이 높은지 판단하기 위해, 브라운은 메카트니나 레논이 단독 작곡한 것으로 알려진 곡들을 분석하는 알고리즘 엔진을 개발했다. 이렇게 입력된 곡들을 기초로, 알고리즘은 두 작곡가의 스타일을 나타내는 기반 구조를 구축했다.

이를 위해 브라운은 그래프 이론을 차용했는데, 그래프 이론은 오일러의 다리 문제에서 보듯이 노드와 엣지를 활용한다. 브라운은 반복되는 후렴을 노드로, 중간 구절을 엣지로 규정하도록 알고리즘에 지시했다.

브라운에 의하면, 이 책을 쓰는 시점에 'In My Life'는 아직 알고리즘에 입력되지 않은 상태다. 입력 작업이 끝나면, 브라운은 이 곡의 구조를 두 작곡가의 평균 구조와 비교할 예정이다. 이를 기초로, 그는 정답을 밝혀낼 것이다.

하지만 이 프로젝트에 시간이 오래 걸리고 있는 점을 볼 때, 브라운은 두 명의 비틀즈 멤버들 간에 벌어진 논쟁에 끼어들기를 주저하는 걸지도 모른다. 그중 한 명은 아직 살아있으니 말이다.

4

봇의 비밀 고속도로

알고리즘이 가치 있는 이유는 전적으로 속도 때문이다. 복잡한 과제를 수 분의 1초 내에 해치울 수 없었다면, 알고리즘은 지금처럼 혁명적인 세력이 되지 못했을 것이다. 속도는 대부분 한 가지에 의해 좌우된다. 바로 하드웨어다.

월스트리트의 알고리즘 전쟁이나 앞으로 더욱더 알고리즘에 의해 지배되는 세상이 도래하리라는 공포는 지난 수십 년간 눈부신 하드웨어의 발전이 없었다면 생겨나지 못했을 것이다. 우리의 집 안에서는 웹을 구성하고 있는 놀라운 코드와 통신 하부구조 덕분에 알고리즘의 활용이 가능해졌다. 넷플릭스^{Netflix}에 의해 채용된 알고리즘 같이, 우리가 보고 싶은 영화를 결정해주는 알고리즘은 수천 가지 입력 요인을 평가해 우리에게 결과를 반환해주는 속도 때문에 의미가 있다. 이런 과정이 거의 즉각적이 아니라면 효과적인 도구가 되지 못할 것이다.

알고리즘 덕분에 우리는 일상에서 더 많은 일을 처리할 수 있게 됐다. 알고리즘과 컴퓨터의 세상에서는 더 적은 시간에 더 많은 일을 할 수 있게 됨으로써 대기 시간이 사라진다. 대기 시간 제거에서 최첨단을 달리는 곳은 월스트리트로, 이곳의 알고리즘 전쟁이란 같은 일을 누가 더 빨리 할 수 있는지 시험해보는 뭔가가 됐다.

1990년대 동안 월스트리트에 재능 있는 해커들이 넘쳐나게 되면서, 더욱더 많은 기업들이 유사한 전략과 유사한 알고리즘을 채용했다. 전술과 코느가 경쟁자들과 별다르지 않게 되자, 트레이더들은 끊임없이 더 좋은 하드웨어, 더 좋은 컴퓨터, 더 좋은 통신 선로에 매달렸다. 경쟁자들보다 똑똑하지 못한 트레이더들은 뒤처질 것이라는 생각이 지배적이었다. 또한 아무리 최고의 알고리즘이라 하더라도 속도 때문에 실패할 수 있다. 이것이 2010년 두 사나이가 전국을 반쯤 가로지르는 두더지 구멍을 판 이유다.

거래란 구멍을 파는 것

믿기 어려운 이 이야기는 2008년으로 거슬러 올라간다. 어느 뉴욕 헤지펀드가 다니엘 스파이비Daniel Spivey에게 시카고 선물지수index future와 해당 지수를 구성하고 있는 뉴욕의 기초 주식 및 유가증권 사이의 사소한 가격 차이를 찾는 알고리즘 트레이딩 전략을 개발해 달라고 요청했다. 시카고 선물이 대응되는 뉴욕의 모든 주식보다 비싸다면, 이 전략은 시카고의 선물을 모두 매도하고 뉴욕의 주식을 매수한다. 시카고와 뉴욕의 가격이 다시 일치되면(언제나 항상 다시 일치된다.), 스파이비의 프로그램은 자신의 포지션을 버리고 수익을 챙길 것이다.

스파이비의 전략은 토머스 패터피의 차익거래와 대동소이했다. 토머스 패터피는 개별적인 시장에서 유사한 주식 지수에 대해 적용한 것이었는데, 스파이비에겐 훨씬 빠른 속도가 필요했다는 점이 달랐다. 알고리즘 트레이딩의 부상에 따라 저위험도의 차익거래 투자에는 예외 없이 많은 사람들이 몰려들었기 때문에, 이런 전략에는 속도가 필요했다. 거래에서 제일 빠른 트레이더나 헤지펀드는 쉽게 돈을 벌 수 있었다. 단, 1,000분의 1초라도 뒤지는 자에게는 '국물'도 없었다.

헤지펀드를 위해 자신이 작성한 알고리즘을 제대로 실행시키려면, 스파이비에겐 시카고와 뉴욕을 연결하는 최고로 빠른 광섬유 네트워크의 일부 대역이 필요했다. 그의 거래 신호는 양쪽 시장을 오가는 수백만 건의 트레이드 메시지 중에서 가장 빠른 그룹에 속해야 했다. 하지만 스파이비도 헤지펀드도 선로에서 대역폭을 확보할 수 없었다. 선로는 100퍼센트 꽉 차 있었으며, 해지하는 경우는 드물었다.

스파이비는 릿 파이버^{lit fiber}라고 알려진 선로에서 약간의 자리를 찾아낼 수 있었다. 릿 파이버란 통신회사와 같은 다른 이들이 소유하고 운영하는 광섬유 케이블에서 공동 사용되는 대역을 말한다. 릿 파이버에 실린 정보는 빛의 속도로 전송되긴 하지만 광섬유 가닥 내에서 적은 대역폭을 할당받으며, 통신회사는 다양한 장소에서 수많은 소비자들의 요구를 충족시켜야 하기 때문에 더 많이 멈추고 우회할 수밖에 없었다. 하지만 스파이비에게는 다크 파이버 dark fiber가 필요했다. 다크 파이버란 구매자나 임대자가 전적으로 대역폭을 소유하는 광섬유 케이블 가닥이다. 다크 파이버는 기본적으로 준비되지 않은 상태이기 때문에 '어둡다고dark' 일컬어진다. 가닥을 제어하는 쪽에서 선에 빛을 공급하고 시작 지점에서 끝 지점까지 데이터를 전송하는 데 사용되는 레이저를 공급해야 하는데, 레이저는 최소 500만 달러 이상이 소요된다. 정보는 가닥 내에서 다른 어떤 데이터와도 경쟁하지 않는다. 가닥이 어디로 가든지 정보는 빛의 속도로 자유로이 날아간다. 다크 파이버는 인간에게 알려진 최고 속도의 커뮤니케이션 수단을 가능하게 해준다.

이용할 수 있는 다크 파이버가 없었기 때문에, 스파이비와 그의 헤지펀드 고객은 유사한 전략을 구사하는 다른 투자사나 트레이더들과 경쟁할 수 없었다. 그들의 전략과 그것을 뒷받침하는 코드는 아무리 능숙하게 만들어졌다고 하더라도 아무짝에도 쓸모없었다. 이용 가능한 다크 파이버 선로를 찾는 동안, 스파이비는 여러 차례 혼자 중얼거리거나 주변 사람들에게 말했다. "우리가 새로운 선로를 연결해야 합니다. 그렇게 어려울 리가 없어요."

그래서 그는 생각했다. "우리가 하지 말란 법은 없잖아?" 하지만 몇 가지 명백한 문제점들이 있었다. 선로가 어디를 지나야 하는지, 땅 주인에게서 어떻게 허락을 받을지, 선로를 누가 임대할 것인지, 그런 프로젝트가 어느 정도 비용이 소요될지, 누가 비용을

델 것인지 등에 대해 스파이비로서도 뾰족한 답은 없었다. 그래서 그는 통신, 토지 임대, 고속 회로라는 불가사의한 세계에 몰두했다.

미시시피 출신인 스파이비는 시카고 옵션 거래소에서 최초의 원격 시장조성 사업을 시작했었다. 그의 프로그램은 세계에서 가장 많이 거래되는 유가증권이 포함된 S&P 500 지수의 옵션을 거래했다. 알고리즘 트레이딩에서 이미 전문가였던 스파이비는 작은 튜브를 통한 광 데이터 전송의 세부적인 사항에 대해 연구하느라 몇 달을 보냈다. 그는 머지않아 머릿속에서 굴절 지수 및 굴절 지수가 빛의 속도에 미치는 영향을 계산할 수 있게 됐다. 빛은 광섬유를 통해 정확히 직선으로 이동하지 않는다. 빛은 선을 따라 이동하면서 벽에서 벽으로 반사된다. 굴절 지수는 특정 유리 섬유를 통해 빛이 얼마나 빨리 반사되는지 나타낸다. 타고난 수학 천재였던 스파이비는 금세 자신의 새로운 프로젝트에 빠져들어서, 끊임없이 노트에 뭔가를 끄적거리다 방금 자신이 계산한 숫자를 메모에 휘갈겨댔다.

스파이비는 자신이 예상한 선로가 지나갈 지역을 돌아다녔다. 그는 철도 회사에 그의 선로 일부가 지나갈 수 있도록 통행권을 일부 임대해줄 수 있는지 물었고, 고속도로를 관장하는 지방 위원회와 대화를 나눴다. 농부들을 비롯해 사유지 소유주, 골프 코스 소유주, 환경 보호론자들과 대화를 나눴다. 깊게 파고들수록 그는 시카고와 뉴욕을 연결하는 새로운 사설 다크 파이버를 건설하는 일이 가능하다고 좀 더 굳게 믿게 됐다.

더 중요한 점으로, 스파이비는 두 도시를 연결하는 기존 광섬유 경로보다 더 짧은 경로를 만드는 방법을 생각해냈다. 이 선로는 전체 경로에 걸쳐 철도 통행권 지역을 따라갔다. 통신 회사들이 그런 경로를 선호했는데, 시카고와 뉴욕을 연결하기 위해 한두 관계자, 즉 대개는 철도회사들하고만 계약을 맺으면 되기 때문이었다. 하지만 주요 철도 노선은 펜실베이니아와 뉴저지에서 남쪽으로 약간 우회했다. 스파이비가 제안한 경로는 시카고를 떠나서 미시간호 끝부분에 살짝 접근했다가, 우회 없이 곧바로 뉴욕을 향했다.

이 경로는 기존의 가장 짧은 광섬유 경로를 왕복 기준으로 161킬로미터 정도 단축하게 된다. 하지만 광섬유에서 빛의 속도는 그 정도 거리를 4/1,000초 만에 주파한다. "그 시간은 자동화된 트레이딩에서는 한참 긴 시간입니다."라고 일리노이 공과대학 교수인 벤 반 빌레Ben Van Vliet는 말한다. "트레이딩이란 객장에서 돈을 긁어 모으는 일입니다. 제일 빠른 자만이 돈을 벌게 됩니다."

스파이비는 자신의 프로젝트가 크게 주목받게 되리라는 점을 알고 있었다. 선로가 건설된다면, 패터피, 겟코Getco, 트레이드봇Tradebot, 인피니움Infinium 등의 대형 트레이더들이 자리를 차지하기 위해 엄청난 돈을 지불할 것이었다. 골드만삭스Goldman Sachs, 크레딧스위스Credit Suisse, 모건스탠리Morgan Stanley 등의 은행도 마찬가지였다.

지도 소프트웨어를 이용해 스파이비는 시카고와 뉴욕을 연결하는 직선이 통과하는 지방과 주 고속도로에 표시를 매겼다. 경로에서 가장 서쪽 부분은 기존 광섬유 선로와 마찬가지로 철도 통행지역을 활용할 수 있었는데, 기존 경로가 스파이비의 코스와 정확히 일치하기 때문이었다. 이렇게 하면 약간의 비용을 절약할 수 있었다. 이런 평탄한 지형에 새로운 광섬유를 까는 건 1마일(1.61킬로미터)당 대략 25만 달러가 소요됐다. 하지만 펜실베이니아의 산악 고속도로와 뉴저지의 구릉 지대를 따라 지하 선로를 까는 데는 서너 배 더 많은 비용이 소요될 것이다. 이에 따라 이 프로젝트에는 최소 2억 달러가 필요할 전망이었다.

스파이비에게는 영향력과 자금을 갖추고 위험을 감수하며 이 모험에서 자신과 협력할 누군가가 필요했다. 이때 미시시피 출신의 동료 한 사람이 바로 떠올랐다. 제임스 박스데일^{James Barksdale}은 1980년대에 페덱스^{FedEx}의 최고 운영 책임자^{COO}로서 그리고 AT&T 와이어리스의 CEO로서 자신의 경력을 장식했는데, AT&T에서 통신 업계의 최고 자리에 올랐다가 이후 실리콘밸리가 낳은 가장 전설적인 기업 중 한 곳의 CEO로 임명됐다.

넷스케이프^{Netscape}는 일리노이 대학 어바나 샴페인^{Urbana Champaign} 캠퍼스에서 마크 안드레센^{Marc Andreessen}이 이끄는 학생들이 최초의 대중적인 웹 브라우저를 개발했던 1990년대에 탄생했다. 당시 모자이크^{Mosaic}라고 불리던 그들의 웹 브라우저는 인터넷 시대의 막을 올렸다. 오늘날의 브라우저들에도 여전히 안드레센과 그의 팀이 재학 시절 만들었던 코드들이 많이 포함돼 있다. 코드를 작성해

혁명을 시작시키고 24세의 나이로 「타임」 지의 표지에 실린 사람은 안드레센이었지만, 넷스케이프를 기술 붐 시대에 가장 유력한 회사 중 하나로 만드는 데 기여한 사람은 박스데일이었다. 이후 넷스케이프는 1998년 42억 달러의 금액으로 AOL에 인수됐다.

붐이 끝난 후, 박스데일은 자신의 고향인 미시시피주 잭슨^{Jackson}으로 돌아갔다. 그는 사실상 은퇴했지만 스파이비는 그가 또 다른 엉뚱한 아이디어에 운을 걸고 싶어 할지도 모른다고 생각했다. 스파이비는 자신의 인맥을 동원해 만남을 가졌다. 박스데일은 계획에 귀를 기울였지만 감을 잡을 수 없었다.

어떻게 이 프로젝트가 감당할 수 있는 비용으로 산맥을 통과할 수 있을지 의아해했던 박스데일은 "처음에는 농담이라고 생각했습니다."라고 회상한다. 하지만 심사숙고 끝에 그는 깨달았다. "어려운 문제가 아니었다면, 누군가 이미 해버렸겠죠."

박스데일은 프로젝트의 주요 자금 담당이 되는 데 합의했는데, 비밀 유지를 위해 사전에 광섬유 계약을 하나도 체결할 수 없는 상황이었으므로 엄청난 위험이 따르는 일이었다. 박스데일로서도 불안했던 점은 프로젝트가 완전히 비밀리에 진행돼야 했기 때문에 자신이 아는 많은 통신계 인사들로부터 아이디어에 대한 반응을 살필 수 없었던 것이었다. 건설 프로젝트가 지나치게 빨리 공개될 경우, 단 하나의 트레이딩 기업이 독자적인 선로를 구축하기만 해도 스파이비와 박스데일의 독점적인 속도 우위를 무력화시킬 수 있었다. 이런 모든 위험성에도 불구하고 박스데일은 모험에 뛰어들었다. 그의 아들인 인수합병 전문 변호사 데이비드가 CEO가 됐고 스파이비가 회장을 맡았다. 이렇게 스프레드 네트웍스^{Spread} ^{Networks}가 탄생했다.

스파이비와 아들 박스데일은 곧바로 자신들의 직선 경로상의 모든 토지 구획을 굴착하는 데 필요한 허가를 확보하기 위해 여행을 시작했다. "설득 작업이 순탄치만은 않았어요. 어떤 사람들은 오하이오의 전원에 광섬유가 들어오기를 원하지 않았습니다."라고 스파이비는 말한다. 그는 아직도 일부는 AOL을 이용해 인터넷에 전화 접속하는 지방 위원회 위원들에게 정확한 세부사항과 왜 그들의 지역을 굴착해야 하는지에 대해 설명해야 했다. 어떤 사람들은 월스트리트에 대해 미심쩍어 했고, 어떤 사람들은 스파이비와 아무런 관련이 없는 연방 정부에 대해 미심쩍어 했지만, 대부분의 사람들은 비밀 통신 선로가 필요한 이유를 결코 이해할 수 없었기 때문에 꺼림칙하게 여겼다.

2009년 초가 되자, 스파이비와 아들 박스데일은 가장 완강한 반대자들까지 설득하는 데 성공했다. 이제 시카고에서 뉴욕으로 연결되는 깨끗한 경로가 확보됐다. 3월이 되자 스프레드 직원들은 흙더미를 나르고 있었다. 초기 진척은 고통스러울 정도로 느렸다. 하청 업체들은 탁 트인 평야나 철도 통행지 같이 통제된 조건에 익숙했다. 스파이비와 박스데일은 그들에게 산악 편암, 계곡 혈암, 진흙, 펜실베이니아 화강암 등 온갖 종류의 지형과 재질에 대한 천공, 굴착, 준설 작업을 시켰다.

진척도에 격분한 스파이비와 박스데일은 자신들의 사업을 가로챌 수 있는 경쟁자들에 대해 신경이 곤두섰다. 그들은 대형 사설 트레이딩 기업 중 하나가 자신들의 공사를 눈치채고, 먼저 구상을 실현시키지 않을까 우려했다. 프로젝트의 규모가 거대한데다 돈도 많이 들어서 단일 트레이딩 기업으로서는 거의 상상하기 어려운 수준이었지만, 시카고의 겟코 같은 경쟁자에겐 자금이 있었고 유리한 고지를 차지하기 위해서라면 기꺼이 돈을 쓰려고 할 디었다.

스프레드의 우려는 건설 팀이 어려운 지형을 다루는 데 능숙해지고 프로젝트의 진척 속도가 빨라진데다 경쟁자도 나타나지 않자 누그러 들었다. 프로젝트가 최고조에 달했을 때는 125명의 건설 인력이 동시에 작업을 진행했다. 일부는 인디애나에서 구멍을 팠고, 다른 이들은 오하이오에서 물결을 헤치고 다니거나 펜실베이니아의 주 도로 옆에서 굴착기를 운전했다. 앨러게니 산맥Allegheny Mountains의 인부들은 절벽 가장자리에 매달려서, 자신들의 굴착 장비를 매달 수 있는 돌기가 생길 만큼 바위를 부서뜨리기 위해 조심스럽게 폭약을 설치했다. 보링 머신boring machine*은 열로 인해 날이 하얗게 빛날 때까지 선사시대 바위에 구멍을 뚫었다.

고립된 트레이딩 세계에서 스프레드 프로젝트는 쥐도 새도 모르게 진행됐다. 마치 크리스마스 밤에 조지 워싱턴이 델라웨어 강을 건너는 상황을 보는 것 같았다. 스프레드는 완전히 업계를 급습하게 됐다. 그들은 첫 번째여야만 했다.

---

* 이미 뚫려 있는 구멍을 둥글게 깎아 넓히기 위한 장비 – 옮긴이

스프레드의 작은 구멍은 1,328킬로미터에 달했는데, 지역 코드로 212와 312를 잇는 최단 경로였다. 이 선로를 통과하는 정보는 빛의 속도로 이동해 뉴욕에서 시카고에 들렀다 되돌아오는 데까지 13/1,000초가 걸렸다. 기존의 가장 빠른 경로에서 거의 4/1,000초나 단축한 속도였다.

2010년 7월, 광섬유의 마지막 가닥을 완성하기 직전에 스프레드는 자신의 무기를 트레이딩 기업, 은행, 중개 업체 등 많은 돈과 속도를 갈구하는 모든 업체들을 대상으로 선전하기 시작했다. 반응은 의심("어떻게 이걸 해냈어요!?")에서부터 적극적인 대응("우리도 끼워주세요!"), 그다지 긍정적이지 않은 태도("우리는 돈을 내지 않을 거예요!")까지 다양했다.

스프레드와 직접 접촉했던 고객들은 기밀유지 협약 때문에 침묵을 유지해야 했다. 하지만 트레이더를 제외한 관찰자들은 놀라움을 감추지 못했다. "양쪽 시장과 정보를 주고받는 사람이라면, 이 선로를 이용해야 합니다. 아니면 망할 겁니다."라고 알고리즘 트레이딩을 추적하는 옵션몬스터^{OptionMonster}의 공동 창립자인 존 나자리안$^{Jon\ A.\ Najarian}$은 말했다.

스프레드가 마지막 연결을 마무리 짓자 이 선로에 오르기 위한 고객들이 줄을 섰다. 차익거래의 저위험도 이익은 언제나 인기가 있었으므로, 통상적인 차익거래 전략에서 우위를 주는 것이라면 뭐든지 가치가 있었다. 누가 이런 위험 없는 이익을 차지하느냐를 가늠하는 건 속도였다.

최저 지연시간을 갖는 경로로서 스프레드는 다른 선로를 압도하는 요금을 매길 수 있었다. 좀 더 긴 철도 경로를 통과하는 다크 파이버를 운용하는 얼라이드 파이버Allied Fiber는 서비스 요금으로 1년에 30만 달러를 요구했다. 스프레드와 협상한 여러 군데의 소식통에 의하면, 스프레드는 현재 요금의 거의 8~10배를 요구했고 이는 연간 300만 달러에 달했다. 스프레드는 전체 용량에 대해 공개하지 않았지만, 2.5센티 케이블은 최소 200개의 다크 파이버 고객을 수용할 수 있을 것으로 추측된다. 일부 사람들은 스프레드의 높은 요금에 대해 불만스러울지도 모르겠지만, 스파이비와 박스데일의 도박은 자신들의 투자를 정당화하는 데 필요한 현금을 손쉽게 벌어들이게 해줬다.

스프레드 네트웍스는 1980년대부터 분위기가 고조된 하드웨어 군비 경쟁에서 가장 발전된 최신의 무기일 따름이다. 알고리즘이 복잡한 전략을 수행하는 선택 수단이 돼감에 따라, 알고리즘의 범위는 알고리즘이 실행되는 하드웨어에 발맞춰 확장돼 왔다.

적당한 가격의 PC가 대중화되며 선진국에서 알고리즘의 잠재력을 폭발시키는 동안, 인터넷은 우리의 일상 구석구석에 끼어들면서 알고리즘이 더 큰 역할을 하도록 만들었다. 봇에 침략될 다음 분야를 결정하는 건 두 가지 간단한 함수, 즉 혁신의 가능성과 혁신으로 인한 보상의 합이었다.

오랜 기간 동안 월스트리트에서 이 방정식은 큰 합계치를 만들어냈으며, 그 결과 엔지니어로부터 물리학자에 이르기까지 수많은 똑똑한 사람들이 그곳으로 모여들기 시작했다. 그렇게 모인 두뇌들조차 이 업계가 2008년 경제 위기의 원인이 된 사태를 막지 못했으며, 이런 월스트리트 지성 집단은 인간성에 도전하는 가장 어려운 문제들을 해결하지도 못하고 있다. 그들은 그런 일을 하지 않을 뿐이다. 비록 골드만삭스의 CEO 로이드 블랭크페인^{Lloyd Blankfein}은 자신들에 대해 "신이 하는 일을 하고 있다."라고 평가하고 있지만 말이다.

그런 월스트리트는 세상을 무질서 상태로 빠뜨리고 나서 모른 척할 것이며, 그건 놀랍지 않은 일이다. 그런 상황은 절대로 변하지 않을 것이다. 하지만 거의 매일 단위로 정말 변화하고 있는 건 고민하는 트레이더와 그들의 알고리즘에 활용되는 하드웨어와 기술이다. 월스트리트의 발전은 결국 나머지 경제 분야로 흘러들어 갔으므로, 월스트리트의 기술이 어떻게 진화했는가에 대한 이야기는 중요하다. 스프레드 네트웍스와 월스트리트를 위한 광섬유 터널에 있어서도, 그 영향은 이미 알고리즘 트레이더라는 작은 세계를 넘어섰다.

스파이비와 박스데일의 선로는 광대역이 존재하지 않았던 작은 마을에까지 이제 광대역을 제공한다. 스프레드는 병원과 의사 진료실을 위한 대용량 의료 이미지 파일을 전송하고 있다. 이 회사는 이러한 월스트리트 바깥의 기업들에게 적당한 가격에 릿 파이버를 제공하는데, 이는 알고리즘 트레이더들이 스프레드 다크 파이버의 독점적 가닥을 얻기 위해 수백만 달러를 쏟아부으려고 했기 때문에 생긴 기회였다.

좋든 나쁘든 돈, 속도, 기술은 언제나 함께 움직인다

돈 다발을 가진 자가 스프레드 다크 파이버를 독점하는 건 언뜻 불공정하고 비민주적으로 보일지도 모른다. 그리고 아마 실제로도 그럴 것이다. 단지 시장 참여를 위해 필요한 무기 임대에만 1년에 300만 달러가 든다면, 자유 시장이 어떻게 자유로울 수 있을까? 하지만 독점적이고 비싸고 비밀스러운 기술은 수세기 동안 우리의 금융과 비즈니스 네트워크 구조의 한 부분이었다. 가장 빠른 수단을 가진 자는 돈을 버는 데 있어서 우위를 차지한다. 그리고 그런 수단을 가진 자는 이미 부자다. 새로울 것이 없는 자본주의의 취약점이다.

하지만 금융 시장에서 가해지는 압력이 없었다면 구전, 독수리, 전신, 전화, 텔레비전, 웹, 다크 파이버 전용선 등과 같은 우리의 통신 네트워크는 훨씬 느린 속도로 발전했을 것이라는 점은 부정할 수 없다. 광속의 통신이 없다면 클라우드 컴퓨팅도 존재할 수 없을 것이다. 원격 서버와 컴퓨터의 처리 능력을 어느 장소로든 확장시켜주는 클라우드 컴퓨팅이 없다면, 전지적인 알고리즘은 가능하지 않을 것이다.

1815년, 세계 최고의 부자 중 한 명인 네이선 로스차일드^{Nathan} ^{Rothschild}는 부를 늘리기 위해 자신의 기술적 이해력을 정기적으로 활용했다. 네 형제와 함께 그는 런던, 파리, 비엔나, 나폴리, 프랑크 프루트에서 은행을 운영했다. 형제들은 암호화된 메시지가 적힌 작은 두루마리를 매단 전령 비둘기를 빈번히 이용해 은행 사이의 통신을 처리했다. 이 시스템은 말을 이용한 배달을 기다려야 했던 경쟁자들과 비교해서 로스차일드의 은행들에게 우위를 주기에 충분했다.[1]

비둘기는 수천 년 동안 중국에서부터 그리스, 페르시아, 인도에 이르기까지 대부분의 세계에서 메시지를 나르는 수단이었다. 적들의 메시지를 가로채기 위해 로마인들은 비둘기를 사냥하는 매를 투입했다. 이는 메시지 송신자들이 암호와 함께 유인용 비둘기를 투입하게 만들었다. 로스차일드 가문은 이 모든 것들을 1800년대에 활용했다. 이 무렵 유럽은 이따금씩 일어나던 전쟁에 휘말렸는데, 1815년에는 나폴레옹의 프랑스 권좌 복귀로 인해 벌어진 전쟁이 발발했다. 나폴레옹의 프랑스군은 6월 18일 워털루 전투에서 영국, 프러시아, 네덜란드 등의 동맹국 연합군과 맞섰다.

런던의 채권 거래소에서 트레이더들은 전투 결과가 전해지길 기다렸다. 영국의 패배는 정부의 부실에 대한 우려로 채권 가격을 폭락시킬 것이었다. 이 상황은 네이선 로스차일드에게는 조작이 가능한 완벽한 기회였다. 그의 비둘기 네트워크는 영국 정부를 포함해 런던에 있는 그 누구보다 24시간 먼저 나폴레옹이 패했다는 소식을 전했다.

영국이 승리했다는 사실을 알고서, 로스차일드는 여느 때와 같이 거래소 기둥 앞에 있는 자신의 자리로 향했다. 거래가 시작되자, 그는 즉각 요란을 떨면서 채권을 팔기 시작했다. 다른 트레이더들은 그가 전투에 관해 뭘 안다고 생각했고 그 소식이 나쁜 것이라고 추측했다. 시장은 로스차일드가 예측한 대로 끝없이 추락하기 시작했고, 로스차일드 자신은 매도를 중단했다. 매도세가 지속되자, 로스차일드의 부하 수십 명이 조용히 채권을 사들이기 시작했다. 다음 날, 영국이 승리했다는 진짜 소식이 대중에게 전해지자 로스차일드가 매수했던 채권 가치가 폭등했다.[2]

기술은 언제나 소수 특권자의 손에서 시작된다. 하지만 가장 많은 재산을 모은 자들은 기술을 민주화하는 사람들이다. 그런 경우로 이스라엘 베어 요자페트Israel Beer Josaphat가 있다. 그는 19세기 초에 괴팅겐에서 성장했고, 삼촌의 은행에서 점원으로 일하며 금융의 구조를 배웠다. 요자페트는 런던으로 이주한 후에 자신의 이름을 폴 율리우스 로이터Paul Julius Reuter로 바꿨다. 그는 유럽 전역에서 막 늘어나고 있던 전신 선로 끝에 비둘기 부대를 주둔시키는 아이디어를 생각해냈다. 로이터의 비둘기들은 파리 증권 거래소의 종가 소식을 브뤼셀Brussels에서 161킬로미터 떨어져 있던 아헨Aachen으로 전달했다. 그의 새들은 말 배달과 철도를 앞질렀다.[3]

전신이 더욱더 많은 도시에 퍼지자, 로이터는 수 킬로미터가 아니라 도시 블록을 가로질러 가격 정보를 퍼뜨리기 시작했다. 그의 모토는 '통신망을 따르라follow the cable.'였는데, 로이터가 국제적 정보 네트워크로 성장한 오늘날에도 여전히 훌륭히 적용되는 주문이다. 로이터 같은 서비스가 확장되자, 부자와 그 나머지 사이의 정보 격차도 줄어들었다. 심지어 스프레드 네트웍스의 경우에도 수십 개의 기관이 이 회사의 다크 파이버에 들어왔기 때문에, 대형 트레이딩 기업이나 은행이 독자적으로 구축했을 경우 독점 소유자로서 누릴 수 있었던 우위를 상당 부분 희석시켰다. 스프레드 네트웍스 서비스에 가입하는 데 소요되는 고가의 비용 때문에, 대형 전자 트레이더들과 경쟁하고 싶은 사람들에게 배타적인 장벽이 생겼다는 점은 부인할 수 없다. 하지만 그럼에도 스프레드의 이용은 100퍼센트 독점적이고 배타적이었던 비둘기 네트워크를 이용했던 로스차일드 시절보다 훨씬 더 민주화된 여건을 제공한다.

속도의 인큐베이터

남북 전쟁이 끝난 후에 뉴욕의 증권사들은 한 증권사에서 다른 증권사로 전력 질주하는 달리기 선수를 통해 거래소의 가격 소식을 전달받았는데, 이는 하루 내내 거래소로 컴퓨터 상자를 나르던 패터피의 달리기 직원과 흡사했다.

1867년부터 뉴욕 증권 거래소는 시장가격을 전신으로 시세표시 테이프 기계에 전송하기 시작했다. 하지만 시세표시 기계는 느려터졌다. "너무 느려서 달리기 직원조차 비웃을 정도였다."라고 뉴욕타임즈는 전했다.[4] 그럼에도 불구하고, 주식 시세표시 시스템은 지구상에 등장한 최초의 전자 방송 시스템으로 월스트리트에서 기술이 부각되는 유행을 선도했다.

추후 웨스턴 유니온Western Union에 흡수된 골드 앤드 스톡 텔레그래프 컴퍼니Gold and Stock Telegraph Company가 최초의 주식 시세표시 기계 네트워크를 소유했다. 주식 시세표시 기계는 수시로 고장 났다. 특별히 당혹스러웠던 한 가지 고장으로 인해 금 거래소Gold Exchange의 보일러실에서 일하던 22세의 기계공이 객장으로 호출됐다. 몇 시산 후에 젊은 기술자는 자신의 선배 동료들을 좌절시켰던 문제를 고칠 수 있었다. 1년 후에 이 기계공은 새롭고 더 빠른 시세표시기를 발명했고, 이 기계는 미국 전역의 네트워크에 설치됐다. 이 기계공이 바로 토머스 에디슨Thomas Edision으로, 그가 만든 시세표시 시스템은 거의 60년 동안이나 운용됐다.[5] 대공황에 앞서 일어난 '10월 위기October crash' 불과 몇 달 전인 1929년 여름, 뉴욕 증권 거래소와 웨스턴 유니온은 미국의 모든 시세표시 기계를 교체하겠다는 400만 달러짜리 프로그램을 발표했다.

구식 시세표시 기계는 그것을 읽는 사람을 오히려 불리한 입장에 처하게 만들기 때문에, 전체 시스템을 완전히 뜯어고치지 않는다면 불공정할 수밖에 없었다. 실제로, 새로운 기계가 단계적으로 설치되자, 웨스턴 유니온은 신형 기계를 구형 속도에 맞춰 느리게 동작시키는 방법을 고안해야 했다. 시장에서 앞서 나가려는 신형 기계 사용자에게 불공정한 우위를 줄 수 있기 때문이었다.[6] 신형 시세표시 기계가 설치된 지 얼마 지나지 않아, 웨스턴 유니온은 요금을 10년 만에 처음으로 월 25달러로 올리겠다고 발표했다.[7] 이 시점부터 정보를 획득하는 비용은 기술의 발전 속도만큼이나 빠르게 상승했고, 앞서 이야기한 연간 300만 달러에 팔리는 한 가닥의 다크 파이버에서 정점을 찍었다.

스프레드 네트웍스가 선로를 완성한 지 불과 몇 주 후에 뉴욕에서 시카고로 연결되는 더 짧은 선로가 등장했다는 소문이 돌았다. 이 소문은 인기 금융 블로그와 '뉴클리어파이낸스^{NuclearPhynance}'* 같은 해커 채팅방에서 돌았는데, 어떤 회사가 지구를 관통해 시카고에서 뉴욕에 이르는 완전한 직선 경로를 뚫고 있다는 주장이었다. 이 통로는 지표면의 곡률과 상관없이 가능한 최단 거리를 보장한다는 것이었다.

흥미진진하게 들렸지만 이 프로젝트는 완전히 헛소문이었다. "네, 나도 그 소문을 들었어요. 그런 일이 가까운 미래에 이뤄지지 않기를 바랍니다."라고 스프레드 네트웍스의 대표인 스파이비는 웃으며 말한다.

퀀트와 해커들이 추격하고 있는 만큼, 스프레드의 아성이 절대적일 수는 없었다. 2011년 후반에 시엘로 네트웍스^{Cielo Networks}라고 불리는 회사가 시카고와 뉴욕을 연결하는 무선 극초단^{microwave} 네트워크의 구축을 검토하기 시작했다. 극초단파는 빛의 속도로 이동하면서도, 광섬유 내의 굴절에 의해 속도가 느려지지 않는다. 이 기법은 이론적으로 스프레드의 왕복 시간인 13.3/1,000초보다

---

* Phynance는 physics와 finance를 합친 신조어로, 물리 전공자들이 금융 분야로 진출하는 현상을 의미 – 옮긴이

4/1,000초 더 빠를 수 있다.

스프레드에게는 다행스럽게도 이 계획에는 아직 거대한 난관들이 존재한다. 충분한 양의 데이터를 전송할 수 있는 대부분의 주파수는 정부의 허가를 받아야 하는데, 그런 대역폭이 있다손 치더라도 그걸 이용할 수 있는지 알 수 있는 길이 없다. 그리고 그런 주파수를 구매하는 데 드는 비용은 엄청날 것이다. 트레이더가 돈이 부족해서가 아니라 구글이나 마이크로소프트 같은 부류의 기업들과 입찰 경쟁을 해야 할 판인데, 이들은 원한다면 월스트리트를 물리칠 수 있을 정도의 자금력을 보유한 회사들이다. 주파수를 확보한다 해도 극초단파가 전송되려면 송신소 사이에 장애물이 없어야 한다. 시엘로 네트웍스는 경우에 따라서는 산꼭대기를 허물고 뉴욕과 시카고를 잇는 진정한 직선에 인접한 탑들을 확보해야 할 것이다. 간단하지도 않고 비용도 많이 드는 일이다.

네트워크가 지형에 의해 제약을 받는 것과 마찬가지로, 알고리즘 역시 한시적일지라도 최소한 자신이 실행되는 하드웨어에 의해 제약을 받을 수 있다. 속도, 용량, 효율성에 있어서 하드웨어의 일취월장은 해가 뜨고 지는 것처럼 명확한 사실이다. 이런 빠른 발전에 발맞춰 알고리즘의 효용성 역시 확장된다. 우리 주머니 속의 휴대폰은 1980년대 초반에 등장한 대부분의 슈퍼컴퓨터보다 더 강력하다. 이 작은 직사각형 물건은 알고리즘의 위력을 책상과 컴퓨터 화면 너머에까지 확장해주면서, 알고리즘이 우리의 일상에 침투하는 길을 열어준 최신 매체다. 알고리즘의 침략은 월스트리

트에 있는 방 크기의 트레이딩 기기에서 끝나지 않았으며, 우리의
폰에서 끝나지도 않을 것이다.

5

게이밍 시스템

1989년 IBM은 몇 명의 과학자들이 세계에서 가장 뛰어난 체스 선수를 이기는 것을 명시적인 목적으로 하는 기계에 대한 연구를 시작하도록 승인했다. 많은 사람들이 알고 있는 대로 이 기계에는 최종적으로 '딥 블루^{Deep Blue}'란 이름이 붙여졌다. 전성기 시절이었던 1997년, 그랜드 마스터인 개리 카스파로프^{Garry Kasparov}를 꺾었을 때 딥 블루는 1.4톤의 무게였으며 병렬 연결된 256개의 프로세서를 돌려서 초당 2억 가지 체스 포지션을 검토할 수 있었다. 카스파로프는 대략 초당 세 가지 포지션을 검토했다.[1] 뉴스위크는 이 체스 시합을 '두뇌의 최후 저항^{The Brain's Last Stand}'이라고 선언했다.

딥 블루의 승리에서 멋을 찾을 수는 없었다. 그저 더 많은 무기로 상대를 제압한 사례일 뿐이었다. 체스 시합 동안, 컴퓨터는 주어진 움직임에서 파생되는 가능한 모든 시나리오를 탐색했다. 컴퓨터는 쓸모없는 것이든 바보 같은 것이든 가리지 않고, 가능한 모든 움직임에 대해 이런 처리를 실행했다. 이어서 봇은 상대의 움직임을 예측해보고, 그다음 자신에 대해, 다시 상대에 대해 예측하는 식으로 처리를 계속해서 수백만 가지 가능성을 가진 움직임으로 이뤄진 난해한 행렬을 만들어냈다. 딥 블루는 그런 부하를 처리할 수 있도록 만들어졌다.

단순히 봇이 체스를 플레이하도록 만드는 데만 과학자들로 이뤄진 팀은 몇 년을 보냈다. 딥 블루의 성공과는 별개로, 봇이 인간의 직관을 구성하는 미묘한 뉘앙스와 계량화될 수 없는 요소를 더 많이 필요로 하는 영역으로 파고들 것이라고 기대할 수 있을까? 체스에서는 양쪽이 모두 볼 수 있도록 모든 정보가 그대로 노출된다. 알려지지 않은 사실이란 존재하지 않으며, 이 때문에 알고리즘에 의해 공격당하기에 안성맞춤인 게임이 됐다. 그런데 그것마저 쉽지는 않았다. 허세, 콜, 포기 등이 포함된 포커 같은 게임(계량화가 불가능한 상당히 인간적인 요소가 모든 움직임에 관련돼 있는)에서 인간 최고수를 꺾는 일은 불가능해 보인다. 하지만 딥 블루의 승리 이후 명확해진 사실은 우리가 항상 태생적으로 인간적일 것이라고 생각했던 직업과 기술에 알고리즘이 계속 침투하고 있다는 점이다. 체스는 시작에 불과했다.

2011년 초, IBM의 새로운 작품인 왓슨^{Watson}은 '제퍼디!$^{Jeopardy!}$' 퀴즈 쇼에서 쇼 역사상 가장 많은 우승을 차지한 챔피언이었던 켄 제닝스$^{Ken Jennings}$를 비롯한 모든 인간 경쟁자들을 물리쳤다. 봇이 무작위적인 질문을 처리한 다음에 신속하게 저장된 원시 데이터를 살펴보고 답을 출력하는 방식에 있어서 그토록 지적으로 영리할 수 있다는 점은 인상적이었다. 체스가 고정된 규칙에 따라 한 정된 판 위에서 펼쳐지는 게임인 것과 달리, 제퍼디!는 혼란스럽고 제멋대로며 질문의 내용이나 특성에 대해 거의 아무런 가이드라인도 제공하지 않는 관계로 질문에는 유머, 말장난, 아이러니가 섞여 있을 수도 있었다. 이를 위해 IBM은 2억 페이지의 내용물을 4테라바이트의 디스크 드라이브에 저장한 다음, 16테라바이트 메모리의 도움을 받아 280개의 프로세서 코어(내가 이 책을 저술하는 데 사용하는 최신 애플 컴퓨터는 두 개의 코어를 가지고 있다.)로 읽어들였다. 작동 중에 왓슨은 너무나 뜨거워졌기에 뉴욕 요크타운 하이츠^{Yorktown Heights}의 IBM 연구소에 있는 방 전체를 채운 열 개의 서버 랙을 식히기 위해 두 개의 냉장고 유닛을 필요로 했다. 이런 기계 장치 전부가 600만 개의 논리 규칙을 활용해 왓슨의 답을 결정하는 알고리즘을 실행하기 위해 구축됐다.

이런 대단한 능력에도 불구하고, 왓슨은 유명 선수와의 포커 대결을 펼칠 수는 없었다. 월스트리트는 항상 포커에 열광했는데, 포커는 많은 측면에서 인간 세계의 축소판이라고 할 수 있는 게임이다. 포커는 월스트리트에서 가장 중요하게 여기는 두 가지 특성, 즉 허장성세와 재빠른 분석 기술을 요약해 보여준다. 트레이딩 거물들 사이의 은밀한 게임은 전설이 됐다. 세계에서 가장 유명한 몇몇 해커 트레이더들이 출현하는 월스트리트 포커 나이트 토너먼트^{Wall Street Poker Night Tournament}는 모건스탠리의 알고리즘 트레이딩 비즈니스를 구축한 피터 뮬러^{Peter Muller} 같은 사람이 시카고의 억만장자 헤지펀드 관리자인 켄 그리핀^{Ken Griffin}과 대결하는 최고의 이벤트가 됐다. 뮬러는 2006년 게임에서 승리했는데, 당시 그는 10만 달러를 딴 월드 포커 투어^{World Poker Tour} 참가를 비롯해 풍부한 사전 경험을 지니고 있었다. 다른 월스트리트 선수로는 그린라이트 캐피털^{Greenlight Capital}의 매니저인 데이비드 아인혼^{David Einhorn}이 있었다. 그는 2009년 '월드시리즈 오브 포커^{World Series of Poker}'에서 18위를 기록해, 누구라도 까무러칠 만한(성공한 헤지펀드 설립자를 제외하고) 액수인 65만 9,730달러를 벌어들였다.[2] 한술 더 떠서, 이제는 사라진 베어스턴스^{Bear Stearns}의 전임 기업 전략 책임자였던 스티븐 베그레이터^{Steven Begleiter}는 같은 토너먼트에서 160만 달러를 땄다. 월스트리트의 포커에 대한 관심은 2011년 월드시리즈 오브 포커에서 640만 달러를 넘는 상금으로 정점을 찍었던 게임의 대중적 인기 상승에 의해 고조됐다.

시장과 마찬가지로, 포커에는 발뺌, 속임수, 똑똑한 트레이더, 바보 트레이더, 내부자 정보, 수천 가지 다른 요인 중에서도 인간의 비합리성이라는 언제나 위협적인 변수가 존재한다. 따라서 여태까지 만들어진 가장 발전된 알고리즘으로 복잡한 시장을 길들여왔던 컴퓨터과학 교수가 세계에서 가장 수지맞는 카드 게임에 도전하는 것은 너무나 당연해 보인다. 카네기멜론의 컴퓨터과학 교수인 투오마스 샌드홀름^{Tuomas Sandholm}은 세계 최고 선수들을 겁먹게 만드는 알고리즘에서 혁신을 연구하느라 10년 가까운 시간을 보냈다.

세계 최고의 카드 선수들과 실질적으로 겨룰 수 있는 알고리즘을 만드는 작업은 복잡한 일이다. 그런 알고리즘을 만들려면 주어진 카드와 패에서 승리하는 확률을 기반으로 한 데이터 분석은 물론, 인간적 특성을 포착하는 알고리즘까지 필요하다. 확률 계산만으로 큰 포커 시합에서 성공하기란 불가능하다. 그런 전략은 라스베이거스에서 수백만 달러를 딴 MIT 학생 팀에서 입증된 것처럼 블랙잭에서는 통할 수 있지만, 포커에서는 노련한 손길이 요구된다. 최고 수준의 포커를 플레이하기 위해서는 인간이든 알고리즘이든 작은 베팅으로 좋은 패를 숨기는 데 능숙해야 하며, 다른 상황에서는 패가 좋지 않은 다른 이들에게 겁을 주기 위해 대규모 베팅으로 자신의 강함을 과시하는 데 능숙해야 한다. 플레이어는 인간이든 기계든 좋지 않은 패에서는 '림프 인$^{limp\ in}$*'을 하면서 흔하지 않기 때문에 예측하기 어려운 '대박 패'(예를 들어, 6과 2로 이뤄진 풀하우스)를 노리는 방법을 배워야 한다. 물론, 이런 전략들을 한꺼번에 활용할 수는 없다. 최고의 플레이어는 상대 플레이어에 따라 허세를 부릴 때, 림프 인을 할 때, 솔직하게 나갈 때를 선택한다. 세계 수준의 포커 플레이어는 그 무엇보다 인간 심리를 자신에게 유리하게 활용할 줄 알아야 한다.

　최고 수준에 도달하면, 포커는 인간이 만든 가장 미묘하고 인간적인 게임 중 하나에 속한다. 프로 수준의 포커 봇을 만들기 위해 샌드홀름은 초당 수백만 건을 처리하는 컴퓨터의 계산 능력을 활

---

*　판에 남기 위한 최소 베팅을 하는 것 – 옮긴이

용한 무지막지한 기법에서 한 걸음 더 나가서 인간의 교활함을 흉내 내고, 인간 상대의 합리적이면서 때로는 비합리적인 전략을 효과적으로 예측할 수 있는 수준 높은 알고리즘을 구축해야 할 것이다. 만일 봇이 이 게임에서 선수들과 겨루고 그들을 꺾을 수 있다면, 봇은 거의 모든 것을 정복할 수 있다.

코드를 통한 교활함의 구현

샌드홀름은 게임이론의 전문가인데, 게임이론은 알려지지 않은 변수와 다른 이해관계를 가진 복수의 당사자가 포함된 복잡한 문제에 관련된 수학 분야다. 게임이론을 이용해 샌드홀름은 자신의 문제에 대한 부분적인 해결책만으로 의사결정을 내리는 포커 알고리즘을 구축했다. "포커에서 하나하나의 모든 변수를 고려하려고 하면, 난감한 상황에 빠지게 됩니다."라고 그는 말한다.

체스에서는 모든 변수가 모두에게 알려져 있다. 하지만 포커에서 플레이어는 자신의 카드와 테이블에서 뒤집혀진 카드가 있을 경우 그 카드들에 대한 정보만을 알 수 있다. 그 밖에는 자신의 직감, 상대의 성향에 대한 자신의 지식, 다른 플레이어의 표정과 손을 통해 그들이 허세를 부리는지 좋은 패를 쥐고 있는지 파악하는 능력에 의존해야 한다. 포커 봇은 적어도 현재까지는 표정을 읽을 수 없으므로 강한 플레이어와 효과적으로 대결하기 위해서는 허세를 부리는 방법과 다른 사람들의 허세를 눈치채는 방법, 상대가 좋은 패를 쥔 것 같은 경우에 판을 접는 시기를 배워야 한다.

약간의 이국적인 억양을 쓰는 샌드홀름은 핀란드에서 태어나고 성장했으며, 엷은 갈색 머리털, 높은 광대뼈, 갈라진 턱에서 북유럽 정복자의 분위기를 풍긴다. 1990년 그는 자신의 첫 번째 상용 알고리즘으로 카풀을 위한 자동화된 교섭 플랫폼을 개발했다. 탑승자들은 자신들이 이동하려는 경로를 소개하고, 운전자들은 가격 견적으로 대답할 수 있었다. 탑승자마다 운전자에게 서로 다른 각양각색의 운전 경로를 제출했기 때문에 완벽한 알고리즘이어야만 처리할 수 있는 복잡한 시장이었다. 봇이 예상한 대로 시장이 움직여주지 않기 때문에 결국 샌드홀름의 카풀 사업 진출은 실패로 끝났다. 어떤 이들은 다른 사람을 태워주고 돈을 조금 받아도 만족한 반면, 어떤 이들은 자신의 출근 과정이 번거로워진 대가로 훨씬 더 많은(따라서 알고리즘 입장에서는 비합리적인) 사례를 요구했다.

복잡한 거래를 통해 경험을 쌓게 되면서, 샌드홀름은 인간과 그들의 변덕스러운 의사결정 기법을 모델링하는 데 좀 더 능숙해졌다. 그는 수천 가지에서 심지어 수백만 가지의 변수를 가진 시장과 교섭하는 게임이론 알고리즘을 작성했다. 예를 들어, 제너럴 밀스^{General Mills} 같은 회사가 곡물 가격 폭등에 대한 위험을 분산하려고 한다면, 콜 옵션을 매수하는 것에서부터 뉴욕과 시카고의 상품에 과감하고 낙관적인 투자를 하는 것에 이르기까지 동원할 수 있는 수천 가지의 방법이 있다. 북아메리카와 아시아의 날씨에서부터 주식시장의 흐름, 기준 금리, 농작물에 영향을 미치는 해충이나

가뭄에 이르기까지 수천 가지 요인이 결정에 영향을 미친다. 적시에 적절한 근거로 적절한 가능성에 투자를 한다면 제너럴 밀스가 수백만 달러를 아끼도록 해줄 수 있다. 하지만 최선의 결정을 내리기 위해 필요한 많은 변수들은 알려져 있지 않다. 날씨 같은 일부 변수는 확정적이지는 않더라도 정량적으로 예측될 수는 있다. 트레이더들이 특정 사건에 어떻게 반응할 것인지, 다른 대형 곡물 매입 업자들이 자신의 포지션을 어떤 식으로 위험 분산시키는지 등의 다른 변수들은 그런 플레이어들이 자신에게 가장 중요한 이해관계를 어떻게 바라보느냐에 달려 있다. 게임이론은 바로 그런 개인적 이해관계 예측에 도움을 준다.

시장에는 너무나 많은 투자자와 참가자들이 존재하기 때문에, 가격의 최종적인 향방은 모든 참가자들이 취하는 움직임에 의해 결정될 것이다. 각 참가자들은 순차적으로 자신의 이해관계에 가장 부합된다고 생각하는 행동을 취할 것이다. 게임이론은 각 참가자들의 선택과 예상되는 이득에 해당하는 수천 개, 때로는 수백만 개의 노드로 이뤄진 행렬을 활용한다. 복잡한 시장에서는 각각의 모든 결정이 다른 참가자들이 선택할 수 있는 결정과 경로에 영향을 미친다. 샌드홀름은 결국 기업들이 복잡한 시장의 모든 측면을 검토할 수 있게 도와주는 게임이론 소프트웨어를 개발하는 콤비넷Combinet이란 회사를 설립했다. 2010년 샌드홀름은 당시 130명 규모의 비공개 회사였던 콤비넷을 매각했다.

게임이론을 통한 문제 해결로 전국 각지의 클라이언트를 도와

주던 중에, 샌드홀름은 2004년 카네기멜론 대학의 다른 동료 교수에 의해 포커의 신비를 접하게 됐다. 게임이론을 활용하는 알고리즘이 알려지지 않은 변수를 가진 포커 등의 인간 전략 게임에서 효과적일 수 있다고 입증되리라는 것이 그의 생각이었다. 2005년 샌드홀름과 동료 교수는 게임이론을 활용해 '로드 아일랜드 홀덤Rhode Island hold'em'이란 포커 게임 컨테스트에서 우승한 알고리즘을 작성했다. 로드 아일랜드 홀덤은 다섯 장이 아닌 세 장으로 플레이하는 포커 게임이다. 실제로 봇이 매우 훌륭했기 때문에 프로 선수도 당해낼 수 없었다. 하지만 로드 아일랜드 포커는 적은 상태를 가진 작은 게임으로, 큰돈이 걸린 포커에서 가장 인기 있는 게임인 텍사스 홀덤보다 훨씬 단순했다. 로드 아일랜드 포커에는 샌드홀름의 알고리즘이 고려해야 할 상황이 대략 31억 가지에 달한다.[3] 샌드홀름이 즐겨하는 표현에 의하면 텍사스 홀덤에는 우주에 존재하는 원자 수만큼이나 많은 가능성이 존재한다.

텍사스 버전의 카드 게임에서 플레이어는 두 개의 카드를 뽑아서 보관한다. 그리고 또 다른 다섯 개의 카드가 테이블 위로 돌려진다. 플레이어는 자신이 가지고 있는 두 장과 테이블 위에 있는 추가적인 다섯 장을 원하는 대로 조합해 다섯 장의 패를 만들 수 있다. 이 게임은 특성상 상대를 읽을 수 있는 사람에게 특히 유리하다. 킹 원 페어를 쥐고 있는 플레이어도 잘 나갈 수 있으며 큰돈을 걸 수 있다. 에이스가 테이블 위에 올려지기 전까지는 말이다. 같은 테이블에서 빈틈없는 플레이어는 거의 쓸모없는 패를 가지고 큰돈을 걸어서 마치 자신이 두 번째 에이스를 쥐고 있는 것처럼 허세를 부릴 수도 있다. 킹을 쥐고 있는 플레이어는 큰 베팅에 속아서 에이스 원 페어에 졌다고 생각하고 접는다. 최고의 플레이어는 강한 패가 들어오면 때에 따라 요란하거나 조용히 플레이어하며, 종종 약한 패를 쥐고 허세를 부린다. 이렇게 하려면 플레이어는 두 가지에 능해야 한다. 사람들을 읽고, 그들이 승리할 수 있는 패를 쥐고 있을 가능성을 알아야 한다. 이것이 세계 수준의 포커 봇을 만들기가 그토록 어려운 이유다. 알고리즘은 대개 비합리적인 인간 행동을 예측하고 분석하고 이용하는 데 그다지 능숙하지 않다. 완전히 선형적인 알고리즘에게는 7과 2(포커에서 최악의 패)를 쥐고서 큰돈을 걸어 다른 플레이어들에게 허세를 부리는 행동이 합리적이지 않다. 하지만 그런 플레이가 프로에겐 말이 되는 경우가 있을 수 있다. 이렇게 예측 불가능한 인간적 요소 때문에 포커는 최정예 알고리즘 제작자들만이 성공을 거둘 수 있는 분야가 됐다.

샌드홀름은 포커 문제에 사로잡혀 2004년부터 수년간 자신의 삶을 바치기 시작했고, 그 과정에서 같은 목적을 추구하는 다른 이들을 만나게 됐다. 그들 중 어느 누구도 그의 기계에 상대가 되지 못했지만, 알버타 대학교University of Alberta의 컴퓨터 포커 연구 그룹의 사람들은 예외였다. 그들은 포커 수수께끼에 20년간 매달려왔다. 이내 샌드홀름의 카네기멜론과 알버타 대학교 연구진 사이에는 우호적인 경쟁 관계가 형성됐다.

2011년 샌드홀름의 알고리즘은 알버타의 알고리즘에 승리함으로써, 최근 3년 가운데 두 번 승리를 거두게 됐다. 2012년 초 그의 봇은 리밋 포커$^{limit\ poker}$(베팅 액수에 상한선이 있는) 부문 일대일 대결에서 상대하는 인간들을 모두 물리쳤다. 프로까지 포함해 말이다. 봇은 노 리밋 포커나 한 판에 많은 사람들(네 명 이상)이 참여하는 경우에는 세계 최고의 인간 플레이어에게 약간 못 미쳤다. 이런 큰 판에서 봇은 나쁜 패로 시작해 비합리적인 허세를 부리다가 막판에 요행으로 대박 카드 획득을 노리는 인간의 교란 작전에 좀 더 취약했다. 게임 참여자가 늘어나면, 네 번째나 다섯 번째 카드를 돌릴 때 누군가가 대박 패를 얻을 가능성이 커진다. 이렇게 많은 인간들이 참여하는 포커 판의 참여자들은 인간이기 때문에 언제든지 뭔가 말도 안 되는 짓을 저지를 수 있는데, 많은 경험과 날카로운 직감을 알고리즘이 대신할 수는 없었다. 아직까지는 말이다. 하지만 현재까지 샌드홀름이 보여주는 발전을 고려한다면, 프로들은 정신을 바짝 차려야 할 것이다. 그들에게도 딥 블루의 순간이 다가오고 있다.

샌드홀름의 포커 프로젝트는 약삭빠른 인간이 킹을 두 장 쥐고 있는 플레이어에게 겁을 줘서 판을 접도록 만드는 것과 같이, 기대하기 어려운 결과를 얻기 위해 비합리적인 결정을 내리는 시기와 방식에 대해 이해할 수 있는 단초를 마련해줬다. 언뜻 보기에는 비합리적인 행동이 어떻게 자신의 이익에 부합된다고 인간이 느끼게 되는지를 이해하는 일은 알고리즘이 정복해야 할 마지막 난관 중 하나다. 만일 알고리즘이 포커 테이블, 시장, 혹은 단순한 일상적인 상황에서 비합리적인 행동을 감지할 수 있다면, 돈을 아끼고 생명을 구원할 수 있을 것이다. 그런 논리를 배경으로, 샌드홀름 포커 연구 프로젝트의 동료인 앤드류 길핀^{Andrew Gilpin}은 포커에서 인간 행동을 통해 배운 것들을 자신이 2010년 시작한 헤지펀드를 통해 주식시장에 적용했다. 그의 펀드는 포커에서와 마찬가지로 자신들의 신싸 전략을 다른 이들이 눈치채지 못하도록 고안된 알고리즘을 채용한다.

신체적 종류의 게임들

포커가 헤지펀드 거물과 신흥 퀀트들 사이에서 인기 있는 게임이 되기 오래전부터, 스포츠 베팅은 인기를 끌었다. 거래소는 베팅을 촉진하기 위해 세워졌는데, 베팅은 항상 거래소가 취급하기로 정해져 있는 금융적 수단을 넘어선다. 때때로 거래소에서는 부가적인 베팅이 적법한 거래보다 더 많이 벌어지곤 한다. 내가 1990년대 후반 대학을 다니고 있던 때는 해외 웹사이트를 통한 스포츠 도박이 흔해지기 이전이었는데, 나의 룸메이트 중 한 명은 우리들로부터 큰 경기에 대한 내기를 모은 후 시카고 상업 거래소에서 일하는 친구를 통해 거래소 객장에다 베팅을 걸곤 했다. 그런 열정은 이제 엠 리조트 스파^{M Resort Spa}라고 불리는 라스베이거스 카지노 내에서 활동하는 봇으로 옮겨졌다. 이 봇은 거래소 객장의 숨가

뻔 액션을 본떠 만든 신종 스포츠 도박을 전문으로 다룬다.

이 카지노는 월스트리트 금융 서비스 회사인 캔터 피츠제럴드 Cantor Fitzgerald의 소유다. 캔터는 자신들의 알고리즘이 농구 경기에서 다음 삼점 슛에 대한 배당률에 이르기까지 거의 모든 스포츠 이벤트의 정확한 배당률을 어떤 순간에도 산출할 수 있다고 믿는다. 엠의 스포츠북sports book*에 있는 도박꾼들에게는 카지노를 돌아다니면서 경기를 중계하는 수백 대의 TV를 지켜볼 때 휴대할 수 있는 태블릿 컴퓨터가 지급된다. 엠은 타자가 다음 투구에 스윙을 할 것인지 또는 미식 축구 경기에서 다음 플레이가 인컴플리트 패스incomplete pass**가 될 것인지 등의 거의 모든 사건에 베팅을 걸 수 있게 해준다. 배당률은 매초마다 변경된다. 농구 도박꾼들은 경기 관련 확률이 매분마다 여덟 번 변하는 걸 볼 수 있다.

캔터 피츠제럴드를 위해 이 모든 정신 없는 일들을 운영해주는 건 미다스Midas란 이름의 알고리즘으로, 수백 가지의 분기를 지닌 수십 개의 경기에 대한 배당률을 동시에 처리한다. 캔터는 월스트리트에서 채권 거래를 완전히 전자적으로 처리한 최초의 회사로, 월스트리트에서 약삭빠른 트레이딩 업체로서 쌓은 수십 년간의 교훈과 전문성을 살려 미다스를 구축했다. 미다스는 베이거스 스트립Vegas Strip에서 북쪽으로 수 킬로미터 떨어져 있는 광대한 서버실에서 동작된다.[4] 미다스에게 지침을 제공하는 데 필요한 데이

터를 구하기 위해, 캔터는 1982년부터 경기 배당률을 산정해왔던 오즈 메이커^{odds maker}*인 라스베이거스 스포츠 컨설턴트^{LVSC, Las Vegas Sports Consultants}를 인수했다. LVSC의 거의 30년에 걸친 통계, 기록 및 점수는 캔터나 다른 이들이 월스트리트에서 트레이딩 알고리즘을 만들기 위해 거친 것과 유사한 과정을 통해 미다스의 두뇌에 바로 입력됐다.

스포츠 베팅은 오랫동안 육감과 고객들의 베팅에 따라 자신들의 기준을 정하던 카지노에 의해 지배되던 분야였다. 자이언츠^{Giants}에 걸린 돈이 상대편인 패트리어츠^{Patriots}에 걸린 돈보다 많으면, 라스베이거스 카지노들은 패트리어츠에 베팅하는 편이 좀 더 매력적으로 보이게끔 기준을 이동시켰다. 양쪽 편이 반반의 확률인 베팅은 도박 하우스의 위험성을 최소화하고, 그들에게 10퍼센트 수익을 보장하는데, 도박꾼들은 이 금액을 '주스^{the juice}'라고 부른다. 반반 확률의 스포츠 베팅인 경우라도 돈이 반반으로 갈라지지는 않는다. 승자는 내기에 건 1달러당 90센트의 수익을 가져간다. 나머지 10센트, 즉 주스는 하우스의 몫이다. 하지만 캔터는 주스 이상을 원했다. 엠은 봇이 괜찮다고 판단하기만 한다면 때때로 위험을 감수하는 것을 주저하지 않는다. 15명 이상의 해커와 미다스 봇을 가진 캔터는 자신이 베이거스에서 가장 앞서가는 스포츠북이 될 수 있다고 생각한다. 그렇게 되는 데는 몇 년이 걸리겠지만, 엠의 거래소 객장 스타일의 베팅이 매력적이라는 점에는 의심

---

* 내기, 경기 등에서 배당률을 측정하는 사람 또는 기업 – 옮긴이

의 여지가 없다. 만일 엠이 큰 성공을 거둔다면, 하라$^{Harrah's}$, MGM, 시저스^{Ceasars}를 비롯한 스트립의 다른 카지노들도 가능한 한 최고의 해커들을 고용하기 시작할 것이다.

CIA 스파이 알고리즘

다음 번에 보드 게임 클루^{Clue}를 플레이할 때 활용할 전략(예를 들어, 만일 그녀가 그를 도서관에 있는 촛대를 가진 커널 머스터드^{Colonel} ^{Mustard}*라고 생각한다면, 그녀가 계속 그렇게 생각하도록 만들겠다.)을 위해 게임이론 알고리즘을 활용하는 아이폰이나 안드로이드 앱을 만드는 것도 정말로 멋진 일이겠지만, 포커에서 샌드홀름이 거둔 획기적 성과는 알고리즘이 게임을 넘어선 수없이 많은 좀 더 중요한 문제들을 다루는 데 활용될 가능성을 열었다는 것이며, 그중 일부는 말 그대로 삶과 죽음을 결정하는 문제들이다.

포커에서는 다른 사람의 전략 또는 다른 사람이 쥔 카드를 알지 못하기 때문에 의사결정하기가 어렵다. 미지라는 공포 역시 테러리스트를 찾거나 개별적인 방어 지점에 자원을 할당하는 최적의 방법을 결정하는 데 있어 미국 치안력에 숙제를 던져준다. 이는 또한 테러리즘과 싸우는 일에 그토록 많은 비용이 소모되는 이유이기도 하다. 하지만 게임이론 알고리즘이 이런 상황을 바꾸는 데 도움을 주고 있다. 샌드홀름의 포커 봇은 서던캘리포니아 대학교

---

* 보드 게임 클루의 캐릭터 – 옮긴이

University of Southern California의 컴퓨터과학 교수인 밀린드 탐베[Milind Tambe]가 테러 위협에 맞서는 계획을 알고리즘으로 세우는 데 영감을 줬다. 포커 봇 내부에 포함된 샌드홀름의 몇 가지 전략으로부터 실마리를 얻어서, 탐베는 로스앤젤레스 국제공항을 위해 테러 계획 방해에 최적화되고 효율적이며 무작위적인 보안 순찰 알고리즘을 개발했다. 이 알고리즘은 공항에서의 살인, 파괴, 혼란을 통해 피해를 가하는 데 있어 테러리스트가 최적이라고 판단할 수 있는 계획을 검토한 다음, 알고리즘이 예상한 테러리스트의 사고를 근거로 공격을 퇴치하는 결정을 내린다.

LAX*는 2007년에 이 알고리즘을 이용하기 시작했다. 이에 깊은 인상을 받은 연방정부는 탐베 박사에게 미국 전역의 교통안전청[TSA, Transportation Security Administration] 소속 스태프의 순찰을 지시하는 봇을 개발해 달라고 요청했다. 이 봇의 유사한 버전은 2011년 피츠버그 국제공항에서 시험 단계에 들어갔다. TSA 역시 이 프로그램을 이용해 항공기에 항공 보안관을 배치하고 폭발물 탐지견 부대의 순찰 횟수를 결정하기 시작했다. 이 결과로, 언젠가 아프가니스탄 같은 전쟁터에서 중요한 결정을 내리게 될 봇의 개발에 불이 붙었다. 이런 전쟁터에서는 매복 공격을 당할 확률이 최소화되도록 수송 부대 경로, 임시 기지 및 전술이 설계돼야 한다.

그러나 게임이론 알고리즘이 공항 방어와 여객기 순찰을 담당하기 전부터, CIA의 고도로 숙련된 정보 분석가 같은 이들은 게임

---

* LA 국제공항의 코드명 – 옮긴이

이론에 의존해왔다. 공산주의 붕괴 후 냉전이 풀리던 1990년 초반 무렵부터 약 2년여에 걸쳐 미국과 러시아의 정보 팀들은 2차 대전 이후로 가장 사이가 가까워졌다. 두 나라가 서로 비밀을 주고받았던 경우는 거의 없었는데, 비록 짧은 기간이었지만 실제로 그런 일이 일어났으며, 50년에 걸친 '체스 시합'이 조용히 일시정지됐다. 이 기간 동안 CIA와 전 KGB는 정보와 첩보 시스템 공유에 대해 진지한 대화를 나눴다. 러시아인들은 미국인들이 자랑한 한 가지 항목에 대해 큰 흥미를 보였다. 그건 소비에트 연방이 결국은 실패하게 될 반 고르바초프 쿠데타로 인해 붕괴할 것이라고 실제 그대로 정확히 예언한 정교한 게임이론 알고리즘이었다.

그 알고리즘은 뉴욕 대학교의 정치과학 교수인 브루스 부에노 데 메스키타Bruce Bueno de Mesquita와 스탠포드 대학교 후버 연구소Hoover Institution의 한 선임 연구원에 의해 개발됐다. 정치를 예측하는 틀로 게임이론을 활용한 윌리엄 라이커William H. Riker의 『정치적 연합의 이론The Theory of Political Coalitions』이란 책을 집어 들었을 때, 부에노 데 메스키타는 미시간 대학교의 정치과학 대학원생 중 한 명이었다. 그는 그 아이디어에 매료돼 수학 공부를 다시 시작했다. 이내 그는 라이커의 기법에 숙달됐으며, 1980년대 중반이 되자 세계에서 가장 뛰어난 이벤트 예측 알고리즘 설계자가 됐다.

핵무기 강행 여부에 대한 이란 고위층 내부의 논쟁과 같이 격렬한 정치적 상황이 어떻게 전개될지 예측하려고 시도할 때는 수천 가지의 요인이 고려돼야 한다. 폭스 뉴스나 CNN의 일류 해설가들은 상황에 대한 모든 정보를 취득하고, 자신의 직감에 의존해 과거의 유사한 사건을 검토한 다음에 자신의 예측을 말하곤 한다. 보통의 평론가들보다 다룰 수 있는 정보가 좀 더 많다는 점만 제외하면 CIA의 분석가들도 비슷한 방식으로 일을 처리한다. 정보 분석가들도 어느 시점에서는 주관적인 판단을 내려야 한다는 점에는 변함이 없다.

부에노 데 메스키타가 만든 알고리즘은 다른 방식으로도 작동되는데, 오히려 훨씬 더 효과적이다. CIA는 전 세계와 다양한 지정학적 상황을 아우르는 1,700가지가 넘는 정치적 군사적 예측을 수행하기 위해 그를 고용했다. 부에노 데 메스키타의 분석과 CIA 자체 분석을 거의 20년에 걸쳐 비교한 결과, CIA는 자체 전문가들보다 게임이론 알고리즘으로 무장한 교수가 두 배나 더 정확하다는 사실을 발견했다. 이러한 사실이 지정학 분석가들에게 어떤 영향을 미칠까? 정작 중요했던 FBI, CIA, NSA 같은 곳에서 그들의 역할이 줄어들게 될 것이므로, 텔레비전에 출연하는 편이 차라리 더 나을 것이다.

"직감에 의존하다 보면, 많은 측면들을 놓치게 됩니다."라고 부에노 데 메스키타는 말한다. "수학은 그런 답을 제공해주죠."

포커 봇과 마찬가지로, 부에노 데 메스키타의 알고리즘은 이란과 같은 국가에서 정치적 결과에 연관돼 있는 모든 당사자들의 개인적 이해관계를 고려한다. 알고리즘이 가정하는 유일한 전제는 대부분의 사람들은 자신의 이해관계에 가장 잘 부합되는 결과를 얻을 수 있는 방향으로 행동하고 일을 처리하며 말한다는 점이다. 그 외에, 해당 이슈가 각 당사자에게 얼마나 중요한지도 역시 영향을 미친다. 최고 권력자가 특정 사건에서 어떤 결과를 원할지라도 주어진 상황이 전체적으로 그에게 그다지 중요하지 않다면, 해당 결과가 그 자신에게 더 큰 중요성을 가지는 좀 더 낮은 수준의 당사자들이 더 큰 영향력을 행사할 수도 있다. 따라서 이러한 지정학예측 알고리즘을 돌릴려고 해도 사용자는 여전히 첩보 데이터를 필요로 한다. 비록 특정 종류의 데이터이긴 해도 말이다. 어떤 그룹 또는 개인이 특정 정치적 의사결정에 영향을 미치고 있는지, 각 당사자들에게 어떤 결정이 최선일지에 대해 판단해야 한다. 또한 각 당사자가 얼마나 큰 영향력을 가지고 있는지 알아야 하며, 그에 못지 않게 각 개인이 해당 특정 이슈에 대한 얼마나 큰 관심을 가지고 있는지 알아야 한다. 각 당사자들은 자신의 이득을 최대화하고 자신의 손해를 최소화하기를 기대하므로, 그들이 실행하는 행동은 그들이 그런 목표 달성에 최선이라고 믿는 것들이다.

　이런 일들에는 엄청난 첩보가 필요할 것처럼 보이지만, 대부분의 CIA 분석가들이 검토하는 양보다 훨씬 적다. 첩보 기관은 단순히 과거에 대한 정보를 수집하는 데 엄청난 경비를 쓴다. 그들은 각 당사자들의 이력, 개인적 일화, 개인적 관계, 현재의 위치를 차지하게 된 경과에 대해 신경 쓴다. 하지만 부에노 데 메스키타는 이런 첩보가 쓸모없으며, 자신이 만든 알고리즘의 성공이 그것을 증명한다고 말한다. "체스판이 벌어지고 있는 방에 들어온다면, 판을 보기만 해도 각 플레이어들이 뭘 하려고 하는지 이해할 수 있을 겁니다." 이어서 부에노 데 메스키타는 말한다. "어떻게 이렇게 됐는지는 중요하지 않아요. 현실에서도 기본적으로는 마찬가지입니다."

우리가 각 당사자들의 동기, 영향력, 이해관계 수준을 알고 있다면, 알고리즘이 힘을 발휘할 수 있다. 그것이 바로 부에노 데 메스키타의 처리 방식이다. 그는 수많은 시간을 들여 변수, 당사자, 그리고 각 당사자들이 특정 결과를 선호하는 이유를 밝혀낸 후에 나머지는 알고리즘이 처리하도록 내버려둔다.

이란과 이란이 핵폭탄을 제조할 가능성에 대해 부에노 데 메스키타는 2009년 해당 문제에 대한 알고리즘을 구축했다. 봇은 당사자, 국가, 가능한 제재 조치, 이란 과학자들의 능력 등 각 요인을 고려했다. 봇은 2014년에 이란이 무기 수준의 우라늄을 개발할 것이라고 결론 내렸는데, 이는 여러 사람들을 불편하게 만드는 사실이다. 하지만 알고리즘은 동시에 이란이 이 우라늄을 가지고 폭탄을 제조하지는 않을 것이라고 예측했다. 그 대신, 이란은 핵무기 프로그램을 민간용으로 유지하려고 할 것이다. 알고리즘은 이란의 주요 권력자들이 자신들의 핵연료 제조 능력과 수단을 널리 알리는 것으로 만족하리라고 내다본다. 권력자들은 핵무기 보유에 대한 욕구와 그럴 경우 수반되는 제재 조치, 이스라엘의 군사 공격, 석유 수출 중단이라는 골칫거리 등을 저울질해봐야 한다. 부에노 데 메스키타는 알고리즘이 영향력, 대우, 지역적 권위 등과 같은 핵무기 보유에 따른 이득이 국제 핵확산 방지 조약 아래에서 이란에게 허용되는 원자력 프로그램의 보유를 통해 얻어지는 이득과 거의 일치한다는 점에 주목했을 가능성이 높다고 말한다. 이 책을 저술하는 시점에 들어맞아 보이는 그러한 결론은 대부분의 CIA나 전통적 분석가들이 내놓은 결론보다 훨씬 정확하다.

그렇지만 알고리즘이 기존의 전문가들을 그토록 쉽게 능가한다는 사실에 놀랄 필요는 없다. 필립 테틀록$^{Philip Tetlock}$ 버클리 대학 교수는 2,000명의 정치 전문가들을 대상으로 그들의 전문 영역에 관련된 특정 사건의 발생 가능성을 묻는 조사를 수행한 바 있다. 그 다음, 그는 통제된 데이터 집합을 활용해 각 사건에 대해 무작위적인 확률을 할당했다. 테틀록은 시간 경과에 따라 두 결과를 대조해봤는데, 최소한 이른바 전문가들 입장에서는 당혹스런 결과가 나왔다. 인간 전문가들의 예측은 무작위적으로 만들어진 예측과 별반 다르지 않았다.

대부분의 CIA 분석가들은 대학에서 채용되는데, 이런 분석가들은 자신이 분석하는 지역이나 인물들에 대해 정통해야 한다는 전통적인 규정 때문에 대부분의 채용자들이 과학이나 공학보다는 인문 계열 학위 보유자다. 그런 이유로 인해, 우리가 입수하는 첩보 대부분은 개인적 이력과 권력층에 수반되는 극적인 사건에 초점을 맞춘다. 이런 것들은 얘깃거리로는 흥미로울지 몰라도, 멀리 떨어진 나라의 인간들이 궁극적으로 무슨 일을 저지를지 판단하는 데 있어서는 필수적이지 않다. 우리의 첩보는 인종, 국가 및 사람들 사이의 문화적 불일치, 종교적 갈등, 주요 사안에 대한 의견 차이에 주목한다. 하지만 정말로 중요한 건 권력을 쥔 자들에게 무엇이 이득이 되느냐다. 중요 당사자들과 그들의 이해관계는 이란과 같이 거들먹거리는 권력을 가진 나라의 경우에도 대개는 명확히 정의할 수 있으며, 그렇게 명확히 정의할 수만 있다면 알고리즘은 그들이 미래에 어떤 일을 저지를지에 대해 인간 분석가들보다 더 나은 추측을 제공할 수 있다.

CIA는 분석가 팀을 구축하는 방법을 바꾸기 시작했지만, 아마도 오랜 과정이 될 것이다. CIA에 일자리를 얻는 건 쉬운 일이 아닌데다, 출신학교, 학점, 전통적인 지능 검사 같이 후보자들이 판단되는 기준은 뻔한 결과를 낳는다. 인문학 교육을 받은 동부 연안의 아이비리그 출신이 넘쳐나게 되는 것이다. 지원자 중 공학과 과학 전공자들은 미국의 대학 시스템 구조상 대체적으로 학점이 낮은 경향이 있기 때문에 불리한 입장에 처하곤 한다. 특정한 출신의 사람들이 비슷한 이력을 가진 사람을 선호하고, 지구에서 가장 강력한 권력을 가진 조직에서 자신과 같은 부류의 입지를 위협할 이론을 거부할 가능성이 높다는 건 놀라운 사실이 아니다.

하지만 20년에 걸친 확고한 데이터는 가장 완고한 신조까지도 물리칠 수 있다. CIA와 국방부 내부에는 워싱턴의 외교정책 시스템에서 봇이 좀 더 핵심적인 역할을 맡아야 한다고 오랫동안 주장해온 인사들이 있다. 봇 지지자 중 가장 영향력이 큰 인물은 앤드류 마샬Andrew Marshall인데, 그는 2012년 89세의 나이에도 여전히 국방부의 총괄평가국^{Office of Net Assessment} 국장을 역임하고 있다. 닉슨 대통령 밑에서 현재의 위치로 승진했던 마셜은 이후의 대통령에 의해 매번 재임명돼 왔다. 계량적 기법에 대한 미시적 접근으로 유명한 시카고 대학에서 경제학 학위를 받은 그는 알고리즘의 지지자다.

세계 정치사에서 결정적 사건인 '아랍의 봄^{Arab Spring}'에 대해서도 부에노 데 메스키타는 할 말이 있었다. 2010년 5월 5일 그는 일단의 사람들에게 자신의 알고리즘이 호스니 무바라크^{Hosni Mubarak} 이집트 대통령이 1년 안에 실각하리라고 예측했다고 말했는데, 2011년 2월 11일에 실제로 그런 일이 일어났다. 부에노 데 메스키타는 이 예측을 대중적으로 공개하지 못했는데, 그의 강연을 들은 소규모 청중이 강의 후에 그에게 비용을 지불하고 기밀유지 협약에 서명하도록 만들었기 때문이었다. 하지만 누가 무슨 이유로 그렇게까지 했단 말인가? 짐작이 되지 않는가? 그건 여러분이 들어봤을 만한 대형 월스트리트 투자사 중 하나였다. 그렇다면 무슨 이유로 그렇게 했단 말인가? 세기의 거래를 하기 위해서였다.[5]

알고리즘에게는 연애와 야구의 모든 것이 공정하나

개리 카스파로프^{Garry Kasparov}가 딥 블루와의 시합에서 패배했을 때, 알고리즘의 침략이 설득력이 없다고 치부했던 작가이자 번뜩이는 재치를 갖춘 배우였던 고 조지 플림톤^{George Plimpton}이 떠올랐다. 플림톤 자신은 카스파로프와 체스를 둔 적이 있었지만, 그는 딥 블루의 발전에 대해 별 감흥이 없었다. 플림톤은 "이건 매우 특화된 종류의 기계예요. 세월이 지나면 기계가 뭔가 다른 일을 할 수 있게 될지도 모르죠. 지금으로선 확신할 수 없어요. 야구 팀 운영도 못할 거예요. 결혼에 실패했을 때, 무슨 일을 해야 할지 알려줄 수도 없을 거예요. 이런 종류의 일들은 할 수 없을 겁니다."[6]라고 말했다.

플림톤은 세상을 떠나기 전에, 맨 먼저 통계광들이 야구에 침투하는 걸 목격할 수 있었다. 숨겨진 유망주를 찾기 위해 마이너리그 선수 명단을 알고리즘을 사용해 검색하는 이러한 수치 사냥꾼들이 사용하는 기법들 중 일부는 잘 알려져 있다. 이런 트렌드는 빌리 빈Billy Beane의 성공을 시작으로 주목을 끌게 됐다. 마이클 루이스Michael Lewis는 자신의 2003년 책 『머니볼Moneyball』에서 빌리 빈을 다뤘다. 빈은 야구 카드 뒷면에 등장하는 전통적인 수치 대신에 복잡한 통계의 불가사의한 조합을 기반으로 선수들을 찾고 라인업을 짜서 오클랜드 애슬레틱스Oakland Athletics를 아메리칸리그 서부지구의 강자로 만들었다. 수치가 맞는다면 빈은 약간 뒤죽박죽한(뚱뚱하고 단신에다 수염이 난) 선수 조합일지라도 필드에 내보냈다. 에이스A's*는 빅리그에서 가장 적은 연봉 총액을 가지고도 2000년부터 시작해 7년간 다섯 번 플레이오프에 진출했다. 비슷하게 돈이 궁한 캔사스시티나 피츠버그 같은 구단들은 각각 1985년과 1992년

---

* 오클랜드 애슬레틱스의 약칭 – 옮긴이

이래로 포스트시즌에 진출한 적이 없다.

오클랜드는 여전히 유망주들을 면밀히 살펴보기 위해 스카우트들을 투입하지만, 동시에 최신 마이너리그 통계를 뒤지면서 숨겨진 보석을 찾기 위한 알고리즘까지 구축한다. 지급할 돈이 부족해 팀에서 가장 뛰어난 일부 스타들을 트레이드로 내보낸 후에도 꾸준히 에이스를 플레이오프에 올려놓지 않았다면, 빈의 성공은 운이 좋았을 뿐이라고 무시됐을지도 모른다. 이런 신종 기법을 집중적으로 구사하는 또 다른 인물인 테오 엡스타인^{Theo Epstein}은 2004년에 보스턴 레드삭스^{Boston Red Sox}를 거의 100년 만에 처음으로 월드시리즈 타이틀로 이끌었다. 2011년 시카고 컵스^{Chicago Cubs}는 그런 업적을 다시 재현하리라는 기대를 가지고 엡스타인을 스카우트했다. 컵스는 대중적 인기, 비싼 입장권료, 높은 연봉 총액에도 불구하고 1908년 이후로 월드시리즈에서 승리하지 못했는데, 이는 메이저리그 역사상 가장 긴 기록이다.

봇이 아직까지는 메이저리그 팀을 덕아웃에서 관리하지 못한다는 점에서 기술적으로는 플림톤이 맞을지도 모르겠지만, 인간 감독들 중 일부는 이미 매우 값비싼 봇의 대리인이나 마찬가지다. 점점 더 많은 야구 감독들이 자신의 결정을 내리는 데 있어 컴퓨터와 통계에 몹시 의존하게 됐다. 많은 구단에서 마운드에 올릴 투수를 결정하는 건 감독의 직감이 아니다. 해당 투수가 해당 이닝에 등장할 타자와 유사한 성향의 타자에 대해 어떤 성적을 올렸는지를 비롯해 최근 등판 횟수, 투수의 도루 저지 능력, 홈과 원정에서의 결과, 야간 경기와 주간 경기 성적, 잔디와 인조잔디에서의 성적 등을 추적 관리하는 알고리즘이 그것을 결정한다.

야구가 알고리즘과 불가사의한 통계 분석이 가장 쉽게 침투할 수 있는 스포츠일지도 모르지만, 영향을 받는 리그는 야구뿐만이 아니다. 그런 기법은 NBA에서도 큰 인기를 누리고 있다. 공학 학위와 5년간의 보잉사 엔지니어 경력을 가진 샬럿 밥캐츠Charlotte Bobcats의 리치 조Rich Cho 난장 같이 알고리즘의 도움을 받아 의사결정을 내리는 젊은 구단 단장과 자신의 직감으로 헤쳐나가는 걸 좋아하는 나이 먹은 단장들 사이의 간격은 점점 더 벌어지고 있다. 소프트웨어를 통해 난해한 통계를 분석하는 작업은 중간 수준의 플레이어를 평가해 저렴한 비용으로 영입하는 데 가장 유용하다. 케빈 듀란트Kevin Durant와 블레이크 그리핀Blake Griffin이 엘리트 선수라는 건 누구든지 아무런 도움 없이도 알아볼 수 있다. 하지만 인간 관찰자들은 스타급 선수조차 놓칠 수도 있다.

제레미 린Jeremy Lin의 경우를 예로 들어보자. 2년차 포인트 가드였던 그가 2012년 2월 뉴욕 대학교의 치의예과 학생이었던 형제의 소파에서 잠자고 있을 때, NBA에서 그의 미래는 어두워 보였다.[7] 하버드에서 대학 경기에 출전했던 린은 2010년 드래프트되지 못하고, 리그를 전전하면서 출전하는 날만큼이나 출전 명단에서 빠지는 날이 많았는데, 2011-2012 시즌 초반 닉스Knicks에서 자리를 잡았다. 처음에 그는 벤치를 지키는 일이 많았다. 그러다가 2012년 2월 뉴욕 선발진의 연속된 부상으로 인해 린은 선발 출전 명단에 이름을 올리게 됐다. 그는 이후 여섯 게임 동안 25, 28, 23, 38, 20, 27점을 올렸는데, 네 번째 점수는 코비 브라이언트Kobe Bryant와 로스앤젤레스 레이커스Los Angeles Lakers를 상대로 한 결과였다. 브라이언트는 깊은 인상을 받았다. "과거로 돌아가서 한번 살펴보세요. 기술 수준은 아마도 처음부터 이 정도였을 겁니다. 단지 우리가 알아채지 못했을 뿐이죠."라고 그는 말했다.[8]

하지만 농구 분석가인 에드 웨일랜드Ed Weiland의 알고리즘은 린을 알아봤다. 이런 일이 생기기 2년 전에 말이다. 알고리즘은 대학 시절 린의 .598이라는 경이로운 2점 필드골 성공률과 플레이어의 40분 플레이당 리바운드, 스틸, 블록 숫자를 반영하는 RSB40이라고 불리는 웨일랜드가 계산한 난해한 통계치에 주목했다. 웨일랜드는 이 통계치가 유망주의 전반적인 운동 능력과 NBA에서 살아남을 수 있는 능력에 대한 좋은 식별 수치라고 간주한다. 이 알고리즘은 수치상으로 린의 잠재력이 앨런 아이버슨Allen Iverson, 제이슨 키드Jason Kidd, 라존 론도Rajon Rondo, 안드레 밀러Andre Miller, 페니 하더웨이Penny Hardaway 같은 걸출한 스타와 동급이라고 말한다. 자신의 통계를 기반으로 2010년 웨일랜드는 이렇게 썼다. '그가 패스와 점수 관리를 할 수 있다면, 제레미 린은 NBA 선발급 선수이며 스타가 될 수도 있다.'[9]

하지만 웨일랜드는 통계 블로그를 가진 페덱스FedEx 운전사였으며, NBA 팀을 관리하지도 않았고 관리하는 사람들과의 연줄조차 없었다. 린의 왜소한 체격과 NBA 유망주들의 요람으로 그다지 각

광받지 못했던 아이비리그에서 플레이했다는 사실 때문에, 그는 드래프트되지 못했고 주목도 받지 못했다. 그는 2012년 2월까지는 제대로 NBA에서 뛰어본 적조차 없었다. 득점이 감소한 후에도 린은 여전히 게임당 14득점에 6어시스트를 올렸는데, 프로에서 많이 뛰어본 적이 없는 드래프트되지 않은 플레이어로서는 놀라운 기록이다. 통계 분석 알고리즘을 사용하지 않았다면, 그가 발견되기를 기다리며 그곳에 있었다는 사실조차 알기 어려웠을 것이다.

데이터 처리 통계 분석가들의 야구 침략은 이제 시작일 뿐이며, 지난 15년 동안은 최상위 수준의 경기에서만 이뤄졌을 뿐이다. 하지만 알고리즘을 통해 잠재적인 연애 상대를 고르는 일은 1965년 젊은 회계사인 루이스 알트페스트Lewis Altfest가 IBM의 해커였던 친구인 로버트 로스Robert Ross와 함께 프로젝트 TACTTechnical Automated Compatibility Testing(기술적으로 자동화된 궁합 테스트)[10]라고 불리는 것을 만들었을 때로 거슬러 올라간다. 하버드 학생들만의 행사인 오퍼레이션 매치Operation Match*가 1년 차이로 TACT보다 앞섰지만, 이 프로젝트는 순전히 데이터를 기반으로 돌아가는 최초의 상용 데이트 서비스였다.

독신 뉴욕 시민들이 이용할 수 있었던 TACT는 도시 거주자들에게 5달러를 과금하고 복수 선택이 가능한 100가지의 질문에 답하도록 요구했는데, 질문들은 정치에서 헤어스타일에 이르

---

* 컴퓨터를 이용한 하버드의 짝짓기 행사 – 옮긴이

는 다양한 주제를 다뤘다. 그다음 알트페스트와 로스는 조사 결과를 취합해 천공카드에 옮겼다. 이어서 IBM 1400 시리즈 컴퓨터에 입력했고 컴퓨터는 각 사람당 다섯 명의 상대를 추천해줬다. 1년 내에 5,000명의 사람들이 연애 상대를 찾기 위해 최초의 데이팅 알고리즘에 등록했다. 이 서비스는 변화 중인 월스트리트 세계와 서서히 시작되는 자동화의 유혹을 받은 로스가 금융 분야 경력을 위해 떠나는 바람에 불과 몇 년 동안만 지속됐다. 그는 컴퓨터 데이팅이 일시적인 유행일 것이라고 생각했다고 말했다.[11]

그 유행은 30년 동안 휴지기에 있었지만, 2011년에는 40억 달러 규모의 산업이 됐으며 나날이 성장 중이다. 오늘날 결혼하는 여섯 쌍 가운데 한 쌍은 인터넷 데이팅 사이트에서의 만남으로부터 시작된다.[12] 나의 이전 동료 중 한 명은 이하모니eHarmony에서 수백 가지의 변수와 고유의 코드 기반을 가진 알고리즘 덕분에 자신의 아내를 만났다. 이런 알고리즘은 수십 억까지는 아닐지 몰라도 족히 수백만 달러의 가치는 있을 것이다. 데이팅 웹사이트인 이하모니는 사람들을 29가지 핵심 특성으로 평가해주는 258가지의 질문을 기초로 사람들을 연결해준다. 사용자들은 직접 데이트 상대를 고르도록 허용되지 않으며, 알고리즘이 모든 것을 판단한다.

이하모니의 알고리즘은 갤런 버크월터Galen Buckwalter의 연구를 기반으로 하는데, 갤런은 웹 회사에 몸담기 전에는 서던캘리포니아 대학교의 심리학 교수였다. 이 사이트는 이제 미국 전체 결혼의 2퍼센트가 넘는 건수에 관여하고 있다고 주장하는데, 이는 매일 120쌍의 결혼에 해당한다.[13] 다른 알고리즘들도 부지런히 움직이고 있다. 퍼펙트매치닷컴^Perfectmatch.com 은 워싱턴 대학교의 사회학자 페퍼 슈우츠^Pepper Schwartz 가 창안한 알고리즘을 통해 사람들을 연결해준다. 해당 기업에서 밝힌 바에 의하면, 러트거스^Rutgers 대학의 인류학자인 헬렌 피셔^Helen Fisher 는 사랑에 빠진 사람들의 신경학적 궁합을 기초로 케미스트리닷컴^Chemistry.com 을 위한 알고리즘을 개발했다. 또 다른 데이팅 서비스인 오케이큐피드^OkCupid 는 하버드 출신인 네 명의 수학 전공자들에 의해 설립됐는데, 이들은 오케이큐피드 알고리즘에 입력될 수 있는 추가 정보를 얻기 위해 사용자들에게 끊임없이 질문을 던지는 사이트를 구축했다. 이제는 사용자들이 대부분의 퀴즈를 구성한다. 퀴즈들은 다양한 질문을 물어보는 짧거나 긴 조사 과정이 될 수 있으며 그중 일부는 오케이큐피드의 알고리즘에 추가된다. 2012년 현재 이 사이트에는 5만 개가 넘는 퀴즈들이 준비돼 있다.

하지만 알고리즘이 무작위적인 병 돌리기^bottle spinning 게임보다 나은 확률로 우리에게 사랑을 가져다줄 수 있다는 점을 여전히 인정하지 않으려는 과학자들이 있다. 노스웨스턴 대학의 사회 심리학 교수인 엘리 핀켈^Eli Finkel 과 UCLA의 같은 과 교수인 벤자민 카니^Benjamin Karney 는 대규모 데이팅 사이트의 기반이 되는 알고리즘에서 최고의 짝들을 찾기 위해 사용자들을 골라내는 방식이 길거리에서 무작위적으로 사람들을 골라 서로 적합한 짝을 찾는 방식을 능가하지 못한다고 주장한다. 여기에는 뭔가 그럴 만한 이유가 있어 보인다. 오케이큐피드가 자신의 사이트에서 3만 5,000쌍의 커플을 분석한 결과, 수십만 건의 질문들 중에서 관계가 지속될 가능성을 가장 잘 알려주는 질문은 "공포영화를 좋아하세요?"란 질문이었다.

"80년간의 관계 과학에서 밝혀진 믿을 수 있는 결론은 서로 잘 모르는 사람에 대한 정보만으로는 관계가 성공할지 알 수 없다는 것입니다."라고 핀켈은 말한다.[14]

핀켈과 카니의 말에 의하면, 알고리즘이 실패하는 이유는 대부분의 관계가 커플이 돼 시간을 함께 보낸 이후에 생긴 문제로 인해 깨진다는 점이다.[15] 이 교수들의 의견은 스트레스하에서 사람들이 커뮤니케이션하는 방식과 다른 사람들과 얽힌 문제를 풀어가는 방식이 장기적으로 관계의 방향이 어떻게 될지 훨씬 더 잘 알려준다는 것이다. 하지만 데이팅 알고리즘 개발자들이 학자들이 논하는 바로 그 특성들을 분별할 수 있는 방법을 찾으려 할 것이라는 점에는 의심의 여지가 없다. 그들이 결국 성공하리라고 믿는 데는 그럴 만한 이유가 있다. 7장에서 테리 맥과이어^{Terry McGuire}가 보여주겠지만, 알고리즘은 이미 우리들의 글을 읽고서 자간에 숨겨진 진정한 의미를 읽어낼 수 있다. 알고리즘은 우리들의 생각을 알고 있다.

6

닥터 봇 호출

의사용 탁상 편람^{PDR, The Physicians' Desk Reference}은 제약 회사의 처방 정
보와 그들이 제조한 모든 약품 사용법이 함께 실려있는 책이다. 주
보건의료국^{Primary Care office}*에서 이 책을 본 적이 있을지도 모르겠
다. PDR은 연 단위로 업데이트되는데, 2012년 판은 3,250페이지
에 달한다. 이론적으로는 투약량, 부작용, 합병증, 잠재적으로 위험
한 약품 조합 등에 대해 매년 수천 건에 달하는 이 책의 업데이트
내용을 의사들은 모두 알고 있어야 한다. 하지만 가장 박식한 연구
자라고 할지라도 이 책에 실려 있는 정보를 습득하고 잊지 않기란
쉽지 않은 일일 것이다. 솔직히 말하자면, 이 책은 의사가 약품에
대해 완벽히 알지 못하거나 관련된 모든 사항들을 이해하지 못할
때 참조하는 참고서다. 그러나 의사 역할을 하는 알고리즘은 PDR
에 실려 있는 정보를 입력받아서 수 초 내에 메모리에 집어넣을

---

* Primary Care는 1차 진료를 의미하며, 이 책에서 Primary Care Office는 주 정부 내에 있는 1차 의
  료정책을 총괄하는 기관을 의미하는 것으로 판단해 가장 적합하다고 생각되는 표현으로 옮겼다. ─
  옮긴이

수 있으며, 제약 회사들이 추가하는 새로운 데이터를 기반으로 세부적인 수정사항을 자체적으로 끊임없이 업데이트할 수 있다. 표면상으로 보기에 의료는 가장 해킹과 관련 없을 것처럼 보이지만, 이미 알고리즘 때문에 들썩거리고 있는 것이 진실이며 진정한 변화는 아직 시작되지도 않았다.

생명의 중재자

2004년, 포커 알고리즘의 창안자인 투오마스 샌드홀름은 청중 가운데 앉아서 연설자와 그의 이야기에 빠져들고 있었다. 하버드의 경제학자인 앨 로스^{Al Roth}는 프랑스 마르세이유에서 열린 게임이론 협회 세계회의에서 연설 중이었다. 로스는 혈액형, 위치, 건강, 나이, 친척 등 각각의 기증자와 수령자가 가진 특성을 다루는 데 있어서 신장 이식 네트워크가 직면하고 있는 도전들에 대해 설명하고 있었다.

미국을 비롯해 전 세계에서 수만 명의 대기자들이 기다리고 있는 상황에서 기증자와 환자 간의 연결 숫자를 최대화하는 일은 이식 시스템이 해결해야 하는 가장 큰 임무다. 인간의 장기를 최대한 많은 수령자에게 연결시키는 데 사용되는 방법론은 지난 수십 년 동안 수도 없이 바뀌었지만, 잠재적인 수천 쌍의 연결은 여전히 충족되지 않고 있다. 그렇게 된 원인은 복잡다단하지만, 고치지 못할 정도로 복잡한 것은 아니다.

샌드홀름은 연설을 듣던 중에 1년에 이뤄지는 이식 횟수를 늘리기 위해 장기 기증 네트워크가 어떤 방식으로 게임이론을 실험하고 있는지에 대해 로스가 설명하기 시작하자 자세를 고쳐 앉았다. 로스 본인은 매년 2만 5,000명이 넘는 미국 의대 졸업생들에게 레지던트 실습 병원을 연결시켜주기 위해 게임이론을 활용하는 데 앞장섰다. 그의 시스템이 구축된 1995년 이전까지, 미국의 레지던트 프로그램은 최고의 후보자들을 받지 못하는 병원에서부터 배우자로부터 떨어져 지내야 하거나 자신이 전공한 분야가 취약한 병원으로 발령이 난 후보자에 이르기까지 거의 모두를 불편하게 만드는 것으로 악명이 높았었다.

또한 로스는 700개의 다양한 공립 고등학교에 입학 가능한 뉴욕시의 8학년 졸업생에게 학생의 선호도, 학교의 규율, 입학 정책, 위치를 기준으로 가장 잘 맞는 학교를 배정시켜주는 알고리즘을 개발했다. 이 알고리즘 이전의 배정 과정은 엉망진창이었다. 교육 당국의 한 관리는 배정 과정을 중동의 혼란스러운 바자회에 비유했다. 배정 프로그램은 너무나도 비효율적이어서 오직 66퍼센트의 학생들만이 참여했다. 이제 로스의 알고리즘은 뉴욕시 8학년 졸업생 93퍼센트의 미래를 결정한다.[1]

고등학교에 대한 작업을 마친 다음에, 로스는 까다로운 신장 기증 네트워크에 게임이론을 적용하기 위한 작업을 시작했다. 이 문제는 훨씬 복잡했다. 환자의 상태와 장기의 이용 여부에서부터 일부 참여자들의 참여 의사에 이르기까지 장기 이식 사슬 내에서는 금세 변화가 일어날 수 있다. 마르세이유에서 로스는 문제들의 급격한 변화 양상이 자신의 팀 작업에 어떤 영향을 끼쳤는지 설명했다. 이식 후보자군이 증가함에 따라 문제의 복잡성이 기하급수적으로 증가했다고 그는 청중들에게 설명했다.

로스의 연설 도중에 샌드홀름은 경제학자들로 가득 찬 방을 둘러봤다. 그는 어느 누구보다 자신이 이 문제를 해결하는 데 적임자라는 생각이 들기 시작했다. "이건 경제학적 문제가 아니라는 짐을 깨달았습니다. 컴퓨터과학 문제였죠."

병마가 누군가의 신장에 타격을 가해 신장이 고장나면, 환자에게는 두 가지 선택이 주어진다. 하나는 자기 신장 중 하나를 기증하려는 사람을 찾는 것인데, 이 경우 환자들은 대부분 비교적 정상적인 삶을 살 수 있다. 신장 기증자를 찾을 수 없는 경우라면 투석을 받아야 하는데, 일주일에 수차례, 회당 4~5시간씩 기계가 혈액에서 과다한 소금과 독성 물질을 걸러낸다. 세 번째 선택은 사망이다. 2,000만 명이 넘는 미국인들이 만성 신장 질환을 안고 살아가며, 35만 명이 정기적인 투석 치료를 받고 있다.[2] 미국이 매년 400억 달러를 투석 치료에 사용한다는 사실에도 불구하고, 미국 투석 환자 중 20퍼센트가 매년 죽어가고 있다.[3]

2004년 연설에서 로스는 이른바 페어 매칭pairs matching의 가능성에 대해 강조했는데, 당시에는 페어 매칭으로 처리되는 이식은 1년에 수십 회에 불과했다. 페어 매칭은 환자의 친척이나 친구가 기증하려는 의사가 있는데도, 환자의 몸에서 기증자의 신장이 받아들여지지 않을 때 일어난다. 다른 이유도 있을 수 있겠지만, 대개는 혈액형이 맞지 않아서였다. 이때 비슷한 상황에 놓인 다른 두 번째 쌍이 있다고 하자. 우연히 두 번째 기증자가 첫 번째 환자와 맞고 첫 번째 기증자가 두 번째 환자와 맞다면, 두 쌍 간의 이식이 성립될 수 있다. 하지만 필요한 모든 매칭 조건에 부합되는 쌍을 찾을 가능성은 희박하다. 최소한 이론적으로는 더 많은 쌍을 모집 단에 집어넣을수록 가능한 매칭이 늘어날 것이다. 하지만 수천 쌍을 한 통에 집어넣고 효과적으로 정리하는 일은 매우 복잡하다.

앨 로스가 페어 매칭을 위해 새로운 기법을 연구하기 전에는 스 프레드시트나 별다를 바 없는 도구를 이용해 수작업으로 매칭을 찾았다. 누가 봐도 확실한 매칭이 아니라면, 그런 이식은 이뤄지지 않았다. 로스의 연구 전에는 사실상 미국 어디에도 신장 매칭을 위 한 전국적이거나 지역적인 풀이 존재하지 않았다. 로스는 풀에서 쌍을 조합하는 가장 효과적인 방법을 자동으로 찾는 시스템을 개 발했지만, 알고리즘이 처리할 수 있는 숫자에는 한계가 있었으며 로스는 마르세이유의 강단에서 이 문제를 애석하게 여겼다.

샌드홀름은 연설이 끝난 후 로스를 쫓아가서, 복잡한 시장 알고 리즘과 세계에서 가장 발전된 포커 봇을 개발하면서 알게 된 기법 을 일부 활용해 매칭 프로젝트에 대해 돕겠다고 제안했다. 샌드홀 름은 설명한다. "신장 매칭 풀 같은 것에 필요한 코드는 작성하기 가 매우 까다롭습니다. 여기까지 도달하기 위해 이런 알고리즘들 에 대한 20년의 경험이 필요했지요."

거대한 풀의 쌍을 분석하는 데 있어 한 가지 문제는 엄청난 경우의 수와 그런 계산에 필요한 컴퓨터 메모리였다. 각 후보자와 기증자는 최적의 조합을 이루기 위해 필요한 혈액형, 체질량 지수, 감염 이력, 기증하거나 수령할 의사가 있는 신장의 좌우 위치, 나이, 혈압, 후보자와의 관계, 혈액 내 항체 타입, 심지어 이동이 가능한 지역과 전반적인 매칭 난이도(특별히 어려운 매칭은 보다 쉬운 매칭 후보에 비해 특별히 다뤄져야 하므로 최우선 순위가 주어진다.) 등 20가지 이상의 변수를 가지고 있다. 이런 모든 요인들 때문에 컴퓨터는 수백만 개의 후보를 검색해 최적의 해결책을 찾아야 하는데, 각각의 계산은 체스판에서 의사결정 트리를 짜는 것보다 더 복잡하다.

샌드홀름의 작업 이전에는 페어 매칭이 수천 개의 풀 이상으로 확장될 수 없었다. 그러나 그는 컴퓨터가 메모리를 낭비하지 않고서도 방대한 계산을 처리할 수 있는 방식으로 새로운 알고리즘을 만들고 코딩했다. 그는 포커 봇 제작에 활용했던 기법을 동원함으로써 전체가 아닌 가장 중요한 비트만 알고리즘이 기억하도록 지시했다. 필요할 경우 알고리즘은 비어있은 비트의 근사치를 계산할 수 있었다. 풀의 규모를 키우고 그것을 처리할 수 있는 봇을 개발한다면, 더 많은 생명을 살려낼 수 있었다. 그것이 가장 중요한 점이었다.

2010년 후반에 비영리 조직인 미국 장기이식센터[UNOS, United Network for Organ Sharing]가 운영하는 전국적 페어 매칭 풀이 샌드홀름의 알고리즘을 이용해 쌍을 찾아내기 시작했다. 한 달에 한 번씩 샌드홀름의 알고리즘은 풀을 뒤져서, 가능한 한 최대 숫자의 매칭을 찾아냈다. UNOS는 2011년 후반 풀의 숫자를 샌드홀름이 말한 '임계치critical mass'에 도달하게 만들려는 목적으로 풀을 공개하기 시작했다.

UNOS 페어 매칭 풀은 지역 신장 이식 네트워크로부터 참여자들을 모으고 있는데, 더 많은 사람들이 페어 매칭 풀에 등록할수록 이 프로그램의 위력은 점점 더 커질 것이다. 그 결과로, 중요한 임계치에 도달한다면 매칭이 어려운 후보든 매칭이 쉬운 후보든 간에 자신의 삶을 연장할 수 있는 크나큰 기회를 얻게 된다. 2010년 후반에 풀이 공개됐을 때는 오직 140쌍만이 참여했는데, 이 데이터로 처음 알고리즘을 돌린 결과 12개의 매칭만이 이뤄졌다.

작은 풀에서는 혈액형, 위치, 면역 부족 또는 복합적인 요인 때문에 짝을 찾기 어려운 매칭 하나가 전체 시스템을 교착 상태에 빠지게 할 수 있다. 매칭이 어려운 그 환자는 짝이 맞는 기증자를 가지고 있을 수도 있는데, 해당 기증자의 장기가 다른 수많은 어려운 매칭을 충족시켜줄 수도 있지만, 해당 환자가 맞는 매칭을 찾기 전까지 그 장기를 다른 환자에게 사용할 수는 없을 것이다. 이런 상황은 불과 수백 쌍을 가진 작은 풀에서는 해결하기 어려운 문제로 드러날 수도 있다. 하지만 풀이 1,000명 이상의 참가자를 포함할 수 있는 정도로 커지면(샌드홀름은 1만 명까지 처리할 수 있도록 봇을 설계했다.), 거의 언제나 맞는 퍼즐 조각이 있게 마련이며 그에 따라 뒤의 사람들도 매칭을 찾을 수 있다. 그것이 샌드홀름이 말한 임계치다.

"투오마스의 알고리즘은 매칭이 어려운 환자들에게 정확하게 들어맞는 신장을 찾을 수 있다는 현실적인 희망을 줍니다. 그리고 그런 희망이 그들에게 살아야 할 이유를 주죠."라고 UNOS 패어 매칭 프로그램을 운영하는 러스안 한토^{Ruthanne Hanto}는 말한다.

당신만의 닥터 봇

여러분은 다음과 같은 의사에게 진료를 받고 싶지 않은가?

- 언제나 쉽게 진료받을 수 있는
- 당신의 강점과 약점을 모두 알고 있는
- 당신의 과거 상태를 통해 알 수 있는 어떤 위험 요인이라도 모두 알고 있는
- 당신의 의료 이력을 전부 알고 있는
- 절대로 부주의한 실수를 저지르지 않고 부정확한 처방을 내리지 않는
- 언제나 최신 치료법과 의학적 발견을 빠짐없이 파악하고 있는
- 나쁜 습관이나 관습에는 절대로 빠지지 않는
- 맥박, 콜레스테롤, 혈압, 체중, 폐활량, 골밀도, 과거 부상 이

력 등 당신의 기본 수치를 빠짐없이 기억하고 있는

- 언제나 당신을 모니터링하는
- 심장 박동, 서서히 증가하는 혈압, 콜레스테롤 증가, 또는 초기 단계의 암을 나타낼 수 있는 당신이 내뿜는 숨의 흔적 변화까지 아우르며 언제나 문제의 조짐을 찾는

이런 일들을 할 수 있는 인간 의사는 존재하지 않는다. 하지만 알고리즘은 이런 일을 그것도 모조리 할 수 있다. 아직은 적지만 점점 더 많은 병원들에서 입원 환자를 진단할 때 알고리즘을 참조하는 일이 최우선 업무가 되고 있다. 병상에서 알고리즘이 유용하다는 증거는 나날이 늘어나고 있다. 표준 치료에서 알고리즘을 활용하는 병원들은 좀 더 적은 합병증, 좀 더 정확한 초기 진단, 좀 더 낮은 치사율은 물론 좀 더 낮은 비용을 자랑하고 있다.

대부분의 사람들은 봇이 더 많은 생명을 구할 수 있고 기존 모델보다 훨씬 더 많은 이식이 이뤄지게 할 수 있다는 점이 분명하다면, 장기를 분배하는 알고리즘을 기꺼이 용인하려고 할 것이다. 하지만 변화가 자신의 의사와 정기적인 의료 진료에 영향을 미친다면 사람들은 주저할 것이다. 의료 문제에 있어서 불만은 잘못된 정보나 공포, 탐욕 등에 의해 유발된 것이라 할지라도 간단치 않은 것일 수 있다. 일부 보험사가 실제 살아있는 의사가 진행하는 건강진단을 알고리즘에 의한 지속적인 모니터링으로 바꾸자고 제안한다면, 어떤 불같은 반응을 겪게 될지 상상해보라. 알고리즘은 일

정 수준까지는 의사를 대체할 수밖에 없으며, 이는 보기보다는 오싹해 보이지 않는 전망이다. 하지만 건강 문제에 이르게 되면 많은 사람들의 태도는 다음과 같이 요약될 수 있다. '변화는 나쁜 것이며 변하지 않는 것이 좋다'.

그럼에도 사람들은 여전히 컴퓨터 기반의 알고리즘 진단과 치료에 대해 거부감을 갖기 마련이다. 미국은 이미 매년 2조 6,000억 달러를 의료 서비스에 사용하고 있다. 이는 GDP의 18퍼센트에 달하며 미국보다 장수할 뿐만 아니라 영아 사망률도 낮고 대체적으로 훨씬 질 좋은 노년기를 보내고 있는 이웃 국가들에 비해 훨씬 높은 비율이다.[4]

의료 서비스에는 알고리즘이 활용될 수 있는 여지가 무궁무진하다. 우선적으로 바꿀 수 있는 건 검사 결과를 분석하는 방법이다. 자궁 경부암 검사에서부터 MRI와 CT 스캔에 이르기까지 검사 주기, 복잡성, 비용은 지난 20년 동안 의료 서비스 비용이 폭발적으로 증가한 주요인이었다. 어딘가 불편해 보이는 누군가가 의사를 찾아가면, 그들은 종종 증상이 어떻든 간에 연이은 검사를 받아야 했다. 그런 한바탕의 검사가 끝나고 나면, 대개 또 다른 검사가 이어지곤 한다. 심지어 검사가 필요하지 않을 가능성이 99.9퍼센트일 때도 대개는 강제적으로 행해진다. 이 결과, 검사를 시행하는 측에서는 손쉽게 막대한 수익을 거둘 수 있다. 이는 자본주의가 대부분의 경제 시스템에서는 효과적인 패러다임이지만, 의료 서비스 관리에서는 효과적인 방법이 아니라는 점을 입증하는 것이다.

굳이 이를 지지하는 수많은 통계를 들이댈 필요도 없다. 의료 서비스에 들이는 1인당 비용이 미국의 10퍼센트에도 못 미치는 쿠바가 기대 수명에서 미국과 거의 동일한 수준(78세)을 나타내고 있기 때문이다.

하지만 여기서 이데올로기를 논하려는 것은 아니다. 알고리즘이 미국의 현재 시스템을 개선할 수 있다는 점에 대해 논하려는 것이며, 알고리즘은 이런 모든 검사들의 기본 검사자, 관찰자, 분석자가 됨으로써 그런 일을 주도할 수 있다. 이전에는 방사선 전문의나 병리학자의 값비싼 진료가 필요했던 검사를, 미래에는 알고리즘이 문제없이 해낼 것이다. 실제로는 더 잘 해낼 것이다.

원래는 팹 스미어Pap smear(이 검사를 창안한 그리스인 게오르지오스 파파니콜라우Georgios Papanikolaou의 이름을 따서 지어진)라고 불렸던 자궁 경부암 검사Pap test를 예로 들어보자. 이 검사는 1940년대에 처음 도입된 이후로 미국의 자궁암 사망률을 90퍼센트 이상 줄였다.[5] 이 검사는 여성의 자궁에서 채취한 작은 샘플 세포 조각을 조사한다. 세포 조각은 첫 번째로 세포검사 기사에게로 전달되는데, 이 기사는 암의 가능성을 나타내는 세포 내의 비정상적인 징후를 검사하는 한 가지 일에 전문적으로 훈련된 사람이다. 그다음 의심스러운 세포 조각은 병리학자에게 건네지는데, 이 사람은 1년에 30만 달러 이상을 버는 의학 박사다. 이미 세포검사 기사를 대체할 수 있는 알고리즘은 존재한다. 더욱 좋은 점은(만일 당신이 세포검사 기사라면 더 나쁜 점은) 예전에 분류된 이미지에서 암을 나타내는 것으로 알려진 징후와 유사한 시각적 단서를 각 이미지에서 검색함으로써, 인간 경쟁자에 비해 더 많은 암의 사례를 찾는 데 도움이 된다는 것이다. 검사에 필요한 장비 일부를 제조하는 의료 기술 회사인 BD에 의해 행해진 한 연구에 의하면, 세포검사 기사와 함께 알고리즘을 활용한 실험실은 암 사례의 86퍼센트를 찾아냈으며, 알고리즘 없이 검사한 실험실은 79퍼센트를 찾아냈다.[6] 의료 스캐닝에서 알고리즘 활용의 증가는 암과 같은 질병을 조기 발견하고, 의료 스캐닝에 수반되는 가장 위험한 이슈인 위음성false negatives*의 가능성을 최소화할 것이다. 점진적인 개선만으로도 수천 명의 삶을 바꿀 수 있다. 미국만 해도 매년 5,500만 건의 자궁경부암 검사가 행해진다.[7]

또 다른 경우에서는 알고리즘이 폐암의 징후가 될 수 있는 이른바 폐 노쥴lung nodule을 검색하는 데 있어 단독으로 검사하는 방사선 전문의를 능가했다. X레이의 발전된 형태인 MDCT 스캔을 분석하는 알고리즘을 활용하는 의사들은 노쥴 발견에 있어 16퍼센트의 향상을 보였는데, 노쥴을 조기에 발견하면 생존율이 15퍼센트도 채 되지 않는 폐암의 말기와 중기 이전에 환자를 구할 수 있다. 뉴욕 로체스터Rochester에 소재한 엘리자베스 웬드 브레스트 클리닉Elizabeth Wende Breast Clinic이 진행한 또 다른 연구에서는 알고리즘을 진단 해석기로 활용한 결과, 유방 조영상mammogram 스캔에서 위음성 발생이 39퍼센트 감소된 것으로 나타났다. 이는 인간이 일반적으

* 본래 양성이어야 할 검사 결과가 잘못돼 음성으로 나온 경우 - 옮긴이

로 놓치는 암이 알고리즘에 의해 훨씬 높은 비율로 탐지된다는 뜻이다.[8] 유방암 조기 진단에 도움이 된다는 자체 연구 결과가 나온 이후에 스탠포드 대학 암 연구소는 이미 방사선 전문의에 이어 알고리즘이 모든 유방 조영상을 스캔하고 있다.[9]

미국 의료 서비스에서 통제를 벗어난 검사 비용을 억제하려는 첫 번째 시도는 일부 검사 분석을 잘 숙련된 인도 의사에게 보내는 것이었다. 다음 과정이나 궁극적인 해결책은 이 모든 일거리를 알고리즘에 넘기는 것이다. 완성된 알고리즘은 인도, 미국 또는 그 어느 나라의 인간보다 훨씬 더 잘 해낼 것이다.

스캔, 검사, 환자 메타데이터를 해독하는 사람들의 일자리는 분명히 위협받고 있다. 이런 인력들만큼 위협받고 있는 건 약물을 판단하고 나눠주는 사람들이다. 도시 지역의 약사들은 1년에 13만 달러 이상의 수입을 올릴 수 있다. 그들의 일은 스트레스가 심하고 섬세하지만, 약사들에게는 안타깝게도 손쉽게 계량화될 수 있다. 이는 이 직업이 봇의 침투에 안성맞춤이며, 그런 상황이 임박했다는 뜻이다. 2011년 캘리포니아 대학교 샌프란시스코 캠퍼스[UCSF]는 한 대의 로봇 외에는 아무도 없는 약국을 열었다. 스위스의 물류 회사인 스위스로그[Swisslog]가 UCSF를 위한 로봇을 1,500만 달러에 제작했다.

이 기계는 병원과 약국 사이에 이미 오가고 있던 전자 메시지로부터 직접 정보를 수신하며, 특수하게 설계된 벽에 구축돼 있는 수천 개의 큰 상자에서 약을 뽑아 포장하는 길고 민첩한 팔을 가지고 있다. 봇은 환자의 상태, 알레르기, 복용 중인 다른 약을 비롯해 환자에 관한 모든 정보를 받는다. 알고리즘은 재빨리 새로운 처방과 기존 복용약 간의 상호작용 및 부작용을 체크해 해로운 약물 작용을 미연에 방지한다. UCSF 기계에 있는 알고리즘은 최신 약학 정보를 읽는 데 따로 시간이 필요하지 않다. 제약 회사로부터 전자 메시지를 통해 최신 약품 정보를 받아서 곧바로 흡수한다. 이 기계는 인간과 달리 아무것도 잊어버리지 않는다. 기계가 실수를 저지르지 않는다는 뜻이 아니다. 최고로 잘 짜여진 프로그램일지라도 버그의 영향을 받을 수 있다. 하지만 버그는 손쉽게 고칠 수 있는 것이며, 알고리즘은 약을 나눠주는 봇에 동시 다발적인 테스트를 실행해 로봇 약사에게 안전을 위한 가외성을 구축해 넣을 수 있다.

샌프란시스코의 봇은 현재까지 단 하나의 실수도 저지르지 않고 200만 개의 처방약을 조제했다. 그리고 약이 포장되는 동안에 인간의 손이 닿지 않으므로 오염될 가능성도 사라졌다.

그렇다면 인간이 어떻게 경쟁할 수 있단 말인가? 조제 오류율에 대해서는 이상하리만치 데이터가 부족한데, 현존하는 드문 몇 가지 연구는 끔찍한 수준인 4퍼센트의 오류율에서부터 훨씬 더 끔찍한 수준인 10퍼센트까지의 결과를 보여준다.[10] 하지만 업계 내에서 받아들여지는 보수적인 수치는 대략 1퍼센트다. 미국 약사협회 American Pharmacists Association가 50개 약국을 대상으로 수행한 전국 조사는 평균 오류율을 1.7퍼센트라고 보고했다.[11] 이런 수치는 모두

공포스럽다. 매년 미국에서는 37억 개의 처방약이 조제되고 있는
데, 이는 가장 보수적인 수치라고 할지라도 매년 3,700만 건이 넘
는 조제 오류가 있다는 뜻이다. 미국 약사협회는 실제로는 이 수치
보다 훨씬 높은 5,150만 건 정도일 것으로 예측했다.

　이런 오류가 환자, 우리의 의료 시스템, 제약 과정에 관련된 모
든 이들에게 전가하는 비용은 막대하다. 과로와 인력 부족, 더 많
은 오류로 이어지는 전국적인 약사 부족이 약사들에게도 달갑지
만은 않다. 이런 역할에서 알고리즘을 활용하는 로봇에 대한 수요
는 부정하기 어렵다. 약을 골라내고, 약물 상호작용을 상호 대조하
며, 분량과 투약이 정확한지 체크하는 일은 알고리즘을 활용하는
로봇에게 안성맞춤이다. 계량화하지 못할 일은 거의 없다. 이 문제
에는 사업적 측면 역시 존재한다. 미국에서 가장 큰 약국 체인인
월그린Walgreens은 2006년과 2007년에 걸친 13개월 동안에 치명적
인 처방 오류와 관련돼 피소된 소송 건에서 네 차례 판결을 받았
는데, 보상금 지급액이 모두 6,100만 달러를 초과했다.[12] 월그린이
그런 손실을 대차대조표에서 없앨 수 있다면? 월그린은 그런 손실
을 없앨 수 있으며, 그렇게 하려고 할 것이다.

하지만 의사의 진찰은 어떨까

선마이크로시스템스의 공동 창립자이자 현존하는 벤처 캐피털리
스트 중에서 가장 선견지명이 있는 인물인 비노드 코슬라Vinod Khosla

는 알고리즘이 의료 서비스를 개선할 것이라고 믿는 많은 현명한 사람들 중 한 명이다. "결국에 우리는 일반적인 의사는 필요로 하지 않게 될 겁니다."라고 코슬라는 기고한 바 있다. 그는 알고리즘이 우리 의료 수요의 90~99퍼센트를 좀 더 저렴한 비용으로 좀 더 훌륭하게 충족시켜줄 것이라고 내다봤다.[13]

하버드 의사이자 「뉴요커」 지의 탁월한 필자인 제롬 그루프먼 Jerome Groopman처럼 동의하지 않는 영향력 있는 인물들 역시 존재한다. 그루프먼은 알고리즘과 근거 중심 의학evidence-based medicine에 의존하는 건 위험하며, 이런 방식은 의사들의 사고방식을 바꿔서 이미 다른 의사들이 오진한 희귀병을 효과적으로 진단하는 데 어려움을 겪게 만들 수 있다고 말한다.[14]

하지만 의사를 한두 번 찾아간다고 하우스House*처럼 다 해결되는 건 아니다. 그루프먼이 밝힌 바대로, 앤 닷지Anne Dodge는 마치 지옥과도 같았던 15년간 수십 명의 의사들이 헛발질한 후에 통찰력을 지닌 위장병 학자를 만나 생명을 건졌다. 이와 같이 고치기 어려워 보이는 경우에 가장 유연한 진단 사고방식을 가진 의사들을 찾지 않을 이유는 없다. 닷지는 신경성 식욕 부족증anorexia과 식욕 이상 항진bulimia으로 진단받았으며, 체중이 37킬로그램으로 줄어든 후에 체중 증가를 위해 곡물과 탄수화물을 섭취하라고 권고받았다. 이런 권고가 그녀를 죽이고 있었다. 위장병 학자인 마이론 펄척Myron Falchuk 박사는 최종적으로 그녀를 만성 소화 장애증celiac

---

* 병원을 전문으로 다룬 미국 드라마 – 옮긴이

disease으로 진단했는데, 장기가 밀의 주요 단백질인 글루텐^{gluten}을 정상적으로 소화할 수 없는 병이었다.[15]

도대체 왜 펄첵 같은 인재에게 그런 분야에서 일하는 전문가들이 매일 같이 다루는 일상적인 업무와 진료로 부담을 줘야 한단 말인가? 어려운 건 펄첵 같은 해결자들에게 넘겨주고, 지난 주에 걸린 감기라든가 작년에 걸린 축농증 같은 나머지는 알고리즘에게 넘겨야 한다. 알고리즘은 저렴하고, 정확하며, 나날이 똑똑해지고 있다.

대다수 의사들도 어느 정도까지는 알고리즘적인 의료에 익숙하다. 레지던트와 심지어 나이 먹은 의사들까지도 종종 새로운 환자를 판단할 때 진단용 커닝 페이퍼에 의존하곤 한다. 하지만 종이의 유용성에는 대가가 있다. 또 다른 의사이자 작가인 텍사스 보건과학센터$^{Texas Health Science Center}$의 프레드 허버트$^{Fred Herbert}$ 교수는 알고리즘을 종이로 프린트하면 미로 같아 보이고 페이지 전체를 차지하게 된다고 불평한다. "단계도 너무 많은데다 방향을 가리키는 화살표도 너무 많아서, 결국 뭘 나타내는지 이해하는 건 포기했습니다." 그런 문제는 모든 과정의 요지를 인쇄된 종이에 보여주지 말고 아이패드 앱에다 집어넣은 다음, 입력한 사항만 의사에게 물어보면 손쉽게 해결된다. 하지만 그런 가능성마저도 많은 의사들을 설득시키지 못한다. 허버트는 수학자는 수치를 다루는 사람들이고 의사는 환자를 다루는 사람들이라고 주장한다. 환자를 숫자처럼 취급하는 건 "개탄스러운 경향"이라고 그는 말한다.[16]

하지만 반대쪽을 지지하는 증거들이 쌓여가고 있다. 유타^{Utah}주의 인터마운틴 메디컬 센터^{Intermountain Medical Center}는 데이터와 알고리즘을 이용해 병원의 성과를 향상시킴으로써, 전 세계에서 가장 탁월한 치료 센터 중 하나가 됐다. 인터마운틴에서 활용된 방법론을 관찰하기 위해 스위스에서까지 연구자와 의사들이 찾아올 정도다. 인터마운틴의 성공을 이끌고 있는 인물인 브렌트 제임스^{Brent James} 박사가 의과 대학에 진학하기 전인 학부 시절에 유타 대학에서 물리학과 컴퓨터과학을 공부했다는 사실은 놀랍지 않다.

제임스는 환자 치료 방법을 결정할 때 단순히 의사의 직감에 의존하기보다는 데이터에 의존하는 시스템을 구축했다. 인공호흡 장치 설정에서부터 심장마비 후의 스텐트^{stent} 시술에 이르기까지 병원이 처리하는 모든 일들이 추후 알고리즘에 의해 검토될 수 있도록 차트화, 분석, 보고된다. 인터마운틴에서 만들어진 데이터만 활용해도 제임스는 환자의 상태에 따라 병원이 따라야 하는 절차를 개선할 수 있었다. 알고리즘은 수집된 이전 사례 데이터들을 검색해 인터마운틴의 의사들에게 미래의 진찰과 치료 과정에 대한 정보를 제공한다.[17]

결과에는 논쟁의 여지가 없었다. 자신들만의 데이터를 활용해 인터마운틴은 관상동맥 바이패스 수술^{coronary bypass surgery}의 사망률을 1.5퍼센트로 낮췄는데, 전국 평균은 3퍼센트다. 폐렴 환자의 사망률은 전국 평균에 비해 40퍼센트 줄였다. 그리고 조산아의 비율은 전국 나머지보다 훨씬 낮다. 미국에서 조산아의 증가 경향은 널리 알려져 있다. 세계보건기구^{World Health Organization}에 따르면, 미국의 조산아는 지난 20년 동안 36퍼센트 증가했다. 하지만 인터마운틴에서의 비율은 병원이 분류, 계량, 분석한 수만 가지 사례를 참고로 한 치료 절차 때문에 실질적으로 감소했다. 모두 합치면 제임스와 인터마운틴은 이 병원 환자의 절반 이상에 해당하는 50가지 이상의 임상 조건에 대해 성공적인 결과를 증가시켰다.[18] 제임스의 성과는 의문을 낳는다. 우리는 의사를 원하는 것인가? 아니면 봇만으로도 괜찮은 것인가?

제임스는 「뉴욕 타임스」에서 기술 회의론자에 대해 이렇게 말했다. "철학 논쟁은 필요 없습니다. 사망률을 보여주세요. 그러면 믿겠습니다."[19]

여기까지는 병원에서의 치료 표준에 관한 것일 뿐이다. 예방 치료는 보통 진찰실에서 시작되지만, 알고리즘은 이 분야에서도 효율을 향상시킬 수 있다. 결국 알고리즘은 모바일 폰에서부터 우리들의 일반 건강을 향상시키기 시작할 것이다. 세계에서 가장 존경받는 벤처 캐피털인 세쿼이아 캐피털^{Sequoia Capital}은 2010년 에어스트립^{AirStrip}이란 회사에 투자했는데, 이 회사는 환자 데이터를 곧바로 의사가 소유한 아이폰, 아이패드 등의 기기로 실시간 제공하려는 시도로 2012년 2월 추가 펀딩 라운드까지 합해 3,000만 달러 이상을 끌어들였다. 다음 차례는 홈 모니터링으로, 앱이 우리를 가정과 직장에서 모니터링하면서 지속적으로 우리들의 장기를 스캔해 문제의 징후를 조기에 포착한다. 에어스트립의 가정용 앱 초기 버전은 울혈성 심부전congestive heart failure의 결과를 개선하는 데 초점을 맞출 예정인데, 이 병은 미국 국립보건원 심장, 폐, 혈액 연구원 National Heart, Lung, and Blood Institute에 따르면 미국에서 600만 명에게 영향을 미치고 있다.[20]

독일의 기술 기업인 필립스는 기기의 카메라를 활용해 화면을 바라보는 사람의 몇 가지 중요 수치를 측정하는 아이폰 및 아이패드 앱을 만들었다. 필립스의 알고리즘은 우리 얼굴에서 보이는 이미지 픽셀의 미세한 색상 변화를 조사해 상당히 정확한 맥박수를 알아낼 수 있다. 사용자의 호흡수를 측정하기 위해 알고리즘은 사용자의 심장 움직임을 관찰한다. 필립스는 수년간 혁신을 위해 좀 더 진보된 알고리즘을 연구하고 있다고 밝혔었지만, 2011년 선보인 아이패드2와 아이폰4S라는 새로운 하드웨어 덕분에 이 회사는 이런 알고리즘을 1달러도 되지 않는 가격에 누구나 이용할 수 있도록 만들었다. 필립스와 다른 기술 기업들이 선보일 다음 앱들은 혈압, 체온, 혈액 산화 레벨, 뇌진탕 흔적을 즉시 측정할 수 있게 될 것이다.

우리가 이미 주머니에 가지고 다니던 기기를 통한 실시간 모니터링과 우리 자신의 DNA, 유전자, 선천적으로 취약한 질병에 상세한 정보를 결합하는 일은 우리 시대에 가장 중요한 의학적 진보 중 하나가 될 것이다. DNA 분석은 소요되는 시간과 고가의 비용 때문에 대개 1차 진료에서는 통상적인 절차에 포함되지 않는다. 하지만 우리의 DNA를 신속하게 맵핑하도록 고안된 알고리즘이 적용된다면 이런 상황은 바뀔 것이다. 우리의 유전자와 그 변종에 대한 정보로 무장한 알고리즘은 예방 치료를 새로운 수준으로 끌어올릴 것이다.

호주의 건축 회사에서 사업개발 관리자를 맡고 있는 르네 베이츠^{Renae Bates}를 예로 들어보자. 베이츠는 편도선 절제술로 2006년에 입원했었다. 수술이 순조롭게 끝나고, 담당 의사들과 간호사들은 그녀를 수술대에서 쉬도록 내버려둔 채 손을 씻기 시작했다. 베이츠는 전 세계에서 가성 콜린에스테라제^{pseudocholinesterase} 결핍에 걸린 5퍼센트의 사람에 속했는데, 이 병은 수술 과정의 긴 마취 시간으로 인해 그녀를 취약하게 만들었다. 그녀가 수술대에서 사경을 헤매고 있을 때, 간호사 중 한 명이 가까스로 이를 알아채서 수술팀은 튜브를 통해 그녀의 호흡을 회복시켰다. 하지만 병원에서 베이츠의 상황에 대해 미리 알았더라면, 그녀를 쉽게 죽이거나 심각한 뇌 손상을 일으킬 수도 있었던 이 사고를 피할 수 있었을 것이다.[21] 23andMe[*] 같은 서비스 덕분에, 우리들 대다수는 이와 비슷한 사고를 미연에 방지할 수 있게 될 것이다. 이 회사는 200달러에 우리로부터 타액 샘플을 우편으로 받아서 자세한 DNA 분석 결과를 회신해주는데, 이 회사의 알고리즘은 우리의 조상에서부터 심장병 위험과 잠재적인 의약 부작용에 이르기까지 흥미로운 요인들을 다각도로 뽑아준다. 참고로, 일부 의사들과 건강 전문가들은 23andMe의 검사는 아무런 유용한 정보도 제공하지 않으므로,

---

* 유전자 검사 전문 업체 – 옮긴이

돈을 낭비하지 말라고 권고하기도 한다. 뉴욕을 비롯한 일부 주 정부는 23andMe와 유사 서비스들에게 그들의 검사가 의학적이기 때문에 규제를 받아야 한다며 정부 보건 부서의 승인을 받으라고 명령했다. 23andMe는 그런 규제가 '지독하게 권위적'이라고 주장하며, 사람들은 자기 자신의 유전자에 포함된 정보에 대한 권리를 가지고 있다고 덧붙인다.

이러한 유전자 스캐닝은 부분석으로는 계량적 헤지펀드인 르네상스 테크놀로지스^{Renaissance Technologies}에서 8년간 일한 후에 2001년 하버드와 MIT의 합동 연구 센터인 브로드 연구소^{Broad Institute}에 합류한 월스트리트 해커인 닉 패터슨^{Nick Patterson} 덕분에 빠르고 저렴해졌다. 브로드 연구소의 연구원들은 너무나 깊은 DNA 데이터 속에서 허우적거리면서 갈피를 찾지 못했었는데, 데이터를 분석하면서 다른 누구도 보지 못하는 패턴을 찾아내는 작업을 통해 돈을 벌었던 르네상스에서의 업무 경험 덕분에, 패터슨은 브로드 연구소를 도울 수 있는 최적의 인물이 됐다. 불과 수백 명의 전체 DNA 게놈^{genomes} 배열 정보로부터 산출되는 데이터가 너무나 많아서, 연구원들은 보통 그 데이터를 인터넷을 통해 다른 사람에게 보낼 수가 없었다. 그 정도 분량의 데이터 전송에는 몇 주가 걸리기 때문이었다. 대신 연구원들은 대용량의 하드디스크를 페덱스로 주고받곤 했다.[22]

패터슨은 DNA 데이터로부터 패턴과 관계를 검색하고 정렬할 수 있는 알고리즘을 작성해 DNA를 분석할 수 있는 속도를 바꿨다. 동시에 그의 알고리즘은 금세기에 가장 큰 진화상의 발견 중 하나를 이뤘다. 수십 년 동안 인간과 침팬지는 특정 시점에 갈라졌다고 일반적으로 이론화돼 왔다. 우리는 한쪽으로 가고, 침팬지는 다른 한쪽으로 갔다는 것이다. 하지만 2006년, 패터슨의 알고리즘은 실제로는 우리가 침팬지와 분리된 것으로 추정되는 시점에서 수백만 년 후까지 함께 지내며 상호 교배하다가 이후에 영원히 분리됐다는 사실을 밝혀냈다. 패터슨의 알고리즘은 또한 인간이 네안데르탈인과 불과 10만 년 전까지 상호 교배했다는 발견에도 이르렀다. 이런 밀회로 인해 인간은 스탠포드의 면역 유전학자인 피터 파햄$^{Peter\ Parham}$이 칭한 '잡종 강세$^{hybrid\ vigor}$'를 얻게 됐고, 지구를 지배할 수 있는 강력한 면역 체계를 갖추게 됐다.[23]

지금으로부터 한 세대가 지나면, 패터슨의 그것과 유사한 알고리즘들이 우리의 DNA를 스캔해 우리가 어떤 질병을 언제 걸리게 될 것인지까지 알려주게 될 것이다. 그런 질병의 치료는 세계가 잘 알고 있는 컴퓨터, 바로 IBM의 인공지능 슈퍼컴퓨터인 왓슨^{Watson}이 처리하게 될 것이다.

우리가 건강 문제로 병원을 찾을 때, 진찰은 대개 이런 식으로 진행된다. 의사가 질문을 던지고 우리는 답한다. 의사가 또 다른 질문을 던지고 우리는 답한다. 이런 패턴은 의사가 정확히 우리의 문제가 뭔지 추측할 수 있을 때까지 계속된다. 의사의 진단은 우리의 대답에 기초를 두고 있으며, 대답을 통해 의사는 자신의 머릿속에서 가능성의 트리를 탐색하게 된다. 알고리즘은 똑같은 일을 처리할 수 있다. 물론 대부분의 알고리즘은 대화를 나누지 않는다. 알고리즘은 우리의 상태, 대답, 질병에 영향을 미칠지도 모르는 요인들이나 미묘한 뉘앙스를 고려하지 않는다. 하지만 우리의 의료 세계를 침략할 왓슨과 이후의 알고리즘 종류들은 다르다. 그들은 인간의 감정을 동적으로 감지할 수 있는 최신 음성인식 기능뿐 아니라, 얼굴 인식 알고리즘의 발전 덕분에 이마에 잡힌 주름이 진정으로 의미하는 것이 무엇인지 읽어내는 능력으로 무장돼 있다.

왓슨은 이런 능력들을 어떤 의사보다도 더 풍부하게 근거 중심 진단과 결합시키려고 한다. 우리가 진찰실에 들어설 때, 의사는 다른 인간들이 그렇듯이 초기 증상만 보고 가장 쉬운 설명에 사로잡히는 바람에 자신의 조사, 질문, 예측에 영향을 미칠 수 있다. 왓슨은 그런 식으로 영향받지 않는다. 봇의 질문에 대한 우리의 첫 번째 대답은 왓슨의 두뇌에서 수천 가지의 가능성을 열게 된다. 왓슨은 질문을 통해 점점 더 파고들어 마침내 해답을 찾거나 아니면 해답을 밝혀낼 수 있는 정확한 검사를 우리가 받도록 한다. 닥치는 대로의 검사나 직감은 없으며, 오직 데이터가 입력되고 데이터가 출력될 뿐이다. 왓슨은 손쉬운 대답에 의존하는 선입견을 결코 가지지 않기 때문에, 희귀병에 대한 단서를 놓치지 않을 것이다.

TV 프로그램 '제퍼디!'에서의 승리 이후 얼마 지나지 않아, 진기한 구경 거리가 아니라 의료 서비스에서 진정한 의사이자 진료 권위자가 될 수 있는 버전의 왓슨을 개발하기 위해 IBM은 컬럼비아 대학교의 의사 및 연구원들과 협동 작업을 시작했다. 2011년

9월, 거대 건강보험사인 웰포인트Well-Point는 왓슨에게 자신들의 사무실에서 의사의 진찰 업무를 돕는 역할을 맡겨, 귀중하고 적법한 세컨드 오피니언second opinion을 제공하겠다는 계획을 발표했다. 웰포인트가 왓슨을 활용하는 주목적은 비용 절감이지만, 왓슨의 서비스에 대해 IBM에게 돈을 지불함으로써 환자들 역시 보다 정확한 초기 진단이라는 혜택을 누리게 된다.

컬럼비아의 임상 의학 교수인 허버트 체이스Herbert Chase는 왓슨의 활동 초기에 힘이 빠지고 근육이 흐물흐물해지는 증상을 호소하는 30대 중반의 여성을 진찰하는 어려운 건으로 왓슨을 시험해 봤다.[24] 이 여성의 혈압 검사는 낮은 인산염phosphate 수치와 이상하리만치 높은 알칼리 포스파타아제alkaline phosphatase 효소 수치를 드러냈다. 이런 조건으로 질문을 받자, 왓슨은 가장 가능성 높은 질병은 부갑상선 기능 항진증hyperparathyroidism 아니면 구루병rickets이라고 답했다. 하지만 검사 결과를 분석하자 왓슨은 이 여성이 비타민 D 치료에 저항을 가진 구루병의 예외적인 사례가 아닌지 확인해야 한다고 주장했으며, 실제로 그녀는 비타민 D를 섭취하고 있었다.

그런 결과를 얻는 데 왓슨은 몇 초밖에 걸리지 않았다. 의사라면 초기 진찰에만 며칠이 걸렸을 것이다.

7

인간 분류

우리 모두에게는 성격 유형이 있다. 진정한 전문가들에게 관찰된다면, 우리 모두는 분류되고 꼬리표가 붙여져서 동물원의 동물처럼 목록으로 만들어질 수 있다. 당신은 성질 급한 오랑우탄인가, 아니면 온순한 새끼 사슴인가? 당신은 교활하고 간사한가? 아니면 에이브Abe*처럼 정직한가? 최고 실력을 가진 정신과 의사들은 우리들과 이야기를 나누기만 해도 놀라울 정도로 재빨리 이런 질문들에 답할 수 있다. 그들은 우리가 일하는 이유를 알고 있고, 우리들이 싸우는 이유를 알고 있으며, 우리가 어떤 사람들과 잘 지내는지 알고 있다. 이 정도 수준의 진단 전문의는 대부분의 정신과 치료에는 등장하지 않는다. 그들은 희귀종이다. 하지만 기계의 도움으로 그런 부류를 흉내 내서 똑같이 하고, 심지어 더 잘할 수 있다면 어떨까? 우리의 성격을 식별할 수 있는 알고리즘 집합이 존재해서 우리의 약점을 알고, 우리의 생각을 파악하고, 우리의 행동을 예측

---

* 아브라함 링컨의 애칭 – 옮긴이

할 수 있다면 어떨까? 우리의 마음을 읽을 수 있는 기계를 만든다면 어떨까?

그런 발전은 정신의학은 물론이고 상거래, 고객 서비스, 채용 관행의 모든 측면에 변화를 야기할 것이다. 사업상의 통화 후에 통화가 어떻게 진행됐고 상대편이 자신의 제안에 대해 무슨 생각을 하고 있는지 정확히 알려주는 봇에게 물어볼 수 있다면 어떨까? 사업상의 통화는 예전과 같지 않을 것이고, 나쁜 관계는 당장 끝날 것이고, 협상은 직선적이 될 것이다. 양쪽이 자신의 입장을 대변할 차분한 봇을 채용하기 전까지는 말이다.

그런 기술은 사람들이 다른 이들과 주고받는 일상적인 상호작용에 대변동을 가져올 것이다. 이런 이야기가 먼 미래의 이야기처럼 들릴지도 모르지만, 알고리즘은 우리의 성격을 분석하고, 우리의 동기를 학습함으로써, 이미 많은 사람들을 파악하고 있다. 봇이 우리를 관찰하고 있을 때 우리에게 명시적인 경고가 주어지는 경우는 드물다. 그런 상황은 조용히 우리들의 일상에 스며들었다. 오싹하게 들릴지도 모르겠지만, 우리 자신뿐 아니라 우리의 배우자를 읽어낼 수 있는 알고리즘은 유용할 수 있다.

우리들 대부분이 해당 시점에는 깨닫지 못했겠지만, 우리는 거의 모두가 봇에 의해 읽혀지고 있다. 이런 말은 들어본 적이 있을 것이다. "이 통화는 품질과 교육 목적으로 녹음되거나 모니터링 될 수 있습니다." 은행, 신용카드, 항공사, 보험사 그 어떤 회사든 간에 고객 서비스에 전화를 걸면 이런 익숙한 문구가 등장하고, 우리는 알고리즘이 끼어들어 듣도록 허용해왔다. 이런 메시지가 감독자나 관리자가 들어보고 싶을 때나 나중에 통화를 재생하려 할 때를 대비하기 위한 목적일 것이라고 생각하는 건 타당해 보인다. 하지만 많은 경우에 실제 벌어지는 일은 그렇지 않다.

실제로 벌어지는 일은 봇이 우리의 통화를 엿듣는 것이다. 봇은 우리의 이야기에 귀를 기울이고, 우리의 성격 유형을 평가하고, 전화를 건 이유를 파악한다. 어떤 경우에는 고객 서비스 직원이 우리와 이야기를 나누고 있을 때, 봇이 이런 정보를 직원에게 전달한다. 가장 놀라운 건 봇이 우리의 심리를 읽으려고 한다는 점이다. 어떻게 하면 우리를 신속하고 저렴한 비용으로 만족시킬 수 있을까? 일단 우리를 파악하고 나면(봇은 30초 남짓이면 우리를 파악할 수 있다.), 봇은 이후의 통화를 우리와 성격적 특성이 유사한 직원에게 돌릴 것이다. 고객을 맞지 않는 직원과 짝지으면, 시끄러운 분쟁이 일어날 위험성이 높아진다. 비슷한 심리를 가진 고객과 직원을 함께 묶어주면, 통화가 짧아지고 고객 만족도도 높아질 뿐더러 회사의 이윤까지 올라간다.

이런 봇들의 동작 방식과 그들의 능력 범위를 좀 더 잘 이해하려면, 그들의 뿌리를 이해하는 것이 도움이 된다. 그 뿌리는 NASA, 그리고 언제나처럼 월스트리트로 거슬러 올라간다.

적합한 사람 뽑기: 운에서 과학으로

1970년 4월 11일, 세 명의 남자가 111미터 높이의 새턴 V 달 로켓 안에 앉았다. 새턴 V 로켓은 연소되면서 로켓을 지구 대기 밖으로 추진시키는 초저온의 냉각된 산소와 수소로 가득 차 있었다. 그곳에서 그들은 다시 한 번 부스터를 점화시켜 지구 궤도를 벗어날 계획이었다. 그것은 달에 착륙하려는 아폴로 13호였다.

다음 날 아침, 비행사들은 우주 비행 관제센터와 무선통신을 했다. 관례대로 우주 비행 관제센터 요원은 비행사들에게 그날의 뉴스를 보내줬다. 다음은 그 메시지인데, 비행사들과 우주 비행 관제센터 요원은 휴스턴 지역의 야구 경기 스코어부터 시작해 메시지를 주고받으며 대부분의 시간을 보냈다.

'애스트로스(Astros)는 8대 7로 살아남았습니다. 마닐라와 루손 (Luzon) 섬의 다른 지역에 지진이 발생했습니다. 어제 케이프타운(Cape)에서 여러분들의 발사를 지켜봤던 서독의 빌리 브란트(Willy Bradnt) 수상과 닉슨 대통령은 회담을 마무리할 예정입니다. 비행 관제사들은 계속되는 파업으로 휴업 중이지만, 우주 비행 관제센터의 관제사들은 계속 일하고 있으니 기쁘시겠죠.'[1]

캡슐 승무원인 제임스 로벨^{James Lovell}, 프레드 하이즈^{Fred Haise}, 존 스위거트^{John Swigert}는 유머에 즐거워했다. 대화 후반부의 세금 신

고에 관한 농담(미국의 소득세 신고 기한인 4월 15일이 다가오고 있었다.)으로 인해, 스위저트는 임무 준비를 하느라 소득세 신고를 잊어버렸다는 걸 깨달았다. 관제센터 관제사들은 웃으면서 그를 대신해 세금 신고 연장이 가능할지 물어보겠다고 약속했다.

일상적인 우주 비행이 진행되던 중, 유지 보수 작업 과정에서 고장난 온도 조절기가 거대한 하나의 산소 탱크에 전기 아크^{arc*}를 보내는 바람에 산소 탱크에 불이 붙어 우주선의 반을 우주 속으로 날려버린 폭발이 발생했다.

승무원들은 사령선에서 급속히 산소가 빠져나가는 상황에 직면했다. 살아남기 위해 그들은 갈 수 있는 유일한 장소인 달 착륙선으로 후퇴했으며, 착륙선은 원래 예정된 행선지에 도착하지 못하게 됐다. 단 45시간 동안, 두 명을 생존시킬 수 있도록 설계된 착륙선은 이제 거의 100시간 동안 세 명을 지탱해야 했다. 생존에 필요한 배터리 전력을 보존하기 위해 승무원들은 전열을 비롯해 달 착륙 장치의 전기 대부분을 내렸다. 몇 시간, 며칠이 지나자 착륙선 내부 온도는 얼어붙을 만큼 내려갔다. 승무원들은 잠을 이루지 못했고, 그들의 기력은 차츰 약화됐다.

휴스턴의 관제센터는 착륙선을 달의 뒷면으로 이동시킨 다음, 달의 중력을 추진력으로 활용해 착륙선을 지구로 귀환시키는 작전으로 승무원들을 안내했다. 승무원들은 신중하게 달 착륙선의 추진기를 살짝 작동시켜서 작전에 완벽히 들어맞는 위치로 착륙

---

* 두 개의 전극 간에 생기는 호 모양의 전광 – 옮긴이

선을 정렬시켰다. 발군의 기술적 수완이었다.

하지만 그런 수완은 휴스턴의 관제센터에서 요구한 많은 탁월한 기술적 응용 사례 중 하나일 뿐이었다. 정원이 초과된 승무원의 이산화탄소 방출량이 기체의 이산화탄소 집진기 용량을 초과하다 보니, 한순간 달 착륙선 내부의 이산화탄소 레벨이 위험할 정도로 높아졌다. 집진기는 수산화리튬 카트리지로 만들어졌는데 카트리지 여분이 동났다. 이 문제를 해결하지 못한다면, 승무원들은 자신들이 내뿜는 숨 때문에 질식될 처지였다. 손상된 보조 우주선에는 자체적인 카트리지가 있었는데, 모양이 달라서 달 착륙선에는 들어맞지 않았다. 관제센터는 승무원들에게 플라스틱 봉투, 비행 계획서 표지, 회색 테이프 롤 등 착륙선에 있는 물건들을 이용해 다른 카트리지에 들어맞는 필터 상자를 임시방편으로 만들라고 지시했다. 만들어진 장치는 집진기의 산소 호스 한쪽에 부착됐고 기적적으로 동작했다. 이산화탄소 레벨은 치명적이지 않은 수준으로 다시 내려갔다.[2]

승무원들이 이틀 후에 남태평양 바다에 착수했다는 사실은 휴스턴의 팀과 우주 비행사 팀 자신들의 탁월한 능력을 입증하는 것이었다. 하지만 그만큼 놀라웠던 또 한 가지는 중압감 속에서 나타난 승무원 세 명의 강인함과 결속력이었다. 100시간 동안 이 세 명은 2인용으로 설계된 작은 캡슐 속에 앉아서, 아슬아슬한 과제를 끊임없이 순차적으로 수행했다. 그런 극단적인 상황에 처하게 되면, 사람들은 개개인마다 완전히 딴판으로 대응한다. 어떤 사람들은 눈앞의 상황이 아무리 암울할지라도 감정을 밀쳐놓고 당면한 과제를 조용히 처리한다. 하지만 우리들 대부분은 죄어오는 공포를 피할 길이 없다. 우주 비행사들조차 마찬가지다. 우리는 약해져서 아무 일도 하지 않거나, 죽음의 위협에 직면하면 비이성적으로 행동한다.

사람들이 어떻게 대응할지 예측하기는 쉽지 않다. 더욱 예측하기 어려운 건 그런 고립된 상황에 던져졌을 때, 사람들이 얼마나 서로 잘 지내면서 함께 협력할 수 있는지에 대한 것이다. 아폴로 13호의 경우에는 NASA의 운이 좋았다. 승무원 중 한 명인 스위저트는 발사 불과 하루 전에 임무에 합류했다. 그는 전주에 홍역에 걸렸던 켄 매팅리Ken Mattingly의 대체 요원이었다. 이 트리오는 시트에 묶여져 우주 공간으로 발사되기 전까지 서로 협력에 익숙해질 만한 시간을 거의 가지지 못했다. 하지만 NASA는 셋이 얼마나 잘 어울릴지 알아볼 수 있는 약간의 아이디어를 가지고 있었다. 우주 계획 프로그램은 거의 10년 동안 우주 비행사들의 성격적 친화성을 평가해오고 있었다. 이런 심리 측정 프로그램은 미국이 우주 경쟁에서 소련을 앞서 나가는 데 있어 결정적 역할을 담당했다.

철저하고 포괄적인 심리학적 평가가 없었다면, 달 착륙 같이 복잡한 임무 도중에는 말할 것도 없고 조그만 캡슐에서 3인의 융화가 어떠할지 알 수 있는 길이 없었을 것이다. NASA는 우주 비행사들의 부적절한 조합은 임무뿐 아니라, 승무원들의 생명 자체에도 위협이 될 수 있다는 점을 잘 알고 있었다. 그런 이유 때문에 초기의 우주 비행사들은 거의 대부분 군대에서 바로 뽑았는데, 군대에서 후보들이 이미 전투, 스트레스, 죽음에 익숙해져 있었기 때문이다. 난관에 처했을 때 후보자가 보이는 특성에 대한 동료와 배경을 통한 체크는 선택 과정에서 극히 중요했다.

그럼에도 불구하고, NASA는 아폴로 13호의 아슬아슬한 귀환 후에 더 나은 방법론이 될 수 있는 견실하고, 절대적이며, 정확한 뭔가를 원했다. 이에 따라 1971닌 NASA는 중입김과 잘못된 팀 조합의 상황에서 어떤 사람들이 순조롭게 협력하고 어떤 사람이 가장 폭발하기 쉬운지 판별할 수 있을 정도로 포괄적인 인간 분류 시스템 개발에 착수했다. NASA는 사람들의 심리를 읽어내고 그들의 행동을 정확히 예측할 수 있는 방법을 필요로 했다. 우리들 대부분은 잘 모르는 사실이지만, 이 기관이 1970년대와 1980년대에 개발한 시스템은 오늘날에도 우리들의 성격, 욕구, 의도를 읽어내는 봇의 형태로 살아있다.

NASA는 냉전이라는 특별한 시기에 인간 평가 알고리즘을 개발했는데, 이 알고리즘은 승무원들의 갈등으로 최소 두 개의 임무에 실패한 소련보다 더 나은 우주 비행 승무원들을 양성하는 것이 유일한 목적이었다. NASA는 고성능 컴퓨터나 음성인식 소프트웨어를 가지고 있지 않았으므로 종이로 성격 평가가 처리됐다. 이런 기법은 당시 NASA의 수석 정신과 전문의였던 테리 맥과이어Terry McGuire에 의해 면밀하게 작성됐다.

어린 시절, 맥과이어는 자신이 골목대장과 내향적인 희생양 사이에서 중재자 역할을 하는 데 재능이 있다는 사실을 깨달았다. "나는 성장하면서 대부분의 아이들보다 주변에서 일어나는 일에 좀 더 민감하다는 사실을 깨달았어요."라고 그는 회상한다. 그는 분명한 신호가 나타나기 전에 사람들 속에서 끓고 있는 고통, 공포, 두려움, 분노 등을 선천적으로 알아챌 수 있었다. 맥과이어는 실제로 사람들과 그들의 행동에 너무나 큰 흥미를 느꼈기에 공포, 스트레스, 고통, 역경에 대한 다양한 사람들의 반응을 관찰할 수 있는 암벽 등반과 등산을 본인의 취향과는 달리 즐겨 했다. "놀라운 실험실이었어요."라고 그는 말한다.

1958년 공군은 맥과이어에게 생명의 위협을 받는 스트레스 상황에서 병사들의 대응을 예측할 수 있는 시스템을 개발해 달라고 요청했다. 오늘날까지도 미 국방부는 매년 수백 개까지는 아닐지라도 수십 개에 달하는 극비 임무를 운영한다. 이런 임무들이 전부 오사마 빈 라덴 제거 공습과 같이 높은 수준은 아니지만, 하나같이 어려운 상황에서 꽁무니를 빼지 않는 요원들을 필요로 한다. 어떤 사람들은 겉으로 보기엔 강철 같은 기질을 가진 것처럼 보이지만, 이런 상황에서 완전히 무너지기도 한다. 그리고 때로는 가장 군인 같아 보이지 않는 어떤 이들은 무서울 정도로 집중력을 가진 강인한 사람으로 변한다. 군대는 알고 싶어 했다. 왜 어떤 사람들은 다른 사람들보다 훨씬 더 잘하는 것인가? 더 중요한 점으로, 그걸 미리 알려면 어떻게 해야 할까?

맥과이어는 자신이 묘사한 대로 '공군의 극비 정신과 전문의'가

됐다. 그가 마음대로 할 수 있는 연구실, 장비, 자원은 당시의 어떤 연구 기관이나 병원 시설보다 우월했다. 당시는 냉전 시대였다. 군대는 세계 기술의 최첨단을 달리고 있었으며, 당시 군대의 기술은 그의 손끝에 달려 있었다. 그래서 그는 사춘기 이후로 자신이 품었던 흥미로운 주제들을 모두 섭렵할 수 있었다.

맥과이어는 연구에 몰두했고, 결국 신병에게 적용할 수 있는 서너 세트의 질문들을 개발했다. 그들의 응답을 통해, 그는 해당 병사가 극한 상황에 처했을 때 어떤 성격을 보일 것인지를 모두가 기대했던 50퍼센트 이상의 확률로 예측할 수 있었다. 맥과이어는 영구 기밀로 취급되는 목표를 가진 위험한 임무에 연달아서 여러 팀들을 파견하는 데 도움을 줬다.

맥과이어는 자신이 직접 임무에 따라가겠다는 계획을 상관에게 피력했다. 이런 병사들에게 필요한 것이 무엇인지 알려면, 자신에게 현장 경험이 필요하다고 판단했다. 결국 승인이 떨어졌고, 맥과이어는 베트남의 정글 위를 저공 비행하는 헬리콥터 뒤편에 앉아있는 자신을 발견했다. 작은 그룹의 미군 병사들이 산꼭대기에 포위돼 있었고, 그들에게는 탄약이 얼마 남지 않았다. 마지막 탄약마저 떨어진다면 우글거리는 적군에게 제압당할 처지였다.

재보급 팀은 모든 불을 소등하고 한밤 중에 비행했다. 헬리콥터가 발생시키는 돌풍이 열린 문을 통해 팀원들의 얼굴에 부딪쳤다. 헬기가 산에 가까워지자, 수백 발의 예광탄 탄환이 정글에서 터져나와 헬기의 금속 기체를 두들겨댔다. 맥과이어와 다른 병사들은 응사하지 않았다. 총구 섬광으로 자신들의 위치를 노출시키고 싶지 않아서였다. 엄청난 자제력이 필요했다고 맥과이어는 회상한다. 그들은 산에서 유일하게 트인 지역에 착륙해 엄청난 양의 탄환과 폭발물을 내려놓았다. "그러고 나서 미친 듯이 그곳을 빠져나왔죠."라고 맥과이어는 말한다.

현장 조사를 통해 맥과이어는 어떤 종류의 사람들이 중압감 속에서 잘해낼지 알려주는 요소들을 찾았지만, 절차가 여전히 과학적이지 않다고 생각했다. 때로는 여전히 자신이 추측만 하는 것이 아닌가라고 느꼈다. 어떤 때는 완전히 틀린 적도 있었다. 1971년, 여러 명의 NASA 관계자들이 그의 연구에 관심을 가졌다. 당시 NASA는 과학자들을 우주 비행 프로그램에 참여시키기 시작했는데, 과학자 선발 방법을 알고 싶어 했다. NASA는 후보자 군에 등급을 매겨서 자신의 비행사들 중 누구와 가장 잘 협력할 수 있을지 알고 싶어했다. NASA는 예전에는 대부분의 비행사들을 공군의 테스트 파일럿 프로그램에서 선발했었다. 이들은 미국에서 가장 최신이면서 가장 알려지지 않은, 가장 위험한 비행기들을 몰던 강철 같은 사람들이었다.

테스트 파일럿들은 우주에서 무너지지 않을 것 같았다. 과학자에 대해서는 "NASA는 어떻게 해야 될지 몰랐다."라고 맥과이어는 말한다. NASA는 명확하게 하고 싶었기 때문에 맥과이어를 참여시켰다. 그리고 NASA는 맥과이어가 5,000명이 넘는 과학자 풀을 검토해주기를 원했다. NASA는 중압감 속에서 누가 버텨낼 수 있을

지뿐만 아니라, 사람들 간의 융화성에 대해서도 파악하고 싶어 했다. 때로는 스트레스가 사람을 무너뜨리지 못하더라도 동료와의 마찰이 더해져서 최악의 균열로 이어질 수도 있었기 때문이다.

"그들은 사람들이 정말로 해본 적이 없는 일들을 나에게 요구하고 있었죠."라고 맥과이어는 말한다. "그들은 240킬로미터의 상공에서 출입구가 삐걱거릴 때, 후보자들이 어떻게 반응할지 내가 예측하길 원했어요."

맥과이어는 자신만의 기법을 가지고 있었지만, 혹시나 다른 누군가가 자신이 생각해보지 못한 접근 방법을 시도했는지 살펴보기 위해 다른 이들의 연구 결과를 조사하기 시작했다. 뭔가 흥미로운 걸 발견하면, 그는 해당 정신과 전문의나 연구자들을 휴스턴의 NASA로 초대해 후보자들을 함께 평가해보고 결과를 비교했다. 그러다가 맥과이어는 퍼듀 대학교의 심리학자인 타이비 카알러[Taibi Kahler]의 연구를 접하게 됐다.

1971년 카알러는 인간 커뮤니케이션의 다양한 유형과 그 효율성을 식별할 수 있는 과정을 개발했다. 이 방법은 언어적 의사소통을 말하기 패턴과 단어 선택으로 식별될 수 있는 다수의 배열로 축약했다. 각 배열은 화자의 입에서 튀어나오자마자 객관적으로 식별될 수 있다. 배열의 서로 다른 조합은 해당 인물이 대화 상대와 주제 때문에 몰입하고 있는지, 행복한지, 지루한지, 혐오스러워하는지, 싫증이 났는지를 알려준다. 카알러의 시스템에서는 행간의 의미를 살펴보거나 주제의 정신에 대해 들여다보지 않았다.

사람을 평가하는 데 필요한 정보는 그의 입에서 튀어나온 말뿐이었다.

카알러는 우리가 말하는 단어를 기반으로 자신의 시스템을 구축했다. 우리가 사용하는 문장 구조, 우리가 선택한 동사, 서술어, 대명사들은 하나같이 대부분의 사람들이 어린 시절부터 길러왔던 성격을 명확하게 드러낸다. 문장 조합은 우리가 하루에도 수백, 수천 번씩 행하는 일이다. 이 과정은 믿기 어려울 정도로 우리 뼛속 깊이 뿌리박혀 있기 때문에, 간단히 스위치를 돌리는 것만으로 이런 습관에서 빠져나오거나 완전히 다른 방식으로 말하는 방법을 선택할 수는 없다. 카알러와 같은 능력을 갖춘 사람들에게는 자신이 누군지 속일 수 없다.

명확한 말하기 패턴에 따라 사람들을 분류하는 카알러의 선형적 기법은 알고리즘, 그리고 최종적으로 봇으로 프로그램 되기에 안성맞춤이었다. 정신의학은 오랫동안 기술적 진보가 침투 불가능한 분야처럼 생각돼 왔다. 하지만 논리 트리와 이진 판정을 활용하는 카알러의 기법은 그런 생각이 틀렸다는 점을 입증할지도 모른다.

1972년에 맥과이어는 카알러가 옳다고 생각하지는 않았지만, 이 교수의 기법을 직접 보고 싶어 했다. 그래서 맥과이어는 카알러를 NASA로 초대했다. 매년 수십 명의 심리 평가 의사들이 다녀갔으므로, 문제가 될 소지는 없었다. 카알러는 맥과이어를 포함한 그의 팀과 함께 앉아 면접을 진행하면서 우주 비행사 후보자들을 평가했다. 후보자들은 한두 시간 정도 일반적인 질문을 거치다가 미처 대비하지 못했을 법한 일련의 집중적인 질문과 테스트를 겪는다. 이런 집중 공격에서 살아남는다면, 대부분의 후보들은 평생의 소원을 이루게 되는 것이었다. 그것은 후보자들이 NASA가 요구했던 중압감을 견딜 수 있고, 다른 많은 후보자들과 달리 무너지지 않는다는 뜻이었다.

NASA 관계자들은 몇 시간씩 진행되던 후보자 면접 시간 동안 맹렬하게 메모를 휘갈겼다. 똑같이 평가를 진행하라는 과제를 받은 카알러는 리갈 패드legal pad*에 조그맣게 메모를 적어가면서 후보를 면밀히 관찰하곤 했다. 맥과이어는 10분 남짓 지나면, 카알러가 갑자기 연필을 내려놓는다는 점을 알아차렸다. 그는 필요한 걸 모두 본 것이었다. 그는 모든 후보자에 대해 똑같이 행동했다. 다른 이들은 몇 시간씩 계속하곤 했지만, 카알러는 무릎을 꼬고 팔짱을 낀 채 패드와 연필을 움직이지 않고 조용히 앉아있기만 했다.

카알러의 기법은 성급해 보였고, 맥과이어는 그 기법들이 효과적이지 않은 결과를 보일 것이라고 짐작했다. 하지만 맥과이어의 팀이 후보자들의 훈련 과정과 다른 이들과의 관계를 추적해감에 따라, 훈련생들 간의 예상되는 갈등 등을 비롯해 카알러의 예측이 맞았던 것으로 드러났다. NASA의 나머지 다른 인사들의 평가와 더불어 맥과이어의 평가는 물론 중간치로 수렴됐지만(어떤 건 맞고, 어떤 건 틀린), 퍼듀의 박사는 계속해서 들어맞았다. 어쨌든 카

---

* 내용 기록을 위한 줄이 그어진 노란색 용지 묶음 - 옮긴이

알러의 간결한 평가는 이 분야의 선구자인 맥과이어가 검토했던 그 어떤 방법보다 효과적이었다. 카알러는 15분간의 관찰로 어떤 사람의 성격, 근성, 미래 행동을 진단할 수 있었다.

카알러의 기법, 그리고 더욱 중요한 것으로 여겨지는 그의 정확한 결과는 맥과이어와 NASA를 흥분시켰다. 하지만 그가 다른 이들도 자신처럼 관찰할 수 있도록 가르칠 수 있을까? 대답은 가능하다는 쪽이었다. 그 결과, 미국을 대표해 우주에 나갈 승무원들의 기질을 파악하려는 목적의 NASA 프로젝트가 시작됐다. 과학(이제 그렇게 불러도 괜찮다.)을 이용해 적절한 과학자들에게 임무를 맡겨, 우주 공간에서의 폭력 같이 인간이 저지를지도 모르는 재앙을 피하자는 것이었다.

폭력은 일어날 수 있는 일이었다. NASA는 정기적으로 소련 우주 비행사들과 관제사 간의 대화를 엿들었다. 카알러의 기억에 의하면, 1970년대 중반의 어떤 임무에서는 캡슐 내 두 명의 사이가 불편하다는 사실이 명백하게 관찰됐다. 두 명의 일일 우주 과제 중에는 상대로부터 혈액 샘플을 채취하는 작업이 있었다. 항해 중반 무렵, 두 러시아인 중 한 명이 고의로 다른 사람의 손에 바늘을 세게 찔러 넣어서 뼈를 꿰뚫었다. 난투극이 벌어졌고, 러시아의 지상 관제사들은 우주 살인이 일어나지 않을까 우려했다. 다행히 아무도 죽지는 않았지만, 공격당한 사람의 손은 절망적으로 감염돼 거대한 고름이 채워진 공처럼 부풀어 올랐다. 그의 목숨을 살리기 위해 임무는 중단됐고, 승무원들은 지구로 돌아왔다.

사람들은 잘 모르겠지만, 그런 재앙이 NASA 임무에서도 여러 번 일어날 뻔했다고 맥과이어는 말한다. 그런 사태를 피하기 위해 그는 카알러 기법에 몰두한 연구생이 됐다. 카알러 교수의 시스템은 사람을 여섯 가지 카테고리로 분류한다. 우리가 전화를 걸 때 엿들으면서 우리를 평가하는 봇에 사용된 약간 수정된 버전도 똑같은 분류를 사용한다.

1. 감정 중심형 인간. 그들은 당장 눈앞의 이슈에 몰입하기보다는 관계를 형성하기 위해 노력하고, 대화를 나누는 사람들에 대해 이해하려고 노력한다. 이 그룹은 3/4이 여성으로 구성돼 있으며, 전체 인구의 30퍼센트를 차지한다. 긴박한 상황은 이 그룹 사람들을 감정적이고 과잉 반응하도록 만든다.

2. 사고 중심형 인간. 이 그룹은 농담 없이 바로 사실에 집중하는 경향이 있다. 굳건한 실용주의에 입각해 대부분의 결정을 내린다. 중압감을 받는 상황에서는 유머가 사라지고 아는 체하는 경향이 있으며, 지배적이 되는 경향이 있다.

3. 행동 중심형 인간. 대부분의 중고차 판매상들은 이 범주에 들어갈 것이다. 그들은 아무리 조그만 영역에서도 추진과 행동을 열망한다. 그들은 항상 뭔가를 추진하고, 재촉하며, 기회를 엿본다. 이 그룹에 속한 사람들 대

다수는 매력적일 수 있다. 중압감을 받으면 행동 중심형 인간은 비이성적이고 충동적이며 보복적인 행동을 보일 수 있다.

4. 몽상 중심형 인간. 이 그룹은 조용하고 상상력이 풍부한 편이다. 그들은 종종 현재 있는 것으로 뭘 하는 것보다 앞으로의 가능성에 대해 더 많이 생각한다. 이런 사람들은 뭔가에 흥미를 느끼면, 새로운 주제에 몰입한 동안에는 몇 시간씩 생각에 잠길 수 있다. 하지만 이런 지식을 실세계의 과제에 접목시키는 데는 약한 편이다.

5. 의견 중심형 인간. 이 그룹에 의해 사용되는 표현은 당위와 절대로 가득 차 있다. 그들은 상황의 한쪽 측면만을 바라보고 증거를 통해 반론이 제기될 때도 자신의 시각을 고집하는 경향이 있다. 정치가들의 70퍼센트 이상이 의견 중심형 인간이지만, 전체 인구에서는 10퍼센트에 해당될 뿐이다. 또한 이 그룹의 사람들은 지치지 않는 노력가인 편이며, 문제가 해결될 때까지 꾸준히 노력한다. 중압감을 받으면, 그들의 의견은 약점이 될 수 있다. 그들은 단정적으로 판단을 내리고 의심하며 예민해진다.

6. 반응 중심형 인간. 카알러는 이 그룹을 반란자라고 칭했지만, 현대의 표준 집합 및 성격 판독 봇의 구축 기반이 된 표준에서는 반응형 인간이라고 부른다. 이 그

룹은 자발적이고 창조적이며 쾌활하다. 그들은 "너무 좋아!" 아니면 "너무 허접해!" 같이 사물에 대해 격렬하게 반응한다. 많은 혁신자들이 이 그룹에서 나온다. 중압감 속에서는 완고하고 부정적이며 남을 탓하는 경향이 보인다.

여러분 자신의 흔적을 하나 이상의 카테고리에서 찾을 수 있다 해도 잘못된 건 아니다. 우리의 성격은 여섯 가지 중 한 가지 특징에 의해 지배되지만, 다른 다섯 가지 특징도 약간씩 다른 비중으로 가지고 있다. 예를 들어, 도널드 트럼프는 분명히 행동 중심형 인간이지만 대중 앞에 나서지 않을 때는 감정 중심적인 측면도 가지고 있는 것으로 보인다.

NASA에서 유인 우주 프로그램에 누가 참여할지 결정하는 영향력 있는 인물로서, 맥과이어는 금세 사람들을 읽어내는 전문가가 됐다. 그는 5분 안에 자신이 이야기를 나누는 사람에게서 어떤 성격이 지배적인지 알아낼 수 있다. 강력한 사고 중심적 사람들은 많은 질문을 던진다. 그들은 항상 데이터를 수집한다. 의견 중심형 사람들은 지시를 내리고 사물들을 흑과 백으로 바라본다. 그들은 많은 문장을 "내 생각은"이라고 시작하고 나중에는 자신의 '생각'을 사실로 취급한다. 반응 중심형 사람들은 대화를 "맞아요!"로 시작하기를 좋아한다. 시간이 지남에 따라 맥과이어는 어떤 부류의 성격이 우주에서 머리로 들이받을 가능성이 높은지, 어떤 부류가 우주 비행사 세계에 절대로 어울리지 않는지 알게 됐다. 예를 들어, 몽상 중심형 사람들은 NASA에 적합하지 않다. "그들은 사실상 이 프로그램에는 존재하지 않습니다."라고 맥과이어는 말한다.

사람들은 서로 다른 수준의 융화성을 가지고 있다. 우리들 모두는 견딜 수 없는 빵집 점원이나 성미가 고약한 바리스타를 만난 적이 있다. 하지만 동일한 사람에 대해 다른 사람들은 그렇게 언짢아하지 않을 수 있다는 점 또한 사실이다. 그건 사람들의 성격마다 잘 어울릴 수 있는 성격이 다르기 때문이다. 우주선에 상당히 사고 중심형인 사람들 세 명과 함께 한 명의 감정 중심형 사람을 배치하는 건 NASA 입장에서 현명한 처사가 아닐 것이다. 또는 네 명의 강력한 사고 중심형 사람들만 배치하는 것도 문제를 일으킬 수 있다. 반응 중심형 사람 한 명과 의견 중심형 사람 한 명 같이 서로 다른 유형을 섞는 편이 좋다. 이 그룹의 리더는 사고 중심형 사람이 되는 편이 좋겠지만, 맥과이어는 리더의 성격에 승무원들의 주요 특징이 반드시 포함되도록 조치했다. 그런 방침은 리더가 자신의 팀원들을 이해하고 관계를 관리하는 데 도움이 될 것이다.

우주에서 지휘관으로 가장 효과적이었던 일부 사람들은 균형잡힌 성격을 가진 이들이었다. 대다수 파일럿들이 사고 중심형인 반면, 최고의 파일럿들은 감정 중심형과 의견 중심형 성격을 동시에 가지고 있었다. 사람들은 동정심이라곤 눈꼽만치도 없고 잘난 체하는 '일벌레'에게 보고하는 것을 좋아하지 않지만, 열심히 일하면서 부하의 일과 삶에 진정으로 공감을 표시하는 사람은 따르게 마련이다.

"예를 들어, 바위처럼 믿음직한 존 글렌John Glenn이 다른 사람의 불행에 북받쳐 눈물을 훔치는 모습을 보면, 감수성과 강인함은 독립적으로 결정된다는 걸 보여주죠."라고 맥과이어는 설명한다.

또한 NASA는 지상 관제센터에서도 믿음직한 일꾼을 원했다. 휴스턴에서 임기응변의 재치를 가진 침착한 사람들이 화면 앞에 앉아있지 않았다면 불가능해 보였던 아폴로 13호의 지구 귀환은 절대로 성공하지 못했을 것이다. 맥과이어는 우주로 나갈 사람들과 지구에서 회전의자에 앉아 줄담배를 피며 그들을 안전하게 인도하는 사람들의 정신의학적 평가를 모두 관장했다.

맥과이어는 동승 승무원들 사이에 잠재적인 충돌 조짐이 보일 때, 미연에 조치를 취하는 방법을 배웠다. 그는 종종 우려가 되는 비행사들과 함께 앉아서 그가 예상하는 일을 솔직히 말해줬다. 정직함은 신통한 효과를 발휘해 두 승무원들은 관계를 질서 있고 프로페셔널하게 유지하기 위해 자신의 방식을 바꿨다. 이 프로그램에서 자신의 위치를 위태롭게 만들고 싶은 사람은 없었다. 또한 맥과이어는 임무 지휘관에게 잠재적인 문제에 대해 주의하라는 경고를 주고, 우주에서 험악한 충돌을 누그러뜨리는 방법을 알려줬다.

출발하는 과정을 지켜본 수십 개의 임무 중에 맥과이어는 여섯 개의 임무에서 승무원 문제를 예견했다. 그런 임무 중 다섯 개에서 맥과이어의 판단이 맞았다. 그는 승무원들이 휴스턴에 귀환한 직후 열린 기자 회견이 끝나고 나서 존이란 이름의 우주 비행사를 복도에서 마주친 일을 회상한다. 맥과이어는 존과 그의 동료 승무원 중 한 명이 우주에서 주먹다짐을 벌이지 않았을까 우려했다.

"그래서 우주에선 어땠어요?"라고 맥과이어는 물었다.

"아, 괜찮았습니다."라고 존은 상냥하게 대답했다. 그러다 그는 눈을 가늘게 뜨고 눈썹을 찡그렸다. "하지만 하루, 단 하루만 더 있었더라면 그 놈을 죽였을 겁니다."

맥과이어는 그 말을 믿었다.

NASA에서 우리의 일상 속으로

정신의학과 인간 행동 기법 분야의 다른 사람들이 NASA의 성공을 알게 되면서, 카알러의 기법은 널리 퍼졌다. 곧이어 포춘 500대 기업의 CEO들은 좀 더 효과적으로 직원들을 이끌고 그들과 교류하는 방법에 대한 조언을 얻기 위해 맥과이어와 카알러를 찾았다. 심지어 카알러는 1992년 대선 레이스에서 빌 클린턴에게 연설과 토론을 연습시키면서, 미래의 대통령에게 다양한 성격을 가진 개인들을 설득할 때 피해야 할 단어와 문구를 알려주고 아울러 광범위한 중도층 유권자들에게 연설하는 방법에 대해 조언했다. 클린턴은 타고난 소통의 대가였지만, 그도 이런 연습이 유용하다고 느꼈다.

1992년 10월 대선 토론의 한 장면을 보면 카알러의 기법이 클린턴의 연설에 어떤 영향을 미쳤는지 명백히 드러난다. 타운 홀 방식의 토론에서 조지 부시와 클린턴은 좀 더 강한 경제와 좀 더 많은 일자리를 요구하는 흥분한 여성 실업자로부터 동일한 질문을 받았다. 그녀는 감정적으로 격앙돼 있었다. 부시는 대처 계획을 조목조목 되풀이했다. 반면 클린턴은 그녀에게 다가가 아칸소주에서 해고된 사람들의 고통에 대해 자신이 어떻게 느꼈는지에 대해 이야기하고, 공장 관리자의 이름, 그들이 하던 일, 그들 아이들의 이름을 어떻게 알게 됐는지에 대해 이야기하고, 그들이 그렇게 열심히 일하는 이유에 대해 이야기했다. 클린턴은 미국, 그리고 미국에 사는 사람들에게 투자하고 싶다고 말했다. 막연한 대책이었지만 질문 여성, 청중, 그리고 TV 시청자들을 모두 감동시켰다. 그는 사고 중심형 인물인 부시처럼 기계적인 계산을 앞세우는 대신에 공감으로 그녀의 감정적 성격에 응답했다.

클린턴이 대통령 선거 운동을 펼치던 무렵, 카알러의 제자 중 한 명으로 정신과 의사인 헤지스 케이퍼스Hedges Capers는 텔레콤 테크놀로지스Telecom Technologies란 회사의 컨설팅을 시작했다. 이 회사는 하드웨어 제조사로서 임원 및 간부급 사원들과 좀 더 나은 관계를 가지기를 원했다. 오늘날 케이퍼스는 세계에서 가장 뛰어난 심리 파악의 대가이며, 3분 대화만으로 사람의 성격을 철저히 파악한다.[3] O. J. 심슨O. J. Simpson 변호 팀은 1995년 재판에서 배심원들의 성격을 파악해 달라고 그에게 부탁했다. 텔레콤과 일하면서 케이퍼스는 CEO로 승진한 켈리 콘웨이Kelly Conway와 친해졌다. 두 사람이 함께 일했던 몇 년간은 콘웨이에게 성장의 시기였다. 그는

NASA에서 사람들을 평가, 파악, 예측하기 위해 구축한 이론과 기법들에 매혹됐다.

콘웨이는 최종적으로는 텔레콤을 떠나 대규모 콜센터를 가진 기업들을 위한 컨설턴트 회사인 이로열티^{eLoyalty}를 창립했고, 사람의 평가에 대해 배운 것들과 멀어졌다. "언젠가는 유용할 거라고 생각했어요."라고 콘웨이는 말한다.

콘웨이의 이로열티는 성장하고 번창했다. 결국 기업 공개가 됐고 주식은 나스닥에서 거래됐다. 하지만 콘웨이는 NASA나 케이퍼스에 대해 잊지 않고 있었다.⁴

사람들의 핵심 성격은 거의 변하지 않는다. 장기간의 학대나 스트레스에 시달리면 예외적으로 변화가 일어날 수 있지만, 이런 경우는 특이한 사례다. 나이가 들어감에 따라 우리가 사용하는 어휘는 증가하고 수준이 높아지겠지만, 우리가 말하는 방식이나 문장에서 채택하는 구조는 변하지 않는다. 이런 구조들은 어떤 사람이든 그 사람이 논리를 처리하는 방식과 중압감 속에서 행동하는 방식에 대해 놀라운 단서를 드러낸다. 이런 사실을 활용함으로써 NASA는 인간의 두뇌를 원격 해킹했다.

2000년, 콘웨이의 이로열티는 일부 콜센터 인력을 해외에서 조달하는 데 능숙한 좀 더 큰 컨설턴트 회사에 밀리기 시작했다. 이로열티를 성장시킬 다른 방안을 찾다가, 콘웨이는 경쟁자들이 자리잡고 있지 않은 몇 가지 기회를 찾았다. 콜센터 소프트웨어 사업에는 점진적으로 획득해야 하는 작은 성공 기회들만이 있을 뿐이었다. 경쟁에서 앞서 나가는 유일한 방법은 오로지 혁신을 통해 다른 경쟁자들이 제공할 수 없는 뭔가를 만들어내는 것이었다.

NASA가 거둔 성과의 씨앗이 콘웨이의 머릿속에서 자라나기 시작했다. 우주 기관이 일하는 방식 말고도 콘웨이는 다른 두 가지를 잘 알고 있었다. 콜센터 최적화라는 자신의 사업과 나스닥 기업의 CEO로서 알게 된 월스트리트의 최첨단 기법이었다.

음성인식 분야에서 이뤄진 발전을 알고 있었기에 2000년에 콘웨이는 궁극적으로 사람의 마음을 읽는 로봇을 만들 수 있지 않을까라고 생각했다. 그는 우선 케이퍼스에게 전화를 걸었다. 케이퍼스는 콘웨이의 제안과 아이디어가 나름대로 장점이 있을 뿐 아니라, 비즈니스 세계와 심리학 분야를 변화시킬 수 있다고 판단했다.

고객 서비스를 바꿀 수 있는 제품은 독자적으로 개발할 수만 있다면 대박이 될 수 있는 사업이었다. 고객 서비스 산업은 대부분의 사람들이 알고 있는 것보다 훨씬 크다. 예를 들어, AT&T는 콜센터에 10만 명을 고용하고 있으며, 콜센터 운영에 매년 40억 달러를 지출한다. 실제로 400만 명에 달하는 콜센터 고용 인원은 미국 전체에서 세 번째로 큰 직업군에 해당된다. 이 산업에서 보다 효과적인 도구를 개발한다면, 매년 수십억 달러의 가치를 창출할 수 있다.

과거에는 음성 단어를 계량화해 성격과 생각을 판독할 수 있는 봇을 만든다는 것이 불가능했다. 소프트웨어와 하드웨어 기술 등이 아직 준비되지 않은 것이었다. 인간의 말을 포착해 정확히 번역할 수 있는 음성인식 소프트웨어는 수십 년간 성공을 거두지 못했다. 그런 목적으로 만들어져 있는 소프트웨어는 버그가 많았고 심각하게 부정확했다. 컴퓨터화된 음성인식과 번역은 오랫동안 일상적인 상황에서 쓰일 수 있을 만큼 신뢰성 있는 제품을 만드는 데 실패했던 분야였지만, 1990년대 초반 IBM 연구소의 과학자 두 명이 이 분야에 뛰어들었다. 피터 브라운^{Peter Brown}과 로버트 머서^{Robert Mercer}는 한 언어를 다른 언어로 번역해주는 프로그램의 개발부터 시작했다. 프랑스어에서 영어로의 번역이 첫 시도였다. 그 당시까지 이 문제에 매달리던 해커들은 두 언어를 모두 알았고, 단어들을 직접적으로 번역해주는 프로그램들을 작성했다. 영어로 ham은 프랑스어로 jambon이고, 영어로 cheese는 프랑스어로 fromage라는 식이었다. 하지만 모든 언어에는 예외적이고 이상한 문법과 반직관적인 관용어구 및 문구가 하나둘이 아니었기 때문에 번역 알고리즘 작성은 극도로 복잡한 일이었다. 다뤄야 할 예외적인 사항이 너무나 많았다.[5]

브라운과 머서는 프랑스어를 할 줄 몰랐고, 배우려고 노력하지도 않았다. 수천 가지 알고리즘을 직접 작성하는 대신에 그들은 캐나다 의회의 회의 기록을 IBM 워크스테이션에 입력했다. 캐나다는 두 가지 공용어를 사용하고 있었기 때문에 기록물이 영어와 프랑스어로 각각 만들어졌는데, 1년만 해도 수백만 개의 단어에 달하는 분량이었다. 두 사람은 두 개의 텍스트에서 패턴을 찾는 머신러닝 프로그램을 개발했다. 다른 이들이 다른 언어들 사이의 문법적 구조를 바꿔주는 멋진 코드를 작성해 이 문제를 해결하려고 했다면, 브라운과 머서는 '우둔한' 소프트웨어와 엄청난 계산력을 채택했다. '오직 이 방법에 의해서만 (marqué d'un asterisque/ starred)나 (qui s'est fait bousculer/embattled)⁶를 제대로 번역할 가능성이 있다.'라고 브라운은 자신들의 연구 결과를 요약한 논문에 썼다.*

이어서 브라운과 머서는 먼저 등장한 단어들을 기반으로 다음에 이어진 단어를 예측하는 알고리즘 집합을 구축했다. 실제로 그들의 해킹은 너무나도 혁신적이어서 음성 번역 소프트웨어뿐만 아니라 음성인식 프로그램에도 변화를 불러일으켰다. 말하는 사람의 입에서 각 단어가 튀어나올 때 의미를 단정하는 대신에, 최첨단 음성인식 소프트웨어는 함께 연결됐을 때 뜻이 통하는 단어의 배열을 찾았다. 이런 방식은 are와 our를 구분하기가 용이하다. Are you going to the mall today를 Our you going to the mall today로 혼동할 리는 없을 것이다. Our you going이라고 말하는 사람은 전혀 없기 때문이다. 우리가 문법을 익히는 방식 그대로 머신러닝 알고리즘도 문법을 익힌다. 이런 기법이 오늘날 우리들이 사용하는 음성인식 프로그램의 뼈대를 이룬다.

브라운과 머서의 혁신을 월스트리트에서 놓칠 리가 없었다. 그들은 1993년 IBM을 떠나, 르네상스 테크놀로지스^{Renaissance}

---

* marqué d'un asterisque는 불어, starred는 영어로 '별표 표시가 돼 있는'이란 뜻임. qui s'est fait bousculer는 불어, embattled는 영어로 '난처한 상황에 빠진'이란 뜻인데, 불어와 영어의 구조가 달라 기존의 방식으로는 제대로 번역하기가 힘들다는 뜻으로 추측됨 – 옮긴이

^{Technologies}란 헤지펀드로 옮겼다. 언어 알고리즘을 개발한 그들의 작업은 금융 시장의 단기 트렌드를 예측하는 데도 사용될 수 있었으며, 그들이 만든 알고리즘 버전은 르네상스의 최고 펀드 상품에서 핵심이 됐다. 브라운과 머서의 작업에 힘입어, 르네상스의 자산은 1993년 2억 달러에서 2001년 40억 달러로 늘어났다.[7] 음성인식 알고리즘이 어떤 방식으로 시장에서 활용되는지는 정확히 알려져 있지 않으며, 그것이 르네상스가 성공을 유지할 수 있는 이유이기도 하다. 르네상스는 월스트리트에서 가장 큰 수수께끼이며, 최고의 과학 인재를 금융으로 끌어들이는 그들만의 비결은 골드만을 비롯해 업계의 그 어느 기업에도 뒤지지 않는다. MIT 수학자 출신인 르네상스의 제임스 사이먼스^{James Simons} 창립자는 머서와 브라운 덕에 억만장자가 된 후에 2009년 은퇴했으며, 그들을 공동 CEO로 임명했다.

머서와 브라운의 성과는 2001년 무렵 콘웨이가 대부분의 대화를 신뢰할 수 있는 수준의 정확도로 기록할 수 있는 상용 소프트웨어를 구매할 수 있게 됐다는 뜻이다. 이제 사람들의 대화를 기록할 수 있게 됐기 때문에, 콘웨이는 이렇게 기록된 단어들을 NASA의 계산법에 적용시킬 수 있는 알고리즘을 구축하기만 하면 됐다.

이를 위해 콘웨이는 생각할 수 있는 모든 단어 연결과 패턴에 대한 알고리즘 라이브러리 개발에 착수했다. 어떤 사람이 말하는 그 어떤 말이든지 성격적 단서로 읽혀질 수 있다. 예를 들어, 어떤 사람이 농담이나 잡담 없이 곧바로 질문하고 답변을 요구하는 식으로 고객 서비스 직원과 대화를 시작한다면, 그는 사고 중심형 인간일 가능성이 높다. 그들은 이런 식으로 말할 것이다. "여보세요. 내 차에 새로운 머플러가 필요합니다. 2007년형 스바루 아웃백 Subaru Outback*의 수리비가 얼마인가요? 그리고 수리는 언제 할 수 있죠?" 이 문장에서 키워드는 '필요', '얼마', '언제'다. 이 고객은 정보를 요구하고 있으며, 최대한 빠른 해답을 원한다.

또 다른 고객은 전화를 걸어서 회사 제품의 부실한 성능 때문에 기분이 어땠는지 설명할 수도 있다. 이 사람은 이렇게 말할 것이다. "나는 분통 터질 지경이라고요. 제대로 되는 건 없고, 나는 더 이상 뭘 해야 될지 모르겠어요. 당신 회사와 서비스에 대해 기대했었는데 실망이네요." 이 고객 역시 인칭 대명사 '나'에 이어서 기분을 나타내는 문장들을 집중적으로 사용함으로써, 자신이 감정 중심형 인간이라는 점을 여실히 알려줬다.

첫 번째 고객은 사실 확인이 목적이었다. 그의 질문에 사실로 대응한다면 금세 만족할 것이다. 알고리즘은 잡담을 하면 그를 귀찮게 한다는 점을 알아야 한다. 두 번째 고객은 상당한 정도의 공감과 통상적 대화를 원한다. 그녀는 사과와 진정한 이해로 대할 때 최고로 만족할 것이다. 콘웨이는 이런 사실들을 몇 초 안에 집어낼 수 있는 알고리즘이 필요했다.

성격 파악에서 한 발짝 더 나아가, 콘웨이는 통화자가 원하는 것을 그가 요청하기도 전에 파악하는 봇을 구축하고 싶어 했다. 예를

* 미국에서 판매되는 일본 자동차 메이커의 차종 – 옮긴이

들어, 어떤 사람이 법적 조치를 취하겠다고 협박하면 콘웨이는 관리자에게 즉시 알려지기를 원했다. 특히 소송이 빈번해 매년 수익에 영향을 미칠 정도인 건강보험사 같은 잠재 고객에게는 더욱 중요했다. 단 몇 건의 소송이라도 미연에 방지할 수 있는 자동화된 수단이 있다면 수백만 달러의 가치가 있을 것이다. 콘웨이는 일관된 기준하에 적절한 방식으로 통화 고객에 대응하면 회사의 성과를 향상시키고, 충성도 높은 고객 기반을 다질 수 있다는 점을 알고 있었다.

혁신적인 제품을 개발하면 막대한 보상이 있다는 점을 알고 있었기에, 콘웨이는 사람들의 마음을 읽는 뭔가를 만들 수 있다는 육감과 믿음을 기반으로 공개 기업인 자사의 사업 방향을 변경하려고 했다. 모두가 확신을 가진 건 아니었다. 콘웨이는 이로열티의 수석 변호사인 로버트 월트^{Robert Wert}에게 자신이 인간 행동을 예측할 수 있는 심리학 모델을 알고 있다고 말했다. 월트는 폭소를 터뜨릴 뻔했다. "맞아요! 나도 20년 동안 변호사를 했어요. 아, 나도 사람 마음을 읽을 수 있어요. 그들은 전부 멍텅구리라고요.'라고 말했죠."

그러나 케이퍼스를 만나서 과학적인 증거를 보고 나자 월트는 마음을 바꿨다. 이 변호사는 이제 카알러의 컨설턴트 회사를 운영한다. 법률 회사들은 소속 파트너들에게 인간을 계량적으로 파악하는 방법을 학습시키는 대가로 매일 1만 달러가 넘는 비용을 월트에게 지불한다.

콘웨이는 말에서 인간을 읽어내기를 원했다. 계량적인 기법이었기 때문에 고객의 마음을 읽을 수 있는 봇 제작이 가능하다고 콘웨이는 생각했다. "우리는 인간 언어를 분류하고 있는 것이죠."라고 그는 말한다.

자신이 가진 작은 팀을 동원해서 콘웨이는 상용 서비스를 위한 알고리즘 라이브러리 구축을 계속했다. 동시에 그는 케이퍼스와 함께 그의 이론이 확실한 효과가 있을지 검증하는 작업에 착수했다. 그는 자신이 목표를 달성할 수 있다는 가정하에 사람들의 생각을 읽고 그들의 동기를 파악하면 실질적으로 어떤 장점이 있는지와 이런 과제가 유용한지에 대해 알아야 했다.

콘웨이는 세계적 이동통신사인 보다폰Vodafone과 논의해서 12명의 고객 서비스 직원에게 걸려온 1,500건의 통화 녹음을 건네받았다. 직원당 100건이 넘는 통화가 있었기에, 콘웨이는 각 직원이 행동 중심형 사람부터 몽상 중심형 사람에 이르기까지 다양한 성격의 고객들에게 어떻게 대응했는지 파악할 수 있었다. 또한 각각의 보다폰 직원들이 가진 성격도 알 수 있었으므로, 유사한 성격 간의 통화에서 신속하게 해결에 도달하게 되고 성이 나서 전화를 끊는 통화가 적다는 자신의 가설을 시험해볼 수 있었다.

콘웨이와 케이퍼스는 각각의 전화를 일일이 들어보고 1,500명의 고객과 직원들의 성격을 분류했다. 그다음 각 통화의 시간을 재고 긍정적 해결인지 또는 최악의 경우에는 잠재적인 고객 상실인지 분류했다. 이어서 둘은 이 데이터들을 전부 행렬에 집어넣고 결과를 조사했다.

결과는 정말로 놀라웠다. 고객이 자신과 많이 닮은 성격의 직원과 연결되면, 통화는 대략 5분 소요되고 문제는 전체의 92퍼센트가 해결됐다. 어느 모로 보나 최상의 고객 서비스였다. 하지만 고객의 통화가 반대 성격의 직원과 연결될 때는 현저히 달랐다. 대략 10분 통화에 문제 해결 비율은 47%였다. 이는 고객과 성격이 맞는 직원이 매칭될 경우 다른 통화보다 두 배 정도 효과적이라는 뜻이었다. 콘웨이가 실제로 사용 가능한 봇을 만들기만 한다면, 대폭 줄어든 통화 시간 덕분에, AT&T 같은 회사는 최종적으로 콜센터 비용의 1/3을 절감할 수 있을 것이다.

실제 입증된 대로 그건 정말로 가능한 일이었다. 그럼에도 불구하고, 봇을 실현하는 일은 매우 거대한 프로젝트였다. 필요한 알고리즘을 구축하기 위해, 콘웨이는 최정예 프로그래머들과 아울러 '구할 수 있는 정말 최고로 똑똑한 사람들'을 고용했다. 그는 최고의 인재들을 뽑은 다음 필요한 대로 훈련시키는 방식이 종종 단순히 관련 프로그래밍과 논리적 기술을 갖추고 있는 경력자들을 채용하는 방식보다 훨씬 더 효과적이라는 점을 깨달았다. 마치 최고의 미식축구 팀에서 고교 시절 연맹 대회 출전 경험이 있는 와이드 리시버 대신에 마이클 조던을 뽑는 격이다. 물론 전자인 경우에 공을 잡을 줄 알고 미식축구 플레이 방법을 알고 있겠지만, 마이클 조던이 경기에 대한 감을 익히기만 하면 타고난 운동 능력으로 그를 능가할 것이다.

마음을 읽는 봇을 개발하려면, 콘웨이는 '마이클 조던'이 여러 명 필요했다. 그는 이로열티의 고객센터 관리 주력 사업에서 벌어들이는 수익을 전부 이 프로젝트에 재투자할 계획이었다. 그는 이 프로젝트가 고객 서비스를 넘어 세상을 바꿀 수 있는 것이라고 느꼈다. 매년 수천만 달러의 영업이익이 들어왔기 때문에, 콘웨이에게는 팀원 채용에 마음껏 돈을 쓸 여력이 있었다. 하지만 슈퍼스타로 이뤄진 어느 대규모 팀과 실제로 계약하려고 할 때, 돈 많은 다른 인수자 역시 그들을 유혹하고 있다는 점을 알게 됐다. 다른 인수자는 실제로 자금력에 있어서는 세상 그 누구에게도 꿀리지 않았다. 콘웨이는 월스트리트의 퀀트 조직과 자웅을 겨뤄야 했다.

8

월스트리트와 실리콘밸리의 대결

2001년경에 서로 맞물려 일어난 일련의 사건들은 트레이딩 업체들의 손익계산서를 살찌우고, 그들이 직원으로 보유하는 능숙한 프로그래머들의 인력 풀을 늘려줬다. 이 시기에 시작된 금융 부문의 팽창은 유례가 없을 정도였는데 두 가지 이유에 의해 촉발됐다. 폭등하는 주택 부문(월스트리트가 부채질했던)과 알고리즘에 의한 자기자본거래proprietary trading가 그것이었다.

2000년에는 봇이 미국 주식시장 전체 거래의 10퍼센트 미만을 담당했다. 월스트리트의 거대 기업들은 봇의 존재를 잘 알고 있었지만, 당시의 알고리즘은 시장을 움직이지는 못했다. 알고리즘이 서로 연쇄작용을 일으켜 플래시 크래시 같은 사태를 일으킨다는 생각은 상상하기 어려웠다. 2000년에는 컴퓨터가 아닌 사람들이 거래소를 통제했다. NYSE의 거의 모든 거래는 여전히 특정 주식에 대한 대부분의 거래를 감독하는 독점권을 가진 인간 스페셜리스트들의 손을 거쳤다. 객장에서 트레이더들은 스페셜리스트와 그가 거느린 부하들이 처리 가능한 속도만큼만 주문을 넣을 수 있었다. 시스템은 완전히 인간적이었다. 월스트리트를 움직이는 건, 컴퓨터 마더보드나 광섬유 라인의 광 펄스가 아니라 여전히 객장이었다. 패터피의 시스템과 그것을 모방한 세대들이 나스닥을 장악했지만, NYSE는 완전 자동화는 고사하고 소리치는 쪽이 자판을 두드리는 쪽을 이기는 장소로 남아있었다.

하지만 이 모든 상황은 변하고 있었다. 전자 트레이딩 네트워크의 부상은 패터피와 같은 트레이더 겸 프로그래머들이 한때는 파벌과 선택된 소수가 지배했던 시장에 보다 쉽게 적은 비용으로 침투할 수 있게 만들어줬다. 탄탄한 네트워크 연결이 강력한 데스크톱 컴퓨터, 그리고 잘 작성된 코드와 결합됨으로써 시장 지식을 갖춘 프로그래머들이 곧바로 무대에 뛰어들었다.

좀 더 접근이 쉬워진 것 말고도, 이른바 월스트리트의 십진법화 decimalization는 해커들에게 돈을 벌 수 있는 또 다른 엄청난 기회를 안겨줬다. 미국 주식시장은 언제나 수 분의 일 달러를 기준으로 운영돼 왔다. 예를 들어 1997년 전에는 주식 가격 변동의 최소폭이 1/8달러였는데, 이는 12.5센트에 해당된다. 이후 변동폭은 1/16달러로 반으로 줄었지만, 이는 여전히 주식 스프레드가 최소 6.25센트란 의미였다. 이 값은 기술에 투자하지 않은 전통 중개 업체나 시장조성 업체들까지도 돈을 긁어모을 수 있을 정도로 여전히 큰 스프레드였다. 그들은 매도 호가에 팔고 매수 호가에 사기만 하면 됐다. 이런 방식은 나머지 모든 사람들, 특히 소규모 투자자들의 손해를 대가로 중개 업자들에게 수익을 보장해줬다.

2001년 미국 증권거래위원회는 모든 시장이 십진법으로 전환하도록 의무화했는데, 대규모 물량을 가진 주식의 스프레드를 1센트로 표시하는 것이었다. 이제 고객을 가진 시장조성자가 되는 것만으로는 큰 수익을 쉽게 거머쥘 수 없었다. 이제는 물량, 그것도 아주 많은 물량이 필요했다. 그렇게 하기 위한 유일한 수단은 물량을 다룰 수 있는 기술과 두뇌뿐이었다.

2008년 초 무렵에는 자동화된 봇이 미국 전체 주식 거래의 60퍼센트를 담당하게 됐다. 금융 산업은 7년 동안 똑똑한 엔지니어와 물리학자를 비롯한 다재 다능한 인재들을 모조리 빨아들였는데, 그들 대부분은 미국 주택을 두 채 사고도 남을 정도로 높은 초임과 보너스에 끌렸다. 월스트리트는 반도체 산업, 거대 제약 회사, 통신 사업보다 더 많은 수학, 공학, 과학 졸업생들을 채용하게 됐다. 콘웨이는 근 10년의 반이 넘는 기간 동안 이런 흐름을 거슬러 채용을 시도해야 했다.

시카고 북부 레이크 포레스트^{Lake Forest}시에 소재한 콘웨이의 이로열티는 수십 일 동안 인근의 노스웨스턴 대학교와 시카고 대학에서 채용을 시도했다. 콘웨이는 가장 신뢰하는 직원 몇 명을 데리고 채용 이벤트에 참가해 회사의 부스를 준비하곤 했다. 하지만 콘웨이와 이로열티는 채용 경쟁에 몰두할수록, 자신들이 월스트리트 스카우터들에게 밀린다는 사실을 깨달았다. 골드만, 모건스탠리, 시티, 크레디트 스위스 등의 기업들은 최고 대학의 채용 이벤트에 빠지는 적이 없었다. 대부분의 월스트리트 회사들은 그런 이벤트에 학교를 졸업한 지 몇 년 되지 않은 신참 직원들을 보냈다. 그들은 자신의 회사에서 일하는 것이 어떤지에 대해 피상적으로만 얘기할 수 있었다. 비전이나 도전, 지적 자극에 대해 호소하지도 않았다. 사실 그들은 아무것도 호소하지 않았다. 골드만이나 모건이 나타나기만 하면 그들의 부스에는 사람들이 미어터졌다.

2001년부터 2008년까지의 기간은 월스트리트의 전성기로 기록될 만하다. 월스트리트 기업들은 기록적인 매출, 수익, 직원 수뿐만 아니라 어딜 가나 이전까지 누려본 적이 없고 앞으로도 누리지 못할 정도로 찬사와 환영을 받았다. 콘웨이는 그런 상대와 경쟁해야 했다.

몇 명 어슬렁거리며 관심을 가지는 사람들은 있었지만, 최고의 인재들과 접촉하기는 쉽지 않았다. "지원자가 우리 회사 이름을 들어본 적이 없는 상태에서 골드만삭스와 경쟁하기는 쉽지 않았어요."라고 그는 말한다. 어쩌다 관심 있는 지원자를 만나더라도 돈 많은 트레이딩 기업들이 더 많은 연봉을 제시했다. "우리도 연봉을 잘 주는 편이지만, 대학 졸업생에게 20만 달러를 뿌릴 순 없어요."라고 그는 생각한다.

콘웨이는 최고의 인재를 붙잡기 위해 나름대로 최선을 다했다. 콘웨이는 도시에 머물고 싶은 졸업생들이 본사가 경치 좋은 레이크 포레스트의 전원에 있다는 사실을 탐탁지 않게 여기는 것 같다는 생각이 들자, 시카고 시내 중심에서 임대료가 가장 비싼 금융 지구 바로 옆에 이로열티의 대규모 사무실을 열었다. 그는 인재 추천에 대해 직원들에게 현금 보너스를 지급했다. 콘웨이는 이로열티에 입사해 새로운 트렌드를 이끌 똑똑하고 비슷한 생각을 가진 사람들을 찾겠다는 희망을 품고, 끊임없이 새로운 졸업생들에게 접근했다.

콘웨이는 언어학을 경험했던 일류 대학 출신의 MBA 졸업생을 데려와서, 빨리 결과를 보려고 시도했다. 분명히 그들은 콘웨이에게 필요한 알고리즘을 생각해낼 수 있을 것 같았다. 하지만 그런 방식은 통하지 않았다. "우리는 돈을 퍼줬지만, 그들은 자신의 일을 제대로 해내지 못했어요."라고 콘웨이는 말한다. MBA들은 세부사항, 절차, 수치에서 막혔다. 콘웨이에게 정말로 필요했던 인재들은 창조성이 불타오르는 기술 인력이었다. 문제를 재빨리 파악해 독특하고 차별화된 해결책을 발견할 수 있는 탁월한 능력의 소유자여야 했다.

이로열티가 직면한 한 가지 전형적인(그리고 심각한) 문제는 감정 중심형 사람들은 모두 정확히 똑같은 대화 패턴을 사용하지 않는다는 점이었다. 자동적으로 이런 차이를 알아낸 다음, 그런 차이를 감안해 사람들을 정확히 분류하는 방법을 고안하는 일은 모든 감정 중심형 사람들과 그들의 버릇, 의도, 언어를 파악할 수 있는 수만 가지의 알고리즘을 만드는 작업을 필요로 한다. 탁월한 집중력과 고도의 분석적인 두뇌를 가진 사람들만이 그런 일을 감당할 수 있다.

콘웨이는 비롯 느리기는 하지만, 그런 종류의 사람들을 채용하는 데 있어 일부 성과를 거뒀다. 후보자들은 성격 테스트와 IQ 테스트를 받았고, 최고 점수를 획득한 후보들만이 검토 대상이 됐다. 이로열티 채용 인력 중 1/4은 IQ로 전국 상위 1퍼센트에 속했다. 월스트리트가 그토록 귀하게 여기는 정확히 그런 후보들이다. 증권 가격에 영향을 미치는 12가지 요인을 밝혀내고, 그런 이론을 기반으로 빛의 속도로 거래하는 알고리즘을 생각해낼 수 있는 인재가 바로 그런 사람들이다. 골드만삭스 같은 초일류 회사의 인지도에다 초봉 40만 달러 및 보너스와 경쟁하느라 콘웨이에게는 시간이 걸렸다.

월스트리트의 유혹으로부터 인재를 데려오는 데 실패하는 건 콘웨이만은 아니었다. 전체 기술 업계는 투자은행, 트레이딩 업체에다 이제는 신종 기업인 초고속 트레이더 부티크^{boutique}*에 이르기까지, 모든 월스트리트 기업들이 인재들을 찾기 위해 일류 대학으로 몰려드는 광경을 지켜봤다. 대학 캠퍼스의 역학 변화는 사소한 정도가 아니었다. 예를 들어, MIT 졸업생이 월스트리트로 향하는 비율이 2006년에는 2000년보다 67퍼센트나 껑충 솟구쳐서 1/4이 넘는 졸업생들이 금융 분야로 취업했다.[1]

게다가 콘웨이를 비롯한 기술 기업들은 급격히 줄어드는 인재 풀 때문에 어려움을 겪었다. 컴퓨터과학 분야는 퍼스널 컴퓨터의 부상에 따라 컴퓨터과학 전공으로 학생들이 쏟아져 들어오던

---

* 소수 전문가가 모여 특정 금융상품에 대한 서비스를 제공하는 전문회사 – 옮긴이

1980년대에 크게 성장했다. 컴퓨터과학 부서들은 팽창됐고, 프로그래밍 인력은 경제의 구석구석으로 유입됐다. 하지만 그런 시절은 부분적으로 1987년 주식시장 참사의 여파로 일어난 1988년 기술 업계의 위기로 갑작스레 종지부를 찍었다. 그 이후, 컴퓨터과학은 거의 10년 동안 대학에서 비인기 전공 신세를 면하지 못했다.

하지만 그러다가 AOL, 넷스케이프^{Netscape}, 이베이^{eBay}, 야후^{Yahoo!}가 출현했다. 새로운 부류의 백만장자들이 속출했고, 컴퓨터과학 전공의 입학 신청은 다시 폭증했다. 내가 1990년대 후반 일리노이 대학의 공학도였던 시절, 학교는 동문들의 성공에 들떠 있었다. 넷스케이프의 마크 안드레센^{Marc Andreessen}, 페이팔^{PayPal}의 맥스 레브친^{Max Levchin}, 그리고 최근에는 유튜브와 옐프^{Yelp!}의 창업자들이 일리노이 출신이었다. 일리노이 대학의 컴퓨터과학과 건물은 공학동에서 가장 분주한 장소였다. 학생들은 주기적으로 졸업 전에 실리콘밸리로 떠났으며, 닷컴 횡재에 대한 이야기들로 공학동은 떠들썩했다. 평범한 학생들까지도 졸업하자마자 사이닝 보너스, 스톡옵션을 거머쥐는 것처럼 보였으며 웹의 성공이 보장됐다고 생각하는 것 같았다.

이런 이야기들은 전국의 몇몇 캠퍼스에서 펼쳐지다가 기술 붐이 더욱 뜨거워지고 그 영향이 미국 전역에 미치게 됨에 따라 더 크게 불어났다. 결과적으로 컴퓨터과학 전공을 선택한 대학 신입생들의 숫자는 1998년부터 급속히 증가하기 시작했는데, 당시 컴퓨터과학 전공은 신입생의 1.5퍼센트 비율에 불과했다. 2002년에는 이 수치가 불과 5년 만에 두 배 이상으로 증가해 3.5퍼센트로 정점을 찍었다. 하지만 닷컴 붕괴는 인재 풀을 급속히 줄여버렸다. 2007년 말 무렵에는 이 수치가 1.5퍼센트 이하로 곤두박질쳤다. 월스트리트는 전반적으로 구할 수 있는 인재가 줄어들었는데도 계속 프로그래머 채용을 확대해서 콘웨이와 이로열티 같은 사람들의 곤궁함을 가중시켰다. 이런 경향이 너무나도 현저했기 때문에 교수들까지 눈치채기 시작했다.

그의 설명에 따르면 비벡 와드와Vivek Wadhwa는 공학 전공 학생들에게 실제 세계의 문제들을 해결하는 방법을 가르쳐서 엔지니어로 일하도록 하기 위해 듀크 대학Duke University 교수가 됐다. 월스트리트에서 알고리즘 조종자가 되라고 가르치려던 건 아니었다. 그는 대부분의 학생들이 졸업 후에 투자은행 직원이나 경영 컨설턴트가 되자 충격을 받고 당황했다. "내가 가르친 학생들은 실제로 엔지니어가 되는 경우가 거의 없었습니다." 이어서 그는 말한다. "학생들에게 무슨 이유 때문에 언제 그렇게 많이 대출해줬는지는 몰라도, 골드만삭스는 기술 기업들보다 두 배나 많은 대출을 제공하고 있어요."

와드와 자신도 한때는 월스트리트의 엔지니어로, 1980년대 후반 크레디트 스위스 퍼스트 보스턴CSFB, Credit Suisse First Boston에서 일했던 적이 있었다. 최종적으로 그는 은행 정보 서비스 부문 부사장이 됐다. 크레디트 스위스 전에는 실리콘밸리의 원조 혁신자 중 하나인 제록스^{Xerox}에서 일했었는데, 1년에 4만 7,000달러를 받았다. 1986년 CSFB 근무 첫 해에는 16만 달러를 받았다. 두 번째 해에는 18만 달러, 세 번째 해에는 24만 달러, 네 번째 해에는 30만 달러를 받았다. 이건 모두 1990년 이전의 일이었다.

자신이 가르쳤던 많은 학생들과 마찬가지로, 와드와는 월스트리트에서 몇 년 일하면서 빚을 일부 갚은 다음에 움직일 생각이었다. 하지만 떠나기는 쉽지 않았다. "일종의 조직 범죄처럼 돼 갔어요. 떠날 수 없었죠."라고 그는 말한다.

결국 와드와는 월스트리트를 떠났고 랠러티비티 테크놀로지스 $^{Relativity\ Technologies}$를 설립했는데, 기업들이 오래된 코드 기반에서 C++나 자바 같은 새로운 코드로 이전하는 과정을 돕는 소프트웨어를 개발하는 회사였다. 이후로 그는 듀크 외에도 에모리^{Emory}와 스탠포드의 교수를 역임하면서 기술 교육에 주도적인 목소리를 내는 인사 중 한 명이 됐다.

듀크의 새로운 교수로서 와드와는 자신의 가장 똑똑한 학생들이 월스트리트에 자리를 잡고, 세계 경제를 붕괴 지경으로 몰고갈 수 있는 도구들을 끌어들이는 상황을 지켜봤다. 자산담보부증권$^{collateralized\ debt\ obligations}$, 자체로는 좋은 공식이지만 월스트리트에 의해 오용된 가우시안 코풀라 함수$^{Gaussian\ copula}$, 그리고 언제든지 폭주할 수 있는 트레이딩 알고리즘들이 그것이다.

이것이 주식시장이 역사상 가장 높이 올랐던 2007년의 상황이었다. 금융 부문 기업들은 진공 청소기가 먼지를 빨아들이듯이 현금을 긁어모았다. 수많은 경쟁자 속에 선두 자리를 고수하기 위해, 금융 기업들에게는 두 가지가 필요했다. 워싱턴의 친구들과 돈으로 살 수 있는 최고의 계량적 두뇌였다. 따라서 그들은 두 가지 모두를 돈으로 샀다. 이런 현실과 맞닥뜨리다 보니, 콘웨이는 자신이 원하는 속도대로 확장할 수 없었다.

알고리즘 인재 전쟁의 붐과 침체

최고의 알고리즘 구축자를 확보하기 위한 경쟁은 월스트리트 기업 사이에서도 번졌다. 가장 멋진 코드를 작성할 수 있거나 가장 영리한 알고리즘을 생각해낼 줄 아는 사람들은 손쉽게 도이체방크Deutsche Bank나 나이트 트레이딩Knight Trading 등의 회사들을 왔다 갔다 할 수 있었다. 이런 그룹의 사람들 중에도 슈퍼스타급 인재가 존재하는데, 이들은 너무나도 독보적이고 귀중한 기술을 보유하고 있어 1년에 100만 달러가 족히 넘는 보수를 받을 수 있었다.

일부 사례에서는 보수가 훨씬 더 커질 수 있었다. 퀀트 중심의 시카고 헤지펀드인 켄 그리핀의 시타델Ken Griffin's Citadel에서 초고속 트레이딩 운영을 담당한 두뇌이자 초고속 물리학자인 미하일 말리셰프Mikhail Malyshev는 2008년 시타델로부터 1억 5,000만 달러를 받았다. 1년 후에 말리셰프는 테자 테크놀로지스Teza Technologies라고 자신이 이름 붙인 경쟁 기업을 창업하기 위해 떠났다. 독점권을 가진 코드를 도난당했다고 생각한 그리핀은 말리셰프를 고소해 결

국 거액의 배상금을 타내고 테자의 사업에 상당한 타격을 가했다.[2]

시타델과 같은 고용주들은 자신들이 고용한 계량적 두뇌들에게 엄청난 보수를 지급하면서도 변절에 취약한 상태가 됐다. 켄 그리핀의 회사에서 또 다른 전임 금융 엔지니어였던 이하오 푸Yihao Pu는 알려진 바에 의하면 퇴직 전에 코드를 훔쳤다는 이유로 2011년 후반에 체포됐다. 푸는 범죄 사실을 감추고자 자신의 컴퓨터를 시카고 외곽의 강에 던져버렸지만, 잠수부들이 결국 찾아냈다. 그의 컴퓨터에는 시타델에서 가장 중요한 트레이딩 코드의 기반 요소들이 저장돼 있었다.[3]

흥청망청한 보수와 채용은 2008년 어느 가을날 월스트리트에서 모든 것이 변할 때까지 지속됐다. 9월 15일 저명한 국제 투자은행이자 퀀트 군단을 채용한 회사인 리먼브라더스Lehman Brothers가 파산 신청을 했다. 다음 3주 동안 다우지수는 3,000포인트 곤두박질쳤고 대부분의 월스트리트 엘리트 기업들이 파산 상태에 이를 정도로 흔들렸다. 메릴린치Merrill Lynch는 뱅크 오브 아메리카Bank of America에 매각됐고, 골드만삭스는 워렌 버핏Warren Buffett으로부터 50억 달러의 지급보증을 받았으며, 베어스턴스Bear Stearns는 영원히 사라졌다.

리먼브라더스란 일개 기업의 파산이 촉발한 사태로 인해 채 1년이 지나지 않아 미국 경제의 궤도는 영원히 바뀌어버렸다. 이 사건 전에는 GDP에서 금융 부문이 차지하는 비중이 급속도로 늘어나고 있었다. 주식시장이 오랫동안 급등하고 월스트리트의 일자리가 다소간 영광을 얻기 시작했던 1960년대만 하더라도, 금융 부문은 GDP의 4퍼센트를 넘지 못했다. 퀀트와 프로그래머들이 최초로 월스트리트로 넘어오기 시작하던 1982년에는 어떤 은행이나 금융 기업도 다우존스 공업지수^{Dow Jones Industrial Average}에 끼지 못했다. 하지만 그때부터 월스트리트의 경이로운 성장이 시작됐다. 2008년 리먼의 파산 직전에는 금융 부문이 경제에서 8퍼센트가 넘는 비중을 차지하고 있었다. 역사상 최고 수준에 근접한 수치였다.[4] 이 시점에는 다섯 개의 금융 기업이 다우존스에 포함됐다. 그 중 하나인 AIG는 정부로부터 1,500억 달러의 긴급구제를 받았는데, 이 금액은 뉴질랜드, 파키스탄, 쿠웨이트, 우크라이나를 비롯한 200개 국가의 GDP보다 더 큰 규모였다.[5]

해고가 월스트리트에서 바이러스처럼 번졌다. 무소불위처럼 보였던 퀀트 군단들조차 짐 박스를 옆에 끼고 사무실을 떠나야 했는데, 그들은 은행과 트레이딩 기업들이 확보하려고 엄청난 노력과 돈을 들였던 사람들이었다. 그해 가을 대부분과 2009년에 접어들어서도 월스트리트에서 수학, 과학, 공학 전공자들을 가장 많이 채용했던 기업들이 살아남을 수 있을지는 누구도 알지 못했다.

2008년 가을, 콘웨이와 이로열티 직원들이 평상시처럼 시카고 대학의 채용 이벤트에 등장했을 때는 뭔가 달라진 분위기였다. "그들이 사라졌어요."라고 콘웨이는 말한다. 골드만, 모건뿐 아니라 모두가 그냥 사라져버렸다. 이런 기업들은 채용 중단은 물론, 이전에는 볼 수 없었던 규모로 인건비를 삭감하기 시작했다. 2008

년 시티그룹은 7만 3,000명의 인력을 감원했다. 메릴린치와 뱅크 오브 아메리카는 3만 5,000명을 감원했다. 리먼의 2만 5,000명 직원들은 전부 실업자가 됐다. JP 모건은 헐값으로 베어스턴스를 인수하면서 직원 9,000명의 고용을 승계하지 않았으며, 자기 회사 내에서도 1만 명을 감원했다.

콘웨이에게 닥친 변화는 놀라울 정도였다. 예전에는 최고 수준의 인재와 면접을 잡기 위해 안간힘을 써야 했지만, 이제는 취업에 관심을 가진 폭넓은 학생 풀을 가지게 됐다. 똑똑한 계량적 두뇌를 얻기 위해 한때 월스트리트와 경쟁해야 했던 경제의 다른 분야에서도 마찬가지였다.

"예전에는 얻을 수 없던 사람들을 채용하기 시작했죠."라고 시애틀 소재 스타트업인 레드핀^{Redfin}의 CEO인 글렌 켈맨^{Glenn Kelman}은 회상한다. 레드핀은 통상적인 중개 수수료를 낮추고 업계를 지배하고 있던 담합을 와해시킴으로써, 부동산 매매 시장을 혁신하려고 시도하는 중이다. 켈맨은 수년 동안 미국에서 최고로 똑똑한 인재들이 남부 맨해튼이나 시카고 루프^{Chicago's Loop}*에 묶여서 광섬유 케이블을 통해 전송되는 코드 조각들을 가지고 서로 경쟁하는 상황을 크게 개탄해왔다. "그런 친구들 대부분이 그런 곳으로 간다는 건 비정상적이죠. 그런 재능들이 자유로워진다면 우리에게 무엇이 가능할지 상상해보세요."라고 그는 말한다.

콘웨이에게는 정말로 그런 재능들이 해방된 셈이었다. 은행들이

---

* 시카고의 상업 중심 지역 – 옮긴이

파산한 지 2년 만에, 이로열티는 60명의 알고리즘 개발자들을 채용해서 거대한 사업적 야망에 어울리게끔 팀을 보강했다.

콘웨이가 성격 감지 봇을 구축하던 10년 동안, 이로열티의 기존 콜센터 관리 업무가 회사를 먹여 살렸다. 이 기간 동안에 기존 사업은 회사의 연간 매출 9,000만 달러에서 60퍼센트가 넘는 비중을 차지했다. 이런 자금으로 콘웨이는 후발 주자들이 극복하기 어려울 것이라고 평소 생각했던 진입 장벽을 구축할 수 있었다. 바로 봇이 들을 수 있는 범위 내에서 말하는 모든 사람의 이야기를 듣고 파악하고 분류하는 200만 개 알고리즘의 라이브러리였다. 콘웨이의 봇은 이제 7억 5,000만 가지가 넘는 대화를 분석했다. 그런 데이터 저장은 구글이나 할 수 있는 일이었다. 2011년 이로열티는 미니애폴리스^{Minneapolis}에 600테라바이트의 고객 데이터(미 의회 도서관의 도서를 전부 저장하려면 10테라바이트가 소요된다.)가 저장돼 있는 1,000개의 서버를 수용하는 새로운 데이터센터를 완공했다.

봇은 우리의 성격을 읽어내고 비슷한 사고를 가진 사람들끼리 연결시켜주는 것 이상의 재능을 가지고 있다. 봇은 사기 단속꾼이므로, 봇이 널리 퍼지면 국제적으로 만연된 신원 도용을 감소시키는 데 도움을 줄 것이다. 고객 서비스 통화는 3,000건 중 한 건이 사기 전화다. 이런 대화에서 사기꾼들은 고객 서비스 직원으로부터 다른 사람의 개인정보를 빼내려고 시도한다. 많은 경우, 집요한 사기꾼은 다른 사람의 개인 데이터 중에서 이름이나 주소 같은 한 조각 정도의 정보만 빼낼 수 있을 것이다. 그들은 혹시나 추가적인 정보를 모을 수 있으리라는 기대를 가지고 신용카드, 은행, 보험 판매원에게 수백 통의 전화를 걸 것이고, 어느 시점엔가는 돈을 빼내기 위해 마음대로 조작할 수 있는 계좌를 입수하게 될지도 모른다. 이런 전화들은 종종 정보와 신원의 절취만을 전문으로 취급하는 러시아, 동부 유럽, 아일랜드, 아프리카의 콜센터로 용역 처리된다. 사기 전화는 보안용 질문에 대해 계속해서 잘못된 대답을 하거나 대부분의 경우 통화자가 갑자기 전화를 끊는 것으로 알아챌 수 있다.

운영자는 일반적으로 이런 통화에 대해 사기 시도 가능성이 있다고 표시해두지만, 대개 이런 통화는 위장된 송화자 ID를 사용하기 때문에 그들이 수백에서 수천 통까지 추가적으로 전화하는 것은 막을 방법이 별로 없다. 하지만 이로열티의 봇 음성인식 능력은 사기를 방지할 수 있는 비상한 능력을 운영자들에게 제공한다. 사람들의 음성은 인간의 지문만큼이나 고유하게 식별될 수 있다. 사람의 음성은 쉽게 변하지 않으며 음색이나 음성의 울림도 마찬가지다. 시간이 지남에 따라 약간 바뀔 수는 있지만, 놀라울 정도로 일정하다. 콘웨이의 봇은 송화자의 음성을 순식간에 전자적으로 녹음해 마스터 데이터베이스에 저장해놓고, 재빨리 사기꾼 음성 데이터베이스에서 송화자의 목소리를 체크할 수 있다. 운영자들은 곧바로 컴퓨터 화면을 통해 대조 결과와 통화가 사기일 가능성을 통지받는다. 사기꾼들은 그들의 속성이 원래 그렇듯이 콘웨이의 도구를 격퇴하기 위한 음성 변조 합성기를 만들려고 시도하는 중이지만, 콘웨이도 대항마를 준비 중이라고 밝혔다.

사기 외에도 봇은 전화 판매라는 성가신 비즈니스를 혁신하는 중이다. 서로 다른 성격은 서로 다른 판매 기법을 요구한다. 사고 중심형 사람에게는 잡담을 하지 말아야 한다. 이런 사람들에게는 혜택, 사실, 돈 절약 정도 등을 말하고, 일 처리가 제대로 되리라는 기대를 심어줘야 한다. 반면 행동 중심형 사람은 "지금 당장 구매하신다면, 무료 선물까지 하나 얹어 드리겠습니다!"라고 강조하는 선전에 마음이 움직일 가능성이 높다. 이처럼 전화 판매의 비결은 어떤 종류의 선전을 채택할지 아는 데 있다. 여섯 가지 다양한 성격을 파악하는 데 따르는 세세한 장점을 전화 판매원들에게 교육시키는 것은 성공 가능성이 높아 보이지 않는다. 하지만 적절한 시점에 적절한 선전을 판매원들에게 지시할 수 있다면 가치가 있다.

보다폰의 경험을 예로 들어보자. 보다폰은 NASA에 의해 개발되고 콘웨이의 이로열티 팀에 의해 완성된 기법을 기반으로 한 판매 선전의 실험 대상이 되기로 자원하기도 했다. 통신사의 마케팅 부서는 운영자들이 업그레이드 상품을 판매할 때 준수해야 하는 미리 결정된 지시사항과 방침을 가지고 있다. 그들의 기법은 다른 회사들처럼 무난한 성공률을 보였지만, 여전히 대부분의 통화는 실패로 끝났다. 그러다가 보다폰은 잠재 고객의 성격을 기반으로 선전과 판매 지침을 바꿨다. 감정 중심형 사람들에게는 붙임성 있는 대화로 아부하고, 친척이나 친구들과 보다 연락하기 쉽게 해주는 제품을 제안했다. 결과는? 판매 성공률이 8,600퍼센트 증가했다.

비즈니스, 서비스, 심지어 정치에서까지도(미국 대선 과정에서 매케인 후보의 최측근인 페일린이 전화 음성 메시지를 통해 상대 후보를 비난한 선거운동 사건인 '로보콜 사건'을 기억해보라.) 봇의 잠재력은 틀림없이 거대하다. 콘웨이는 수십억 달러 규모의 사업이 될 수 있다고 확신했다. 대기업들은 콘웨이가 제시한 제안의 가능성을 인식하기 시작했다. 몇몇 미국 대형 통신사는 일부 고객 서비스에서 그의 봇을 이용한다. 대형 건강보험사 여섯 곳 중 네 곳에서도 봇을 활용하기 시작했다. 콘웨이의 수익은 엄청날 수 있다. 그는 자신의 알고리즘에 접근하는 대가로 매월 자리당 175달러를 과금하는데, 대기업에서 고객 서비스 좌석당 총 5만 달러를 지불하는 것에 비하면 헐값인 셈이다. AT&T 같은 회사가 콘웨이의 봇을 자신의 모든 고객 서비스 좌석에 추가하면, 결과적으로 매년 2억 달러의 매출이 발생할 것이다. 현재 그의 회사가 벌고 있는 돈의 두 배가 넘는다.

AT&T 같은 회사들이 현재 검토 중인 대로 전체 콜센터를 콘웨이의 소프트웨어로 바꾸기 시작한다면, 미래에 우리가 나누게 될 대화 중 상당수는 알고리즘에 의해 좌우될 것이다. 만일 콘웨이의 계획이 성공한다면, 우리는 거의 모든 사업상의 전화에서 엿듣는 봇에게 말하게 될지도 모른다. 봇이 더 많은 고객 만족에 저비용을 보장할 수 있다면 뭣하러 고객이 인간에게 변덕스러운 대접을 받게 만든단 말인가?

인간과의 상호작용에 있어서 봇의 효과는 전화를 이용한 대화에만 국한되지 않는다. 콘웨이에게 그런 기법을 소개하고 매일같이 그들과 함께 일하고 있는 정신과 전문의 케이퍼스는 학교나 병원처럼 교사와 학생, 의료진과 환자의 관계가 양측의 성격으로 인해 형성되는 자연 발생적인 협조 또는 마찰에 심각하게 영향을 받는 장소에서 과학이 더 큰 잠재력을 가지고 있다고 믿는다. 봇은 환자를 2분 동안 재빨리 파악한 다음에 성격이 잘 어울리는 간호사와 의사를 연결해줌으로써, 더 나은 의사소통에 기여하고 궁극적으로 더 나은 치료에 기여한다. 비록 학교의 규모, 학급당 학생수 등의 이유로 관계를 관리하기가 더 어렵긴 하겠지만, 학교에도 같은 방식을 적용할 수 있다. 케이퍼스는 주의력 결핍 장애 진단을 받은 학생들 중 상당 비율은 반응 중심형 아이들이며 더 많은 상호작용, 자극, 직접 교수법 등 그런 성격에 필요한 학습 여건을 제공하지 못하는 환경(대형 학교)에 놓여져 있는 아이들이라고 믿는다.

콘웨이는 이런 가능성들을 모두 살펴보고 있다. 자신의 봇이 음성 커뮤니케이션의 세계를 정복한 후에 그가 노리는 다음 목표는 이메일이다. 대규모 거래 관계가 수반되는 비즈니스에서는 양쪽 당사자마다 보통 30명이 넘는 폭넓은 고객 관계가 생긴다. 이런 사람들이 모두 이메일, 전화, 인스턴트 메시지를 주고받는다. 콘웨이에게는 그 속에 담겨져 있는 의사 교환, 문구, 생각, 메시지 등이 정보원이다. 이 정보를 통해 그는 두 회사 사이의 관계 상태를 유추출할 수 있다. 그는 한쪽 편에서만 명백히 보이는 갈등 포인트, 고객 관계를 위협하는 사업 부서, 심지어 거래 관계가 연장될 수 있을지의 여부까지도 파악할 수 있다. 직원의 이름과 그들이 이메일에 입력한 실제의 문구들은 모두 익명 처리되는데, 오직 봇만이 그런 내용을 읽어들여서 10만 개가 넘는 알고리즘으로 이메일을 분석한 후에 양 당사자 간의 긴장, 합의, 만족, 갈등 같은 것들을 찾을 수 있다. 콘웨이의 알고리즘은 어느 시점에서든 양쪽 회사 간의 관계가 적절한지 엿보는 기회를 제공함으로써, 일부 경우에는 어떤 조치가 고객 관계에 득이 됐는지 아니면 해가 됐는지 경영진들이 알 수 있게 해준다.

자신의 이메일이 고용주에게 감시되는 상황을 대부분의 직원들은 달갑게 받아들이지 않을 것이다. 봇이 감시하더라도 마찬가지일 것이다. 세계에서 가장 큰 이메일 플랫폼인 구글의 G메일도 적합한 광고를 뿌려주기 위해 우리의 메일에서 키워드를 검색할 때 똑같은 일을 한다는 점을 잊지 말아야 한다. 그뿐만 아니라 법에 의하면, 고용주들이 직원들의 회사 이메일 계정에 대해 읽기, 삭제, 전달, 게시 등 원하는 그 무엇이라도 할 수 있다는 점도 주목해야 한다. 기술과 수완을 가지고 적합한 알고리즘을 만들어 활용하는 자들이 점점 더 많은 힘을 축적해가고 있는 세상에서 우리의 미래는 우리를 판단하고, 우리를 안내하며, 우리를 측정하는 봇에 의해 채워질 것으로 보인다.

콘웨이의 기술이 대중화된다면, 이론적으로는 우리가 대화를 나누는 사람들을 제한하게 될 수 있다. 아마도 우리는 우리와 성격 카테고리가 같은 사람들하고만 의사소통하게 될지도 모른다. 이 사실은 그런 소프트웨어를 이용하는 기업들의 수익에는 보탬이 되겠지만, 다른 이들을 수용하는 우리들의 문화와 포용력에는 어떤 영향을 미치게 될까? 아마 그다지 큰 영향이 없을지도 모른다. 자신과 다른 사람들이나 문화와 접촉할 수 있는 수많은 다른 통로들이 존재한다. 하지만 기술로 인해 이미 우리 곁에서 일어나고 있는 각종 범주화와 콘웨이의 봇이 결합된다면, 문제는 좀 더 심각해질지도 모른다.

겉으로 보기엔 그런 상황이 멋지게 들릴지도 모르지만, 실제에 있어서는 편협, 극단주의, 법적인 교착상태로 이어질 수 있다. 기술 덕분에 우리는 자신이 편안하다고 느끼는 범위를 벗어날 필요가 없는 세상을 구축해, 그곳에서 같은 생각과 같은 영혼, 같은 가치관을 지닌 사람들하고만 편안히 지낼 수 있게 됐다. 사고 중심형 인간인 어떤 직원이 같은 성격 유형의 사람들하고만 어울린다면, 그가 어떻게 감정 중심형인 새로운 직원에게 대처할 수 있을까? 이 직원이 자신의 일에서는 전국에서 가장 뛰어난 사람이라고 하더라도, 자신과 성격이 다른 사람들과 효과적으로 의사소통할 수 없다면 직업인으로서 그의 처지는 어떻게 될까? 자신과 다른 유형의 사람들과 함께 일하는 것은 이미 우리가 일상적으로 부딪치는 가장 도전적인 일 중의 하나지만, 한편으로는 가장 보람 있는 일이기도 하다. 콘웨이의 목표가 그런 관계와 명백하게 반대 입장에 서 있는 것은 아니지만, 봇이 다양한 인간 상호작용에 침투하게 됨에 따라 예상치 못한 부작용이 세상에서 일어날 수 있다는 점을 인식해야 한다.

9

월스트리트의 불행은 세상의 행복

그들은 실리콘밸리로 간다

그리니치^{Greenwich}, 남부 맨해튼, 런던, 시카고의 주식꾼들, 트레이더들, 퀀트들로부터 인재의 흐름을 빼앗아오는 데는 금융 위기가 필요했다. 콘웨이가 숙련된 계량적 두뇌로 새로운 팀을 구축했듯이, 기술 세계의 나머지도 그렇게 했다.

많은 사람들이 경제 내에서 두뇌 흐름의 변화를 눈치챘다. "거의 하룻밤 사이에 일어난 일은 놀라웠습니다."라고 듀크 대학 비벡 와드와 교수는 말한다. 그의 학생들이 나타내는 월스트리트에 대한 태도는 2008년 가을 무렵에 바뀌기 시작했다. 와드와가 보기에 기술과 엔지니어링에 대한 학생들의 관심이 더 높아졌다는 것이 무엇보다 고무적이었다. "나는 원래부터 이 정도의 관심이 정상적이었다고 생각합니다."

금융 산업의 붕괴가 경제의 궤도를 바꿨다는 점에는 의심의 여지가 없다. 하지만 위대한 이야기가 늘 그렇듯이 여기에도 여러 가지 다양한 사연들이 있다. 2008년과 2009년 초의 월스트리트 붕괴가 주인공이었지만, 다른 눈치채기 어려운 사건들도 펼쳐지고 있었다. 그중 하나는 별로 눈치채기 어렵지 않았다. 페이스북이었다. 마크 주커버그^{Mark Zuckerberg}는 2004년 초에 페이스북을 선보였는데, 이 책을 쓰는 시점에 그의 자산 가치는 250억 달러가 넘는다. 한편 그의 회사 가치는 1,000억 달러 이상까지 치솟았다.

주커버그의 이야기는 잘 알려져 있다. 페이스북을 이용하는 이들은 '기술광'들이나 '금융맨'들이 아니다. 그들은 지극히 보통인 사람들로 그들 중 다수는 페이스북이 제공하는 끊임없는 업데이트, 뉴스, 채팅에 탐닉하게 됐다. 주커버그의 이야기는 누구든지 이룰 수 있는 것처럼 보인다. 그는 분명히 똑똑하지만 보통의 사람으로 살고 있다. 나는 그가 여자친구의 6년 된 아큐라^{Acura} 해치백을 몰고 등장한 이벤트에서 그를 만났다. 주커버그의 이런 모습을 나머지 대다수의 실리콘밸리 엘리트들이 가지고 있는 화려한 차고의 분위기와 비교해보라. 그들 중에 주커버그가 가진 재산의 1퍼센트만큼이라도 모은 사람은 거의 없다. 주커버그의 이야기는 대학생과 고등학생 해커 모두에게 영향을 미쳤다. 기숙사 방에서 한 번의 대박을 만들고, 평생 믿을 수 없을 만큼 겸손한 삶을 사는 그런 사람이 되고 싶지 않은 이가 어디에 있을까?

주커버그에게 필요했던 건 코딩 방법과 알고리즘 구축 방법에 대한 지식뿐이었다. 페이스북의 성공을 그린 영화 '소셜 네트워크

The Social Network'의 한 장면은 미래의 알고리즘 작성자, 수학 전공자, 프로그래머들의 뇌리에 깊이 각인됐다. 주커버그 역의 배우가 그의 친구인 왈도 세브린Eduardo Saverin에게 체스 플레이어의 랭킹을 매기기 위해 세브린이 사용한 알고리즘에 대해 묻는다. 주커버그는 그 알고리즘을 이용해 하버드 여학생들의 랭킹을 매기려고 했다. 세브린이 복잡해 보이는 공식을 창유리에 휘갈겨 쓰자, 힙스터hipster* 음악이 흘러나오고 주커버그는 고개를 끄덕인다. "써 보자고!" 이어서 하버드 청년들은 6년 안에 1,000억 달러짜리가 될 회사를 구축하는 작업에 착수한다. 그 순간에 창문에 알고리즘을 휘갈겨 쓴 일은 일어나지 않았을지도 모른다. 영화 '소셜 네트워크'는 상당히 과장이 심했다. 하지만 그 장면은 대다수의 뛰어난 젊은 해커들에게는 상징적인 장면이며 창조의 신화다.

인재의 흐름을 월스트리트에서 서부 해안으로 돌린 데 있어 페이스북은 다른 어떤 회사들보다 큰 기여를 했지만, 최근 몇 년간은 최고의 금융 엔지니어들조차 견줄 수 없는 다른 많은 성공담들이 출현했다. 여러 성공담 중에서도 트위터Twitter, 그루폰Groupon, 포스퀘어Foursqaure, 드롭박스Dropbox, 징가Zynga, 유튜브Youtube를 떠올려보자. 그리고 텔미 네트웍스Tellme Networks, 타코다Tacoda, 짐브라Zimbra 등 이름은 낯설지도 모르지만, 인수 가격이 2억 5,000만 달러에서 9억 달러에 달하는 수십여 개의 다른 회사들도 있다. 대학생들은 이

---

* 1990년대 이후, 뉴욕을 중심으로 독특한 문화적 코드를 공유하는 일부 중산층 백인 젊은이 또는 그들이 즐기는 문화를 뜻함 – 옮긴이

런 트렌드를 알아차렸으며, 전국의 공학 및 컴퓨터과학 대학은 수년간의 하락세 끝에 드디어 입학 신청이 증가하는 걸 목격했다. 와드와가 지켜본 대로 최고의 학생들은 더 이상 월스트리트에 집착하지 않았다.

선택권을 가진 계량적 인재에게 있어서 직업 선택을 위한 고민은 항상 25만 달러의 초봉에 그만큼의 보너스가 얹혀지는 월스트리트의 보장된 돈을 선택할 것인지, 아니면 맥주 냉장고와 탁구 테이블이 갖춰진 사무실로 찾아가 기술계에서 불후의 명성을 노리고 전력 질주할 것인지 결정하는 데 있었다. 이제 월스트리트 경력자의 경우에도 기술 분야로 고개를 돌리기 시작했다.

푸니 메타^{Puneet Mehta}는 매년 40만 달러를 받는 시티 캐피털 마켓 Citi Capital Markets의 기술 담당 수석 부사장이었는데, 2010년 31세의 나이로 스타트업 생활을 시작하기 위해 월스트리트 경력을 포기했다. "'내가 여기서 실제로 뭘 만들고 있는 걸까?'라고 내 자신에게 묻곤 했어요."라고 메타는 말한다. 그의 설명에 의하면 월스트리트는 한 가지 일을 하기 위해 존재한다. 가능한 모든 금융 거래에 끼어드는 것이다. 시티 이전에 메타는 메릴린치와 JP 모건에서 코드를 작성했다. 비록 돈을 잘 버는 중개인이긴 했지만, 월스트리트에서는 잘해봤자 중개인밖에 되지 못한다는 사실 때문에, 그는 밤에 잠을 이루지 못하곤 했다. 그는 개인 프로젝트로 마이시티웨이^{MyCityWay}란 앱을 만들기 시작했는데, 도시 거주자들이 일상생활에서 가장 빈번히 접하는 레스토랑, 영화관, 술집, 교통거점 등을 쉽게 찾아갈 수 있도록 도와주는 앱이었다. 씨티에서 코드 작성하는 일을 더 이상 참을 수 없게 되자, 메타는 사표를 던지고 무보수의 앱 개발에 매달렸다. 그와 동업자들은 이제 50명의 직원을 거느리고 있으며, 그들의 앱은 70개 도시에서 출시됐다. 그중 30개는 해외 도시다. 그들은 600만 달러의 벤처 캐피털을 끌어모았는데, 메타는 월스트리트로는 절대 돌아가지 않겠다는 엔지니어를 일주일에 최소 한 명은 만난다고 말한다.

"예전에는 이런 사람들을 채용하기가 어려웠습니다. 이제는 그들이 오고 싶어 해요."라고 그는 말한다.

앤드류 몬탈렌티Andrew Montalenti는 모건스탠리에서 굳이 등떠밀려 나올 필요가 없었다. 그는 월스트리트에서 해커로 3년간 지낸 후 2009년 3월 홀연히 떠나면서 이렇게 생각했다. "내가 실제 세계의 문제를 해결한다는 생각이 들지 않았어요."

몬탈렌티는 NYU에서 컴퓨터과학 전공 4학년으로 재학 중이던 2006년에 모건의 일자리를 받아들였다. 이 투자은행은 그에게 1만 달러의 사이닝 보너스와 함께 9월부터 일을 시작하자고 제안했는데, 몬탈렌티는 그 덕분에 일자리를 받아들이기가 훨씬 쉬웠다고 말한다. 신입 직원들 대부분은 아무런 걱정 없이 모건의 경비로 유럽이나 남아프리카로 여름 휴가를 다녀오는 프로그램에 매료된다. 그건 나쁘지 않은 유혹이었다. 곧이어 일을 시작하자마자 몬탈렌티는 22세의 나이로 10만 달러를 벌었다. 그러다가 문득 몬탈렌티는 자신의 동료들을 둘러봤는데, 그들 중 일부는 자신보다

15살이나 20살이 많았다. "이게 내가 평생 해야 할 일이 될 순 없어." 이런 생각에서 그는 회사를 그만두고 파스리^{Parse.ly}를 공동 설립했다. 이 회사의 알고리즘은 「애틀랜틱^{Atlantic}」 지나 「U.S. 뉴스 앤드 월드리포트^{U.S. News and World Report}」 지 같은 온라인 출판 웹사이트를 위한 세부적이고 깊이 있는 분석을 수집해준다. 「애틀랜틱」 지와 「U.S. 뉴스 앤드 월드리포트」 지는 파스리의 고객이기도 하다. "우리는 편집사와 언론인들을 돕고 있습니다. 이것 말고 다른 일을 하는 건 상상할 수 없어요."라고 그는 말한다.

제프리 해머베커^{Jeffrey Hammerbacher}는 메타, 몬탈렌티, 그리고 졸업 시기가 된 수천 명의 다른 엔지니어들과 똑같은 고민에 부딪쳤다. 해머베커는 2005년 수학 전공 학위를 받고 하버드를 졸업하면서 손쉬운 선택처럼 보였던 월스트리트로 진로를 결정했다.

해머베커는 미시건에서 제너럴 모터스^{GM} 조립 라인 노동자의 아들로 성장했다. 고등학교 시절, 그는 능숙한 솜씨로 시를 짓기도 했고 타자가 깜박 속을 만한 커브볼을 던져서 미시건 대학은 그를 야구부원으로 원했다. 하지만 그는 하버드를 선택했고, 영어 전공으로 시작했음에도 아무런 어려움 없이 수학 전공으로 전향했다. 대학 생활은 그를 만족시킬 만큼 흥미롭지 않았다. 한때 해머베커는 학교를 떠나 집으로 돌아간 후 GM 조립 라인에서 일하기도 했는데, 그의 어머니는 대경실색해 그를 학교로 되돌려 보냈다.

졸업을 하자마자 여자친구가 이미 뉴욕으로 이사 가는 바람에 월스트리트로 가려던 해머베커의 진로는 더욱 명확해졌다. "누구나 월스트리트가 계량적 인재들을 필요로 한다는 점을 알고 있어요. 그들은 하버드 수학과에서 채용을 열심히 했거든요."라고 그는 설명한다.

해머베커는 파생상품을 분석하는 퀀트가 되거나 훌륭한 차세대 트레이딩 알고리즘을 작성하는 데 큰 관심이 없었다. 그래서 그해 여름 뉴욕에서 여자친구와 합류하고 난 후 가을에는 NYU에서 수학 박사 학위를 시작할 계획을 세웠다. 시간도 보내고 용돈도 벌 생각으로, 그는 여름 기간 동안 베어스턴스에서 인턴십을 밟았다.

월스트리트에서는 용돈벌이로 시작했다가 정규직으로 이어지는 일이 다반사였기에, 해머베커도 박사 학위 계획을 때려치우고 베어스턴스와 정규직 계약을 맺었다. 그는 주택 시장 내에서 자사의 다채로운 입지를 지키기 위해 쉬지 않고 알고리즘과 데이터 분석에 매달리는 베어스턴스의 계량적 모기지 시스템 중심부에서 일했다. 주택 활황이 월스트리트에게 환상적인 돈벌이 기회란 점이 입증됐기 때문에, 베어스턴스는 그런 기회를 멋지게 붙잡기 위해 프로그래밍 엔지니어와 수학 전문가로 이뤄진 소규모 부서를 보유하고 있었다. 대부분의 경우 그들은 중개 업자, 은행, 대리인으로부터 더 많은 모기지를 사들이는 전략을 뒷받침하는 모델을 찍어냈는데, 이런 모델은 이제 어리석은 생각으로 입증된 것이다. 그레고리 주커맨Gregory Zuckerman의 『The Greatest Trade Ever역사상 최고의 거래*』나 마이클 루이스Michael Lewis의 『빅 숏The Big Short』 같은 책에

---

* 한글판 미출간 – 옮긴이

서 잘 서술된 바와 같이, 베어스턴스가 사들였던 이런 모기지들은 잘게 잘라져서 월스트리트판 젤라틴과 섞인 다음, 완전한 모양을 갖춘 웨지스^{wedges}(이른바 '타짜'가 앞면을 보지 않고 높은 등급의 카드를 인지할 수 있도록 카드의 가장자리를 깎거나 손질해 다듬은 게임용 카드)로 재포장돼서 연금 기금, 해외 은행, 또는 별다른 의심이 없던 백만장자(혹은 억만장자)에게 손쉽게 팔려나갈 수 있었다.

해머베커는 베어스턴스에서 모기지 부서를 운영하던 퀀트 팀에 합류해 확률 미적분학^{stochastic calculus}을 통해 회귀 모델^{regression model}과 베어스턴스의 시장 리스크를 적절히 헤징할 수 있는 길고 동적인 알고리즘을 계산하는 데 기여했다. 하지만 해머베커는 불과 9개월 후에 이런 놀이에 싫증을 느껴 2006년에 그만뒀다. 그것은 선견지명이 있는 결정이었다. 1년 후에 서브프라임 모기지 시장에 깊숙이 관련돼 있던 베어스턴스의 헤지펀드 두 개가 파산 위기에 빠지면서, 베어스턴스가 쇠락의 조짐을 보이기 시작했기 때문이다. 베어스턴스는 해머베커가 관둔 지 불과 24개월 후에 완전히 사라졌으며, 이 회사의 자산은 JP 모건에 헐값에 저당잡혔다.

지금 우리가 보기에는 무모해 보이는 분량의 모기지 기반 유가증권을 보증할 수 있도록 수학과 프로그래밍 작업을 조작하는 베어스턴스의 퀀트 운영 방식은 해머베커의 흥미를 잃게 만들었다. 그가 학술적으로 체계화된 환경에서 깊이 있는 연구를 할 작정이 아니었다면, 분명히 그런 일에 시간을 낭비하고 싶지 않았을 것이다.

2006년 봄, 하버드의 친구를 통해 마크 주커버그는 수학 실력으로 널리 알려져 있던 해머베커를 만났다. 일주일 후에 해머베커는 캘리포니아로 자리를 옮겼다. 그는 페이스북의 초기 직원, 정확히는 처음 100명 중 한 명이 됐으며, 주커버그는 그에게 연구 과학자라는 멋진 직함을 줬다. 수학과 알고리즘을 이용해 사람들이 페이스북을 활용하는 방법을 연령, 성, 지역, 수입별로 파악해서, 페이스북이 어떤 지역에서 인기가 있고 어떤 지역에서 인기가 없는 이유를 밝혀내는 것이 해머베커의 일이었다. 해머베커는 페이스북 데이터를 주무르는 인물이 됐다.

페이스북은 자신의 저장 능력을 초과할 정도로 산더미처럼 쌓이는 데이터를 처리하는 일이 시급했기 때문에 해머베커가 필요했다. 이 신생 회사는 데이터가 귀중하다는 점은 알았지만, 그걸로 뭘 해야 될지에 대해서는 확신이 없었다. 월스트리트는 거의 20년 동안 그런 분량의 데이터로 뭘 해야 하는지를 학습해왔다. 데이터를 저장하고, 정렬하고, 분석해 수익으로 연결될 수 있는 패턴, 비정상, 경향을 찾는 일 말이다.

월스트리트가 데이터 분석 능력에서 앞서 있긴 했지만, 서부 해안에서 해머베커 앞에 닥친 산더미 같은 분량은 경험해본 적이 없었다. 페이스북의 원시 정보 더미는 NYSE의 초대형 데이터센터와 초고속 트레이딩 업체들을 무색하게 만들었다. 페이스북 시스템 내에는 거의 10억 명에 달하는 각각의 사용자마다 1,000페이지의 데이터가 저장돼 있는데, 여기에는 그들이 사용하는 컴퓨터 종류,

정치적 입장, 애정 관계, 종교, 최근 위치, 신용카드, 직업, 좋아하는 링크, 가족, 가장 큰 용량을 차지하는 사진 등이 망라된다.[1] 우리들의 브라우징 습관이나 페이스북의 방대한 광고 인프라스트럭처를 논외로 해도 그렇다.

오레곤주 프라인빌Prineville에 있는 페이스북의 첫 번째 데이터센터는 전부 합해 매일 100억 분이 넘는 시간을 사이트에서 보내면서 매초 150만 장의 사진을 소비하고 매일 30테라바이트의 데이터를 생성해내는 사용자들에게 서비스를 제공한다. 또한 페이스북은 노스캐롤라이나에 두 개의 초대형 데이터센터를 보유하고 있으며, 미국 외의 지역으로는 최초로 북극권인 스웨덴 룰레오Lulea의 가장자리에 하나를 더 건립하기 시작했다. 매서운 날씨는 수천 개의 컴퓨터 프로세서를 냉각시키는 데 도움이 되므로 에너지 비용이 절감된다. 2014년에 가동될 예정인 세 개의 건물은 축구장 16개의 면적에 달하는 자리를 차지한다. 이것이 페이스북에 합류하기 전에는 월스트리트 퀀트 시스템 내에서 하나의 작은 부속품에 불과했던 해머베커가 정복해야 하는 세계였다.

해머베커는 월스트리트에서 배웠던 것을 하나도 빠짐없이 페이스북의 실리콘밸리 사무실에서 활용했다. 그는 자신과 닮은 엘리트들로 팀을 채웠다. 그들 중 일부는 월스트리트에서 경력을 쌓았고, 모건스탠리, 나이트 트레이딩, 골드만삭스 같은 초일류 회사에서 뽑혀왔다. 페이스북은 페이지들을 최적화해 배열하는 방법, 사람들을 서로 연결시키는 방법, 그리고 가장 중요한 것으로는 사람들을 가능한 한 자신의 사이트에 많이 붙잡아둘 수 있는 방법을 알아야 했다. "그런 높은 수준의 질문에 해답을 제시하라고 페이스북은 나를 채용했어요. 그런데 그런 일에 필요한 도구는 그때까지 하나도 없었어요."라고 해머베커는 자신의 채용에 대해 말했다.[2]

해머베커는 매시간마다 페이스북에 쏟아져 들어오는 상상하기 어려운 분량의 데이터를 지속적으로 모니터링하는 도구와 알고리즘을 구축했다. 웹 이용자들이 페이스북에서 그토록 빠져나오기 어려운 이유 중 하나는 해머베커가 사람들의 마우스 클릭과 그들의 커서 이동을 파악하고 어떤 페이지 배열이 가장 많은 사람들을 가장 오랫동안 붙잡아 놓을 수 있는지 추적하는 시스템을 구축했기 때문이다. 이런 클릭, 시선, 커서 데이터는 모두 빠짐없이 걸러지고 조사된다. 가장 사용자를 잘 붙잡는 구성만이 살아남으며, 나머지는 디지털 쓰레기통으로 들어간다.

페이스북은 전체 사용자 중 절반이 매일 최소 한 번은 접속한다고 주장한다. 이메일 플랫폼 말고 그런 주장을 내세울 만한 곳은 없다. 소셜 네트워크 사이트는 너무나 중독성이 강해 파란색 용액이 채워진 페이스북 로고로 장식된 주사기가 인기 있는 이미지로 웹을 떠돌기도 했다. 최근 페이스북을 향한 인터넷 회사들의 쇄도와 그토록 많은 사람들의 그토록 많은 시간을 지배하는 그들의 탁월함을 표현하는 데 있어서 그보다 더 나은 비유는 없을 것이다.

거의 포로나 다름없는 수십억 명의 사용자들을 보유하다 보니 성별, 수입, 위치 등에 따라 타기팅된 광고를 판매해 수익을 올리기가 쉬워진다.

페이스북은 잠재적인 고객에게 페이스북 사용자들의 성향, 관계, 욕구, 취미에 대해 알려줄 수 있다. 대부분의 웹은 광고주들에게 무딘 몽둥이를 제공한다면, 페이스북은 외과 의사용 메스를 제공한다. 섬세하게 타기팅된 광고는 페이스북 비즈니스의 핵심이 됐으며, 이는 월스트리트의 퀀트가 어둠의 세력에서 전향했기 때문에 가능했다. 해머베커는 돈이나 신분, 명예가 부족해 서쪽으로 옮기지 않았다. 그저 지루했던데다 뭔가 더 중요한 일을 할 수 있게 되리라는 막연한 생각에서였다. 그는 세상을 연결한다는 페이스북의 정신에 완전히 매료됐다. 하지만 그가 보기엔 그런 일조차 점점 덜 중요해졌다. "우리 세대의 최고 두뇌들은 사람들이 광고를 클릭하게 만드는 방법을 연구하고 있어요. 안타깝습니다."라고 그는 말했다.

해머베커는 페이스북에서 2년간 일한 후에 그만뒀다. 주커버그의 회사는 실리콘밸리의 일반적인 규칙을 직원들의 복리 제도에 적용했을 가능성이 높고, 그런 경우 해머베커가 완전한 권리 행사를 하기 위해서는 회사에서 4년을 더 근무해야 했다. 이는 그가 퇴직할 무렵에, 회사의 초기 직원 중 한 명으로서 계약했을 때 페이스북이 그에게 할당했던 주식 중 절반만을 축적했다는 뜻이다. 따라서 그는 퇴직으로 인해 자신에게 보장된 수천만 달러를 포기한

셈이었다. 그는 이에 대해 이런 농담을 했다. "어처구니 없는 부의 파괴 행위였죠."[3]

지구에서 가장 큰 사용자 기반의 데이터를 체계화했던 인물로서 해머베커는 저명한 해커이자 수학 두뇌다. 페이스북 퇴사 후, 그는 엘리트 실리콘밸리 벤처 캐피털 회사이자 페이스북의 초기 투자사인 액셀 파트너스Accel Partners에서 사내 창업가entrepreneur-in-residence로 일자리를 얻는 데 별다른 어려움을 겪지 않았다. 하지만 한 달 후에 해머베커는 벤처 캐피털 업계를 그만뒀다.

페이스북에서 축적한 부와 통찰력이 있었기에 해머베커는 한 발짝 물러서서 기술 세계를 조망했다. 무엇이 실제로, 진정으로 세상을 바꿀 수 있을까? 그 대답으로, 그는 디지털화되고 컴퓨터화된 세상이 엄청난 양으로 뿜어내는 데이터를 파헤칠 수 있는 범용적인 '삽'이라는 점을 깨달았다. 해머베커는 웹사이트, 공공기업, 생물학 연구소, 의료 서비스 제공자들이 생산해내는 얽히고 설킨 데이터 집합들을 분류하고 파헤칠 수 있는 일종의 운영체제를 구축하겠다고 마음먹었다. 이런 깨달음 직후에 그는 클라우데라Cloudera를 설립했다. 해머베커는 게임 개발사가 사용자에게 최적의 '구매' 버튼 분량을 제공하는 방법을 결정하기 위해 자신의 플랫폼을 활용하는 것처럼, 암 연구자가 활용할 수 있기를 바란다. 실리콘밸리는 그가 대단한 일을 해낼 것이라고 생각하는 듯하다. 해머베커와 다른 공동 창업자들은 7,600만 달러의 벤처 캐피털을 끌어모았는데, 신생 소프트웨어 기업으로서는 엄청난 액수다.

해머베커는 남부 맨해튼에서 실리콘밸리로 전향해 월스트리트 스타일의 데이터 융합 기법을 우리의 일상생활에 적용시키는 데 일조한 일단의 사람들 중 한 명이다. 투자은행과 트레이딩 기업들은 경쟁자를 물리치기 위한 진입 장벽으로 데이터 보고를 축적하는 기법을 습득했는데, 이제 그런 종류의 장벽이 실리콘밸리에 세워지고 있다. "페이스북은 우리의 사진에 대해서보다 우리의 클릭 흐름에 대해 더 많은 정보를 가지고 있습니다."라고 레드핀의 CEO인 글렌 켈맨은 말한다. "대규모의 스케일을 갖춘 웹사이트는 경쟁자들을 압도하는 방법을 배우고 있습니다. 그들은 최적화하는 데 필요한 데이터를 가진 자들이니까요."

누구나가 즐기는 〈팜빌FarmVille〉 게임의 개발사인 징가Zynga는 2007년 마크 핀쿠스Mark Pincus에 의해 설립됐다. 〈팜빌〉의 기세를 등에 업고, 징가는 200억 달러가 넘는 가치에 2억 명의 사용자를 가진 기업으로 성장했다.[4]

축적된 두텁고 상세한 데이터를 기반으로, 징가는 사용자들의 지갑을 열게 하기 위한 최선의 방법이 무엇인지 알기 위해 다양한 종류의 사용자들을 꼬치꼬치 조사할 수 있는 기법을 개발했다. 이 회사는 매일 600억 개의 데이터 포인트를 수집하는데, 어떤 사용자들이 신용카드 제시 요청을 받기 전까지 10분간의 무료 플레이에 가장 잘 빠져드는지, 그리고 어떤 사용자들이 예쁜 트랙터, 헛간, 동물 등의 값비싼 가상 부가 상품을 구매하도록 유혹하기가 쉬운지 알고 있다. 그 증거는 징가의 매출액과 데이터 축적 분량이다. 켈맨은 똑같은 일을 레드핀에서 하려고 하는데, 이 회사는 대부분의 주택 구매 과정을 좋은 거래든 나쁜 거래든 팔기만 하면 '장땡'인 부동산 중개인을 통해서가 아니라 웹사이트(그리고 수수료를 받지 않는 중개인)를 통해 진행한다. 넷플릭스Netflix는 사람들이 봐야 하는 영화를 추천해주는 알고리즘을 갈고 닦는 데 수백만 달러를 썼다. 켈맨은 영화에 대한 사람들의 취향 결정 요인을 분류하는 일이 주택 구매에 영향을 미치는 요인들을 분류하는 일보다 쉽다고 지적한다. "형편없는 영화를 보면 금요일 밤을 망칩니다. 형편없는 집을 사면 인생이 휘청거릴 수 있어요."라고 그는 말한다.

2012년 초에 켈맨은 시애틀의 레드핀에 합류할 아이비리그 퀀트 해커 다섯 명을 성공적으로 채용했다. 그들 중 두 명은 세계 최대의 헤지펀드인 브리지워터Bridgewater 출신이었다. 브리지워터의 일자리를 거부한다는 것은 좀처럼 일어나지 않는 일이다. 그곳에서 몇 년만 지내면 정말로 백만장자가 될 수 있는 가능성이 있다. 이보다 좀 더 정신 나간 짓은 아마도 르네상스 테크놀로지스의 일자리를 거절하는 일일 것이다. 이 회사의 롱아일랜드 조직은 최고 수준의 공학 및 물리학 박사들로 가득 차 있어서, 숭배자들은 이 조직을 '세계 최고의 물리학과'라고 즐겨 부른다. 끊임없이 엘리트 해커 인재들을 끌어들이는 실리콘밸리의 스타트업 액셀러레이터인 와이콤비네이터에서 나는 이그나치오 세이어Ignacio Thayer를 만난 적이 있다. 그는 여러 가지 눈에 띄는 업적을 이뤘지만, 특히 내가 아는 사람 중에서는 유일하게 르네상스를 거절한 인물이다. 세이어는 스탠포드 컴퓨터과학과의 박사 학위 후보 시절에 면접을 보고 문제의 헤지펀드 회사로부터 일자리를 제안받았다. 그 전에 세이어는 구글에서 4년간 통계적 번역에 관련된 일을 했다. 세이어는 헤지펀드 자금을 멀리했고, 레디포제로^{ReadyForZero}를 시작하기 위해 박사 학위 과정을 중단하기까지 했다. 레디포제로는 이자율, 현금수지, 해당 사용자의 과거 이력 등을 감안해 사용자에게 어떤 빚을 우선적으로 갚을지 매달 알려주는 봇을 활용해 소비사들이 채무를 보다 빨리 탕감할 수 있게 도와주는 웹사이트다.

금융 업계에서도 엘리트급의 계량적 두뇌들이 가장 많이 몰려 있는 르네상스의 직원들에게는 몇 년 이상만 근무하면 수천만 달러까지는 아닐지라도 실질적으로 수백만 달러가 보장돼 있다. 오직 르네상스의 직원들만이 르네상스의 메달리온 펀드^{Medallion Fund}에 접근할 수 있는데, 이 펀드는 1990년대 초반 출시된 이후 30퍼센트 이상의 수익을 달성한 것으로 유명하다. 메달리온 펀드는 창업자인 짐 사이먼스의 표현을 빌리면 '움직이는 모든 것'에 대한 주식 수백만 주를 트레이딩하는 알고리즘을 채용한다. 역사적인 수익률을 냈을 때, 메달리온 펀드는 10만 달러를 불과 2년 만에 2,000만 달러로 만들 수 있었다. 아주 똑똑하고 계산에 능한 사람들이 실리콘밸리의 확정되지 않은 보수를 위해 르네상스가 가져다줄 부를 거절하기 시작하자, 월스트리트에 대한 관심은 더욱 멀어졌다.

"예전에는 하버드나 예일 학생이라면, 금융 거인이 되고 싶어 했어요. 하지만 지금은 누구나 주커버그가 되고 싶어 합니다."라고 켈맨은 말한다.

월스트리트에 의해 초래된 피해

실리콘밸리와 실리콘밸리가 만든 소프트웨어 봇이 없다면 우리의 경제는 어떻게 될까? 2008~2011년 사이의 경제는 더할 나위 없이 나빠 보였지만, 실리콘밸리가 쉬지 않고 선사한 일련의 혁신이 없었다면 훨씬 더 끔찍했을 것이다. 월스트리트와 월스트리트가 만들어낸 알고리즘이 그토록 오랫동안 전국의 기술 인재를 독차지하지 않았더라면 아마 훨씬 더 나았을 수도 있다.

카우프만 재단Kaufmann Foundation의 2011년 연구는 각각 1980년대, 1990년대, 2000년대 동안 금융 부문의 급성장과 과학 및 공학 졸업생들이 기업가가 되는 비율이 감소한 사실 사이의 상관관계를 밝힌 바 있다. 1980년대 이후 월스트리트가 닥치는 대로 기술 두뇌들을 낚아채기 시작하자, 실제로 숙련된 엔지니어의 비율이 60퍼센트 이상 하락했다.[5]

저자인 폴 케도로스키Paul Kedrosky와 데인 스탱글러Dane Stangler는 이렇게 썼다.

'금융 서비스 산업은 의욕적이고 열정적인 어린 고등학생과 대학 졸업생들을 영업, 트레이딩, 연구조사, 투자은행 업무에 훈련시킬 목적으로 채용하는 관행을 자랑으로 삼는 데 익숙하다. 비록 수적으로는 줄어들었지만 그런 채용 관행이 이어지는 동안, 달라진 결과는 이제 금융 산업 수익의 대부분이 최근 금융 위기에서 주역을 맡았던 자산담보부증권(CDOs, collateralized debt obligations)과 같이 복잡한 상품의 설계, 판매, 트레이딩으로부터 얻어진다는 것이다. 이런 새로운 상품들은 상당한 금융공학을 필요로 하며 대부분 과학, 엔지니어링, 수학, 물리학 프로그램 전공의 석박사급 졸업생들의 채용이 수반돼야 한다. 그들의 재능은 이런 복잡한 시스템의 설계에 적합하며, 그 대가로 그들은 자신의 고유 분야에 머무르거나 좀 더 가시적인 사회적 이득을 주는 일자리를 얻을 때 받을 수 있는 봉급보다 다섯 배 이상 많은 초봉을 받곤 한다.'

세계에서 가장 중요한 혁신이 GE나 마이크로소프트에서 출현하는 경우는 흔치 않다고 저자들은 지적한다. 그런 혁신은 더 큰 기업들이 절대로 흉내 낼 수 없을 정도로 강렬하게 한 분야에 집중한 기업가들로부터 나온다. 대부분의 대기업들은 기껏해야 자신들의 현재 제품이나 업무 프로세스를 좀 더 효율적으로 만드는 데 노력을 쏟는다. 1,000억 달러를 버는 회사를 단 5퍼센트만 더 효율적으로 만들어도 50억 달러가 수익으로 남는다. 또한 그 정도의 수익을 거둘 수 있는 신제품이란 거의 존재하지 않는다. 이런 사실 때문에 대기업들은 관리 과잉과 혁신 부족이란 덫에 빠지기 쉽다. 그렇기 때문에 스타트업이 정말 중요하다.

'스타트업 회사는 더 크고 더 기반이 갖춰진 회사들이 생각하지도 못한 좀 더 경제적이고 좀 더 효과적인 방식으로 복잡한 문제와 씨름하는 것을 전문으로 한다.'라고 케도로스키와 스탱글러는 썼다. '오늘날 기업가 정신이 필요한 선도적인 분야에서는 창업하거나 새로운 회사에 참여할 과학자들과 엔지니어들이 필수적이다.'

좋은 소식은 이그나치오 세이어나 제프리 해머베커 같은 사람들이 앞으로 계속될 더 큰 트렌드의 일부라는 점이라고 '카우프만 보고서'의 저자들은 말한다. '우리가 현재까지 직면한 가장 어렵고 복잡한 일부 사회적 문제에 도움을 줄 제품과 서비스를 시장에 선보일 기업가들에 대한 사회적 요구를 감안할 때, 더 이상 변화에 적합한 시기는 있기 어려울 것이다.'

실리콘밸리는 언제나 기술 스타트업들의 시작 기반이 돼 왔으며, 이제 다른 여러 도시들이 그 뒤를 따르고 있다. 오랫동안 뒤처졌던 뉴욕은 2008년 금융 위기 후에 그런 두 번째 무리의 선두에 나섰다. 이는 놀라운 반전이며, 와드와는 그것이 우연의 일치가 아니라고 말한다. "2008년의 은행권 추락은 적지 않은 영향을 미쳤습니다." 이어서 그는 설명한다. "갑자기 기술 인재들이 거리에 쏟아져 나왔죠. 게다가 보통은 뉴욕으로 가서 월스트리트에서 일하곤 하는 졸업생 엔지니어들까지 전부 쏟아져 나왔습니다. 그들은 여전히 뉴욕으로 왔지만 투자은행으로 일하러 가지는 않았습니다."

나는 유니온 스퀘어 벤처Union Square Ventures의 파트너이자 뉴욕에서 가장 저명한 벤처 캐피털리스트VC, venture capitalist인 프레드 윌슨Fred Wilson에게 2008년의 월스트리트 붕괴가 현재 뉴욕에서 불고 있는 스타트업 붐에 불을 붙였다고 생각하는지 물어봤다. 윌슨은 또 다른 사연이 있다고 생각했다. "스타트업 생태계는 오랜 잉태 기간을 필요로 합니다." 또한 그는 말한다. "현재 벌어지고 있는 일들의 씨앗은 1995년에서 1999년 사이에 뿌려졌죠."

아마도 양쪽 가설 모두 어느 정도까지는 맞는 이야기일 것이다. 윌슨과 뉴욕의 나머지 VC들은 기술 기업들이 각광받지 못하던 시절부터 뉴욕에서 그들을 지원해왔다는 점을 사람들에게 알릴 수 있는 자격이 있다. 그들이 없었더라면, 우리가 이런 이야기를 나누지도 못했을 것이다. 하지만 2008년 월스트리트의 불행 덕분에 엘리트 교육을 받은 수천 명의 열정적인 엔지니어들이 그런 흐름에 동참했다는 사실도 분명히 해가 되지는 않았을 것이다.

와드와는 추가로 금융 부문의 위신을 한층 더 추락시키는 데 2011년 월가 점령 시위Occupy Wall Street movement도 한몫했을 것이라고 말한다. 레드핀의 켈맨도 이에 동의하며, 그가 채용했던 많은 아이비리그 과학 전공자들이 월스트리트에 완전히 정나미가 떨어졌다고 말한다.

"투자은행에 대한 끓어오르는 분노가 학부 엔지니어링 수업에서도 확연했습니다."라고 와드와는 말한다. 하지만 그는 많은 학생들이 어떻게든 갚아야 하는 여섯 자리 수의 부채를 가지고 있어,

월스트리트가 반격할 수 있는 여지가 있다며 경계를 늦추지 않는 입장이다. 이런 난제에 대처하기 위해 와드와는 엔지니어 교육비에 대해 국가적 기부를 제안한다. 엔지니어링 학위를 따고 미국 대학을 졸업하면 신속하게 부채가 탕감되도록 하는 것이다. 하지만 와드와는 몇 가지 단서를 덧붙이길 원한다. 졸업생이 월스트리트나 금융계로 진출하면 부채는 엔지니어에게 그대로 남게 된다. 제대로 된 엔지니어링 분야로 가거나 스타트업에서 도전을 해보는 학생들의 부채만 탕감된다. "미국에서 가장 뛰어난 학생들이 이런 학문 분야에 뛰어들도록 하는 것이죠." 이것이 곧 그의 논리다.

돈을 받든 말든, 새로운 졸업생들의 프로그래밍 실력은 나날이 좋아지고 있다. 이는 우리들의 일상에 더 많은 알고리즘, 더 많은 자동화, 더 많은 변화가 있을 것이라는 뜻이다.

10

미래는 알고리즘과 알고리즘 창조자들의 몫

친구들 무리에는 언제나 서열이 존재한다. 가장 꼭대기에는 다른 이들의 의견을 좌우하는 영향력 있는 인물인 리더가 앉는다. 뒷자리에는 추종자들이 앉는다. 직장이나 가정 내에서도 마찬가지다. 상사가 있는가 하면 평사원들도 있다. 모든 사람들은 언젠가는 이런 사실을 알게 되고, 사람들 대부분은 자신에게 맞는 위치가 어디인지에 대해 '감'을 가지고 있다. 하지만 그런 감은 잘못될 수 있다. 자기 자신은 리더라고 생각하는데 실제로는 부하인 경우다. 친구들은 알지만 본인은 모른다. 어떤 사람들은 자신의 직위로 꼭대기에 오르기도 하고, 다른 사람들은 돈, 외모, 아니면 순전히 인기로 꼭대기에 오른다. 이들은 사회에서 진정한 영향력을 행사하는 사람들이다. 어떤 경우에는 이런 사람들이 누구인지가 명백하다. 하지만 종종 그렇게 명확하지 않은 경우가 있다.

그런 사실을 알아낼 수 있는 방법들이 존재한다. 우리가 말하는 방식은 서열에서 우리가 가진 위치를 나타낸다. 영향력 있는 인물들은 말하는 패턴을 좀처럼 바꾸지 않는다. 하지만 영향을 받는 인물들은 종종 그런 영향력 있는 인물에 가까워질수록 말하는 패턴을 바꾼다. 똑같은 원리가 이메일 등의 문자화된 커뮤니케이션에도 적용된다. 따라서 글은 그 사람의 영향력이나 영향력 부족을 드러낸다. 문체를 좌지우지하는 자가 서열에서 최고 위치다. 자신의 언어를 다른 사람과 비슷하게 바꾸는 사람은 낮은 위치다. 좀 더 구체적으로, 우리의 서열 계층은 관사, 조동사, 접속사, 빈번하게 등장하는 부사 등의 단어를 사용하는 방식으로 파악할 수 있다.[1] 문법적으로 필요한 이런 부스러기들이 말하는 방식이든, 또는 대화를 나누는 방식이든 우리들의 문체를 형성하는 것이다These crumbs of grammatical fodder are what make up our style, be it in the way we speak or in the way we talk. 앞의 문장에서는 그런 단어들을 굵게 표시했다.

코넬 대학교의 컴퓨터과학 교수인 존 클레인버그Jon Kleinberg는 우리들 중에서 진정으로 영향력을 행사하는 사람, 즉 여론을 형성하고 유행을 주도하며 다른 이들의 주목을 받는 사람이 누구인지를 판단하기 위해 단어 사용에 초점을 맞춘 알고리즘을 개발했다. 이런 사람들은 선거 판세를 좌우하거나 새로운 제품을 추진할 수 있다. 이 알고리즘은 대화를 듣고서 결정권을 가진 사람이 누구며 서열의 나머지는 어떻게 되는지 밝혀낸다. 이 알고리즘은 이메일 문자열에도 효과적으로 적용될 수 있다. 이런 알고리즘이 구글이나 야후 또는 GE나 골드만삭스의 이메일 서버를 경유하는 모든 커뮤니케이션을 엿듣는다면 어떤 일이 벌어질지 상상해보라. 영향력을 가진 자가 누구인지 금세 식별될 수 있을 것이다. 영향력을 가진 자가 누구인지 정확히 아는 회사는 그를 목표로 마케팅을 맞춤화할 수 있다. 인터넷상에서는 영향력을 가진 자들에게 일반적인 광고보다 훨씬 고가의 제품에 대한 배너와 텍스트 광고를 선보이도록 할 수 있다. 물론 그들이 눈치채지 못하도록 말이다. 기업들은 이른바 브라우저 쿠키란 걸 이용해 영향력을 가진 자들을 추적해 그들에게 광고를 선보이고 꼬리표를 붙여 놓을 수 있다. 이런 사람들은 다른 사람들의 감정과 생각에 다가설 수 있는 관문이며, 마케팅 업계는 그런 점을 알고 있다. 대규모로 서열상의 최고위 인물을 자동적으로 알 수 있다면 정치, 경영, 영업, 마케팅에서 새로운 접근법이 생길 수 있다.

영향력에 관한 작은 단서를 기반으로 랭킹을 매기는 이런 모델은 공동 창업자인 래리 페이지$^{\text{Larry Page}}$의 이름을 따서 지은 페이지랭크^{PageRank}란 구글 알고리즘의 기반이 되는 계산법과 동일하다. 페이지랭크는 검색되는 주제에 대해 가장 권위 있다고 웹이 판단하는 사이트로 웹 트래픽을 유도해준다. 구글은 검색 결과에서 영향력이 있거나 중요한 사이트에서 자주 링크되는 사이트에 더 많은 신뢰도를 부여한다. 예를 들어 이런 사이트들이 공통적으로 특정 항공 예약 검색엔진이 최고라고 언급하면서 현재 그 사이트에 대한 링크를 가지고 있다면, 그 웹사이트가 구글 검색 결과의 최상단에 뜰 가능성이 높다. 영향력 있는 사이트들이 어디를 링크하는지 조사함으로써, 구글의 알고리즘은 사용자가 어떤 질의를 입력하더라도 뭘 보여줄지 신속하게 결정할 수 있다. 인간을 배열하는 일도 거의 똑같이 처리될 수 있다. 인간의 영향력에 대한 주제에 도전하기 오래전인 1990년대에 클레인버그는 IBM에서 혁신적인 웹 검색 알고리즘을 작성했다. 이 알고리즘은 인터넷을 샅샅이 뒤져 그가 허브와 권위자라고 칭한 것들을 찾아냈는데, 이 알고리즘에서 영감을 얻은 구글 창업자들은 나중에 똑같은 걸 만들어냈다.

이런 알고리즘을 일상생활에 적용하는 건 약간 누려운 일이 될 수도 있다. 페이스북이 전체 사이트에 그런 알고리즘을 적용해서, 수백 명의 친구들 범위 안에서 그들의 상대적인 영향력에 따라 사람들의 랭킹을 매긴다면 어떨까? 기업이 그런 알고리즘을 적용한 후, 그들이 여태까지 시도해온 성과 평가 과정을 따르지 않고 이미 영향력을 가진 사람을 관리자로 선택한다면 어떻게 될까? 어떤 일들은 알고리즘을 이용하든 사람이 직접 하든 간에 아예 일어나지 않는 편이 나아 보인다. 하지만 사회 내에서 우리의 위치를 정량적으로 측정하는 경향은 의심의 여지없이 이미 시작되고 있다. 클레인버그가 그런 알고리즘을 개발하자마자, 10여 개 회사들이 자체적인 시스템 개발에 착수한 것으로 보인다. 그런 일이 일어나지 않기에는 마케팅 대행사, 광고주, 그리고 사회에서 가장 중요한 사람들을 유혹하는 데 관심이 있는 어떤 누군가가 벌 수 있는 돈이 너무나 많다. 이런 알고리즘 같이, 엄격하고 냉혹한 계산이 알고리즘의 수중에서 끊임없이 이뤄지는 미래가 우리를 기다리고 있다. 서열은 시작에 불과하다.

모든 길은...

우리가 다른 이들과 크게 다르지 않다면, 알고리즘은 이미 우리의 머니마켓 펀드^{money market funds}, 우리의 주식, 그리고 우리의 퇴직 계좌를 관리하고 있다. 알고리즘은 머지않아 전화 통화에서 우리가 누구와 이야기할지 결정할 것이다. 우리의 라디오에서 흘러나오는 음악을 통제할 것이다. 우리의 목숨이 달려 있는 장기 이식을 받을 수 있는 가능성을 결정할 것이다. 그리고 수백만 명의 사람들에게는 자신의 인생에서 가장 큰 의사결정을 하도록 도움을 줄 것이다. 배우자를 고르는 일 말이다. 그래도 운전은 하지 않는 것 같다.

과연 그럴까? 2011년 여름 캘리포니아로 이사 온 후에 나는 종종 실리콘밸리 85번 고속도로와 주간^{Interstate} 280번 고속도로를 따라 운전했다. 그런데 일주일에 최소 한 번씩은 지붕에 커다란 회전 장치가 달려 있는 수상한 토요타 프리우스 옆에 차를 대곤 했다. 차에는 적어도 사람 한 명이 항상 타고 있었지만, 그는(항상 남자였다.) 운전대에 손을 올려놓지도 않았고 우리의 휘파람이나 질문에 대답하지도 않으려고 했다. 나중에 안 사실이지만, 이 차들은 구글의 차였으며 사람이 운전하지 않고 알고리즘이 운전한다. 지붕 위에서 회전하는 물건은 레이저 거리측정기다. 2011년에 정기적으로 도로를 주행하던 프리우스 일곱 대에는 GPS 수신기, 네 대의 레이더, 비디오 카메라, 위치 추정기, 내부 모션 센서가 장착돼 있다. 이 모든 장비는 마스터 봇에 연결돼 있는데, 마스터 봇은 차량

속도, 방향 전환 타이밍, 정지 타이밍에 대해 결정한다. 여러 개의 레이더, 카메라, GPS 등 이런 모든 시스템들이 합쳐져서 가외성 ^{redundancy}을 제공한다. 봇이 이 중 한 장치에서 다른 소스로부터 제 공되는 데이터와 매우 상반되는 데이터를 받는다면, 특이한 데이 터는 무시될 것이다. 그럼으로써 하나의 레이더가 급강하는 새 떼 때문에 착오를 일으켜 차량이 갑자기 정지하거나 이탈하는 사 태가 일어나지 않도록 방지된다.

인간 승객과 무관하게 완전 자동으로 운전되는 구글 자동차는 현재까지 한 건의 사고도 일으키지 않고 22만 5,000킬로미터를 주행했다. 구글 자동차와 관련해 널리 알려진 2011년 8월의 충돌 사고는 차량 내부의 사람이 운전대를 잡았을 때 일어났다. 구글이 밝힌 목표는 배기가스 배출을 줄이고(봇은 좀 더 부드럽게 가속 페 달을 조작한다.), 도로 용량을 두 배로 늘리며(봇은 인간보다 긴박한 상황에 반응하는 시간이 짧기 때문에 좀 더 가까이 붙어서 운행할 수 있 다.), 전 세계적으로 연간 120만 명에 달하는 교통사고 사망자수를 반으로 줄이는 것이다. 매년 미국의 도로에서 일어나는 3만 3,000 명의 사망 사고 중 거의 대부분은 인간의 실수가 원인인데, 알고리 즘이 운전자가 된다면 이런 실수는 대부분 사라질 수 있다.

인간이 중요한 모든 의사결정을 내리는 것에서 그런 역할을 알 고리즘과 공유하는 것으로 세상이 바뀌어감에 따라, 탁월한 두뇌 의 가치는 극도로 높아졌다. 소규모 그룹이 가진 열정적인 두뇌의 힘은 이제 소프트웨어와 컴퓨터 코드에 의해 손쉽게 증폭될 수 있기 때문에 사회에 기여할 수 있는 그들의 잠재적 가치가 더 늘어 났다. 이들은 자동차 운전에서부터 주식 거래, 인력 채용 결정에 이르기까지 중대한 결정을 인간의 손에서 봇의 손으로 옮김으로 써, 지구상에서 생명의 운명을 바꿀 수 있는 두뇌들이다.

두 해안의 이야기

제프리 해머베커는 월스트리트의 보장된 부를 버리고 실리콘밸 리의 예측 불가능하며 성과주의인 세계로 흘러들어간 퀀트 인재 들의 이야기에서 핵심 인물 중 한 명이다. 그는 두 세계 사이의 온 갖 차이점에 대한 상징이다. 한쪽은 봇과 알고리즘을 이용해 서브 프라임 모기지를 잘게 쪼갠 다음, 별다른 의심이 없던 독일 은행 에 내다 팔아서 달러당 몇 센트의 채무를 떠안도록 만들었고(미안 합니다!), 고속 주식 거래를 통한 낮은 거래 비용으로 대중에게 실 질적인 이득을 주기도 하지만, 이와 동시에 높아진 변동성과 거대 한 혼란의 가능성으로 대중에게 손해를 끼치기도 한다. 다른 한쪽 인 실리콘밸리는 유사한 두뇌와 기술을 활용해 하루에 15분간 이 용 가능한 즐길 거리를 창조한다. 실리콘밸리의 최고 상품들은 우 리를 친척들과 연결시켜주고, 우리 가족의 뿌리를 추적해주며, 우 리의 딸에게 산수를 가르쳐주고, 건강보험사와의 관계를 매끄럽게 만들어준다. 그것이 해머베커가 목격한 것이고 그가 클라우데라를 설립한 이유다.

해머베커에게 그 자신과 비슷한 사람들에 의해 해킹될 수 있는 가장 유망한 분야가 무엇이라고 생각하는지 물어보면, 그는 두 개의 단어로 답한다. '의료 진단'이다. 의사들은 분명히 자신들의 일자리에 대해 걱정해야겠지만, 해머베커 같이 우리 세대에서 가장 똑똑한 자들이 그들을 노리고 있다는 점을 알고 더욱더 경계를 늦추지 말아야 할 것이다. 똑똑한 엔지니어들이 만든 지치지 않는 알고리즘이 의사들의 합병증 발생률, 검사 결과, 치료 관행을 꼬치꼬치 조사하게 됨에 따라 의사들의 일자리는 점점 더 위험에 처할 것이다. 의사들이 사라지지는 않겠지만, 미래에 일자리를 보장받고 싶은 의사들은 특출할 수 있는 방법을 찾아야 한다. 봇은 보통의 개업 의사들이 떠맡는 반복적인 진료 업무를 처리할 수 있다.

대다수에게는 희소식이고 소수에게는 원통한 일이겠지만, 변호사들은 알고리즘의 침략에 어느 누구보다 취약하다. 대규모 소송에서 하나같이 가장 비용이 많이 드는 일은 검색 과정, 즉 사건과 관련된 모든 문서를 취합하고 분석하는 일이다. 회사법이나 계약과 관련된 논쟁을 불러일으키는 사건에서는 읽어야 될 문서만 수백만 페이지가 될 수 있다. 읽는 업무는 주로 변호사 보조원이나 하급 부변호사의 몫인데, 본질적으로 눈을 쓰는 서비스를 제공하는 대가로 그들은 시간당 100달러 이상에서 때로는 200달러까지의 돈을 받는다. 하지만 눈은 하드웨어가 될 수 있으며, 눈의 뒤에 있는 두뇌는 알고리즘이 될 수 있다. 여러 회사 중에서도 블랙스톤 디스커버리Blackstone Discovery라고 불리는 팔로 알토Palo Alto 소재 기업은 인간만큼 효율적이고 가끔은 인간보다 더 철저하게 일하는 알고리즘으로 사람들을 대체하고 있다. 게다가 알고리즘은 저렴하기까지 하다. 120만 쪽의 문서를 살펴보는 일에 예전에는 500만 달러 이상의 비용이 소요됐지만, 이제 10만 달러면 족하다.[2] 이런 상황이 미국에서 사법고시를 통과한 5만 4,000명 남짓의 변호사를 기다리는 일자리가 2만 6,000개밖에 되지 않는 이유를 이해하는데 도움이 될지도 모르겠다. 이런 모든 상황은 전국에서 일자리를 원하고 있는 수만 명의 변호사들에게는 희소식이 아닐 것이다. '미안합니다. 그 일자리를 알고리즘에게 줘버렸어요'. 알고리즘은 건강보험을 요구하지도 않고 나중에 파트너 변호사가 될 수 있다는 보장을 요구하지도 않는다.

의사, 변호사, 정신과 전문의, 트럭 운전사, 음악가 등 알고리즘 때문에 얼마나 많은 일자리를 잃게 된단 말인가? 이런 상황이 우리 경제에 미치는 영향은 얼마나 될까? 기념비적인 한 편의 논문에서 MIT의 두 경제학자인 에릭 브리뇰프슨Eric Brynjolfsson과 앤드류 맥아피Andrew P. McAfee는 이렇게 썼다. '간단히 말해, 많은 근로자들이 기계와의 경쟁에서 패배하고 있다.'[3] 이 두 경제학자는 평균적인 근로자인 백인 화이트칼라 회계사는 대체될 준비를 해야 한다고 경고한다.

학계에서도 이전에 그런 경고를 한 적이 있다. 1920년대와 1930년대에 기계가 제조업 업무를 대체하기 시작할 때, 존 케인스John Maynard Keynes는 '기술적 실업technological unemployment'이라고 그가 이름 붙인 '신종 질병'에 대해 경종을 울렸다. 기술적 실업은 일자리가 자동화로 사라지는 속도만큼 대체될 수 없을 때 발생한다.[4] 케인스의 경고는 입증되지 못하자 과장이라고 무시됐다. 하지만 그의 이론은 단지 시대를 90년 앞선 것인지도 모른다. 브리뇰프슨과 맥아피에 따르면, 2009년 6월 경기침체가 끝난 이후에 기업들은 기술과 소프트웨어에 대한 지출을 26퍼센트 늘리면서도 급여 총액은 전혀 늘리지 않았다. 2011년 S&P 500대 기업은 거의 1조 달러에 달하는 기록적인 수익을 올렸는데, 추가 인력을 많이 늘리지 않고 거둔 성과였다.

글쟁이들도 안전하지 않기는 마찬가지다. 내 고향인 일리노이주 에번스톤Evanstone에 있는 회사인 내러티브 사이언스Narrative Science는 원시 통계를 나름대로의 문체가 있으며 문법적으로 정확하고 재치 있는 뉴스 글로 변환해주는 봇에 대해 600만 달러의 벤처 캐피털을 끌어들였다. 빅 텐 네트워크Big Ten Network 소속 스포츠 웹사이트는 이 기술을 활용해 경기가 끝난 지 1분 이내에 기사를 올린다. 이 사이트의 알고리즘은 결과와 기록을 바탕으로 경기에서 가장 중요한 순간을 파악한 다음, 그런 순간을 중심으로 마치 기자들이 쓰는 것처럼 이야기를 작성한다. 이 알고리즘은 경기에서 어떤 부분이 헤드라인으로 활용하기에 가장 적합한지까지 알고 있다. 위스콘신과 UNLV 간의 미식축구 경기에서 3쿼터가 끝나고 몇 초 후 봇에 의해 공식 입력된 기사는 다음과 같이 시작한다. "위스콘신은 3쿼터가 끝난 후 51-10으로 리드를 유지하면서, 승리를 향한 유리한 고지를 점한 것으로 보인다. 위스콘신은 러셀 윌슨이 제이콥 페데르센을 찾아 8야드 터치다운을 성공시킨 덕분에 스코어를 44-3으로 만들어 점수차를 벌렸다."[5]

그래서 어쩌란 말인가? 봇과 친숙해지라는 것이다. 이런 경제 환경에서 현재는 물론 앞으로도 가장 없어서는 안 될 사람은 코드와 알고리즘을 작성하고 유지 보수하며 개선할 수 있는 이들이다. 실리콘밸리에서 잠깐이라도 지내봤다면 알겠지만, 그곳에는 큰 회사든 작은 회사든 너나 할 것 없이 좋은 엔지니어가 부족하다는 하소연이 가득하다.

프로그래밍 기술을 가진 엔지니어들에겐 일자리가 부족하지 않다. 기업들이 엔지니어링 업무를 인도, 브라질, 동유럽 같은 곳에 외주를 주는 데는 다 이유가 있다. 양질의 과학, 수학, 엔지니어 전공자가 더 많아진다 해도, 그런 사람들을 위한 일자리는 준비돼 있으며 그런 일자리들은 사라지지 않을 것이다. 이런 사실에도 불구하고, 매년 우리는 잠재력이 있는 엔지니어링 전공 인재들의 40퍼센트를 대개는 수학이 그다지 쓰이지 않는 학위에 내주고 있다. 많이 들어본 이야기인지도 모르겠지만 사실이 그렇다. 2011년 오바마 대통령은 전국에서 매년 엔지니어 졸업생이 1만 명 더 늘어나야 한다고 촉구했는데, 훌륭한 목표다.[6] 그리고 우리는 일부 진전을 이뤘다. 고등학교 수준에서 어린 학생들이 수학과 과학에 흥미를 갖게 하는 일은 어렵지 않다. 전국의 수많은 학교들에서 바로 그런 목표를 위한 노력들이 성공하고 있다.

문제는 종종 그런 어린 학생들이 대학에 가서 일리노이 대학교 어바나 샴페인 캠퍼스^{University of Illinois at Urbana-Champaign}의 엔지니어링 명예 교수인 데이비드 골드버그^{David Goldberg}가 '수학–과학 죽음의 행진^{the math-science death march}'이라고 칭한 과정을 겪는다는 점이다. 이 행진은 대개 혹독한 화학, 물리학, 수학, 컴퓨터과학 수업에다 추가로 골드버그 박사의 대학에서는 이론 및 응용역학이라고 불리는 일련의 수업이 이어지는 세 개 학기로 구성돼 있다. 골드버그 박사의 혹독한 수업을 내 자신이 직접 겪어봤기 때문에 수도 없이 밤을 지새우고 어려운 시험을 거쳐야 한다는 점을 증언할 수 있다. 반면 일부 인문계 학생들이 거치는 수업과 전공은 두루두루 쓸모가 있으며 여러 분야에 폭넓게 걸쳐 있다. 그렇다고 해도, 천재만이 4년간의 엔지니어 수업을 끝마칠 수 있는 건 아니다. 단지 공부를 좀 더 열심히 하고 고등학교 시절에 배우는 고등 수학과 과학에 대한 충실한 기초가 있으면 된다.

안타깝게도, 미국의 어린 학생들 상당수가 대학에 들어가기 전에 그런 고등 수학의 기초를 익히지 못한다는 것이 문제점으로 지적된다. 르네상스 테크놀로지스의 설립자인 짐 사이먼스를 비롯한 일부 사람들은 다가오는 알고리즘 중심적인 미래를 짊어질 수 있는 유형의 인재들을 좀 더 많이 채용해 그들을 학교 수업에 투입하는 방안이 부분적인 해결책이라고 주장한다. 사람은 자기 스스로가 이해하고 있는 것만을 가르칠 수 있다. 하지만 가르치는 일은 쉽지 않다. 구글 엔지니어가 보유한 기술 중 상당 부분은 천방지축의 16세 학생들에게 전달되지 못한다. 우리는 알고리즘 코드 더미부터 다음 세대의 인재들이 키워지고 있는 고등학교까지, 양쪽 세계를 편안히 오갈 수 있는 특별한 사람들을 찾아야 한다. 학생들을 새롭고도 복잡한 주제에 집중시킬 수 있는 섬세한 능력을 지닌 기술적 인재를 찾는 일은 아주 어려운 일이다. 설사 많은 돈이 들어간다 할지라도, 그런 인재를 찾아서 교육 현장에 배치할 때마다 사회와 학생들 입장에서는 성공한 것으로 볼 수 있다.

그렇다면 이는 최고의 계량적 두뇌를 확보하려는 경쟁자의 하나로 학교도 추가된다는 뜻인가? 그렇다. 그리고 괜찮은 일이다. 잠재적으로 계량적인 사고를 가진 사람들 중에도 자신의 두뇌를 제대로 활용할 기회를 얻지 못한 채 이리저리 떠도는 사람들이 꽤 있다. 똑똑한 사람들의 공급이 부족하지는 않다. 하지만 계량적 분야에서 교육받은 똑똑한 사람들이 부족하다. 사람들을 그곳으로 보내는 깔때기의 크기를 키우기만 하면 된다. 미국의 모든 고등학교에서 모든 학생들이 한 명도 빠짐없이 최소한 한 과목의 프로그래밍 수업을 들도록 해야 한다. 대부분의 학생들은 거기서 중단할 것이고 뭔가 다른 일로 넘어갈 것이다. 하지만 이런 학생들 중 단 5퍼센트만이라도 자신만의 프로그램과 알고리즘을 설계하는 능력을 갖춘다면, 그로 인해 우리의 교육 시스템과 경제의 역학이 변하게 될 것이다. 프로그래밍이나 계량적 분야를 아예 생각해보지도 않은 수많은 학생들을 생각해보라. 그들에겐 수학이란 시험을 통과하기 위해 암기해야 하는 기계적인 기술일 뿐이다. 그들은 세상을 바꾸고 있는 수학의 다른 측면을 본 적이 없다. 혹시 뒤늦게 대학에서 그런 측면을 본다고 하더라도 이미 그들의 인생 진로는 다른 방향으로 결정된 후다. 프로그래밍과 컴퓨터과학 수업을 소수 학생들을 위한 과목으로 밀쳐 놓으면 안 된다. 프로그래밍과 컴퓨터과학은 금세기 동안 다른 어떤 기술보다 중요하다. 모든 학생들에게 기회가 주어져야 한다.

다음 50년 동안은 의료 서비스와 기술 산업, 이 두 분야가 경제의 성장 엔진이 될 것이다. 전자는 허약한 기반 위에 구축된 시스템과 노령화돼 가는 미국 인구로 인해 성장하는 분야다. 하지만 기술 산업은 출신 배경에 상관없이 누구에게나 경제 상황이 좋든 나쁘든 일자리를 유지시켜줄 기술을 습득하는 기회를 제공한다. 위험성에 개의치 않고 자기만의 진로를 개척하려는 선택된 소수는 기술적 능력과 혁신적인 알고리즘의 설계 능력을 통해 기업가 정신과 창조성을 발휘할 기회를 열 수 있다. 도전하고자 하는 누구에게나 기회의 문이 열려 있다. 기술 전문가가 된다는 것은 표준화된 시험에서 수학이나 과학 과목 점수를 잘 받는 것과는 다르다. 그것은 연습에 관한 것이다. 절차를 익히기 위한 시간 투자에 관한 것이다.

코드를 작성할 줄 아는 사람에게는 앞으로 많은 일거리가 주어질 것이다. 복잡한 알고리즘을 생각해내고 작성할 줄도 안다면 더 더욱 좋다. 세상을 뒤엎을 수 있을지도 모른다. 어떤 봇이 선수를 치지만 않는다면 말이다.

감사의 글

책 한 권을 쓰기 시작할 때부터 끝마칠 때까지 얼마나 많은 변화가 일어날 수 있는지 놀라울 뿐이다. 이번 경우에는 몇 달이 2년으로 늘어남에 따라 출처, 조언자뿐 아니라 편집자까지 새로 바뀌곤 했다. 물론 저자는 바뀌지 않았다. 그리고 나의 에이전트인 런치 북스^{Launch Books}의 데이비드 푸게이트^{David Fugate} 역시 가장 든든한 지지자이자 대변자, 조언자로 남았다. 첫 번째 책의 저술을 시작하기 1년 전 우연히 웹을 통해 데이비드를 만나면서 내 길에 변화가 생겼다. 이 책이 두 번째 책이긴 하지만, 나는 출판업계에서 신출내기에 가깝다. 그리고 내가 신출내기로서 안전하게 일을 할 수 있는 건 전적으로 데이비드 덕분이다.

독자들의 손에 쥐어지기에 앞서, 수많은 분들이 이 책을 페이지별로 자세히 검토했다. 이런 분들을 이끈 건 펭귄^{Penguin}에서 이 책의 편집을 맡았던 니키 파파도폴로스^{Niki Papadopoulos}였다. 니키는 이 책의 시작부터 함께한 편집자가 아니었기 때문에 어떻게 접근해

347

야 할지 난감해 했다. 하지만 나는 운이 좋았다. 탁월한 편집자인 니키는 재빨리 이 책의 이야기 구조를 잡았고, 군살을 빼거나 약점을 파악하는 데 도움을 줬다. 그녀가 도와준 덕분에 이 책은 훨씬 충실해졌다.

나의 아내인 사라^{Sarah}는 이 책을 단어 하나 빠뜨리지 않고 꼼꼼히 읽었다. 그것도 한 번도 아니고 여러 번 말이다. 그리고 페이지마다 부적절한 상부적 표현과 문법 오류, 그리고 무의미한 구절들을 제거해줬다. 살다 보면 가끔 여러 가지 개인적, 가정적, 직업적 사건들이 한꺼번에 몰려드는 경우가 있다. 작년에 우리가 정말 그랬다. 내가 이 책을 끝마칠 무렵, 사라는 쌍둥이를 낳았다(안녕, 파커와 마렌!). 그래서 사라는 종종 한 아기는 무릎에, 다른 아기는 발 옆에 앉히고, 아들(안녕, 잭!)은 뒤쪽의 장난감 그네에 태운 채로 일해야 했다. 이 책의 인쇄가 시작될 즈음에 사라는 일자리로 복귀할 계획인데, 그녀는 슈퍼맘 명예의 전당에 오를 자격이 있다. 그녀가 없었다면, 나는 책을 쓰는 동안 수없이 좌절했을 것이다. 나에게 그녀는 인생의 동반자이자 일의 동반자다.

노스웨스턴 대학에서 나를 가르치면서 수업료가 아깝지 않은 강의를 해주셨던 마르셀 파케트$^{Marcel\ Pacatte}$ 교수님은 변함없는 열정을 바탕으로 비평과 조언을 아끼지 않는다. 교수님은 그 누구보다 먼저 모든 장들을 읽고 솔직한 조언을 해주셨는데, 그때마다 원고가 좋아졌다.

엔지니어링 수업, 스키, 피자 요리, 그리고 인생에 있어서 믿음직한 친구였던 톰 패닝턴Tom Pennington은 내가 부탁했다는 이유만으로 주말에 만사를 제쳐두고 이 책을 읽어줬다. 그의 피드백은 정말 유용했다.

나의 부모님, 개리Gary와 자넷Janet 역시 독자들보다 먼저 이 책의 각 단락을 읽어주셨는데, 나의 일에 대한 부모님의 관심 덕분에 언제나 용기를 얻는다. 아버지는 이 책을 읽지 않고도 알고리즘의 역사에 관한 2장의 내용 대부분을 알고 있는 몇 안 되는 사람에 속한다. 그럼에도 불구하고 아버지는 진심 어린 공감을 표해주셨고, 덕분에 나는 2장의 내용을 사람들이 지루해하지 않을까 우려했던 고민에서 벗어났다. 아버지는 내가 사는 집까지 설계해주셨는데, 그일은 아무리 감사해도 모자랄 것이기에 여기서 한 번 더 감사드린다.

나는 2011년 5월 전까지는 「뉴욕 타임스」의 기술 칼럼니스트이자 산호세 주립 대학교의 교수인 랜디 스트로스Randy Stross를 알지 못했다. 하지만 그는 이 책의 초기 버전을 기꺼이 읽어줬다. 그의 피드백은 솔직하면서도 너그러웠으며 놀라울 정도로 유용했다. 랜디는 어떤 이유에서든 간에 터무니없이 잘못된 문구들을 접할 때마다 글 중간에 '윽!UGH!'이란 단어를 껴 넣었다. 랜드의 '윽!' 덕분에 이 책은 많이 좋아졌고, 내가 작가로서 시행착오를 통해 계속 발전하는 데도 도움이 됐다.

토머스 패터피는 정말 친절하게도 코네티컷의 그리니치에서 수십 시간 이상을 함께 해줬을 뿐 아니라, 전화 통화에도 많은 시간을 할애해줬다. 그는 나의 질문을 대할 때 언제나 좋은 친구였으며, 그가 들려준 다채로운 이야기는 미국 주식시장에서 발생한 사상 최초의 대형 해킹을 실감 나게 표현하는 데 도움이 됐다.

스프레드 네트웍스의 설립자인 다니엘 스파이비와 데이비드 박스데일은 이전까지는 누구에게도 인터뷰 기회를 쉽사리 허락하지 않았었다. 운 좋게도 나는 그들의 이야기를 전국적으로 알릴 수 있었고, 일주일 후에 「월스트리트 저널」의 경쟁 기사가 그들에게 인터뷰를 요청했을 때는 더 이상 할 이야기가 남아있지 않았다. 그들의 이야기와 프로젝트는 믿기 어려울 정도로 흥미진진하다. 나는 그들이 데이비드의 아버지이자 기술계의 레전드인 짐 박스데일과 함께 어떻게 비밀 구멍을 팠는지 자세히 이야기해준 데 대해 감사한다.

벤 노박은 이 책에서 가장 흥미로운 스토리 중 하나를 들려줬다. 그는 뉴질랜드에서 여러 차례의 긴 스카이프 통화를 통해 그런 스토리에 대해 이야기해줬다. 노박의 음악을 유명하게 만든 기술의 보유자인 마이크 맥크레디는 너그럽게도 자신의 회사에 대한 이야기뿐만 아니라 기발한 창조로 수놓아진 자신의 이력에 대해서까지 이야기해줬다.

바흐의 작곡 스타일을 흉내 낼 수 있는 알고리즘의 창조자인 데이비드 코프는 자신의 업적에 대해 몇 시간에 걸쳐 이야기해줬다. 컴퓨터과학의 세계를 외부자의 시선으로 바라보면서 그 안으로 들어가기 위해 무엇이 필요할까 궁금해하는 사람이라면 코프의 이야기에서 영감을 얻을 것이다. 그는 컴퓨터 경험이 전무했던 음악가이자 학자였던 자신을 인공지능 학계의 탁월한 창조자 중 한 명으로 탈바꿈시켰다. 그의 스토리는 그 자체만으로도 한 권의 책을 만들 수 있을 정도다.

제이슨 브라운은 40년 묵은 비틀즈 미스터리를 자신이 어떻게 풀었는지에 대해 이야기해줬다. 그는 비음악인인 내게 코드 구성, 음향 과학, 음악에 관련된 수학 등을 설명했다. 그의 인내심에 대해 감사한다.

부에노 데 메스키타는 멋진 웃음과 더불어, 한 인간이 미래에 정확히 무슨 행동을 할지 예측하려고 할 때 자신의 게임이론 시스템이 인간보다 어떤 면에서 효과적인지 설명하는 요령을 가지고 있다. 나와의 인터뷰 후에 그는 '콜버트 리포트^{The Colbert Report}'라는 TV 쇼의 가장 재미있는 코너에 출연했다. 한번 시청해볼 것을 권한다. 아니면 부에노 데 메스키타의 TED 강의나 '더 데일리 쇼^{The Daily Show}' 출연분을 봐도 괜찮다. 잠시 구글 검색을 해보면 이런 항목들을 찾을 수 있다.

카네기멜론 대학교의 투오마스 샌드홀름 교수는 세계에서 가장 앞서 있는 게임이론 알고리즘 창조자로서 명성을 쌓아왔다. 그는 그런 이론들을 기반으로 100명 이상의 인력을 채용해 회사를 설립한 후 매각했으며, 현재는 포커 플레이용 봇 개발을 비롯해 더욱 중요하게는 장기 기증자들을 매칭하는 데 있어 좀 더 개선된 방법을 찾고 있다. 그는 생명을 구하는 일을 하며 바쁜 일정을 소화하고 있지만, 여러 차례 자세히 이야기할 시간을 내줬다.

테리 맥과이어 박사는 내가 이야기를 나눴던 사람들 중 가장 흥미로웠던 두세 명에 속한다. 그는 수십 년간 NASA에서 최고 심리학자로 일하면서 이 기관에 안정감을 불어넣었다. 그는 적진 속에서 소련 특공대의 추격을 받기도 했고, 존 글렌 같은 인물의 친구이기도 하다. 오늘날 우리가 알고 있는 암벽 등반이나 등산용 장비가 출현하기 전에, 맥과이어는 세계 수준의 등반가들과 함께 북아메리카에서 가장 험난한 몇몇 봉우리에 올라갔다. 우리의 마음이 작동하는 방식과 단어들이 우리의 성격과 진정한 의도를 드러내는 방식에 대한 그의 통찰력은 이 책에서 한 장을 구성하는 바탕이 됐으며, 인간 커뮤니케이션의 모든 수단에 침투하고 있는 새로운 부류의 알고리즘을 위한 기반이 됐다.

헤지스 케이퍼스도 테리 맥과이어에 대해 똑같은 이야기를 들려줬는데, 나에게는 그런 주제에 대한 케이퍼스의 통찰력이 맥과이어에 못지않게 중요한 것으로 입증됐다. 내가 말하는 단어를 통해 그가 내 성격을 순식간에 분석해서 놀라울 정도였다. 한 사람으로서 내 자신의 취향에 대한 그의 분석은 상당히 정확했다.

켈리 콘웨이는 자신의 회사(이후에 이로열티로 이름이 바뀌고 현재는 매터사이트 코포레이션Mattersight Corporation)에서 그의 표현대로 인간 언어를 분류하는 알고리즘을 구축한 방법에 대해 상세히 설명하기 위해 몇 차례에 걸쳐 나와 많은 시간을 보냈다. 현재 콘웨이의 회사는 이 목표에만 집중하고 있다. 나스닥에서의 회사 주식 가치를 보건대, 그의 계획은 초기의 몇 가지 난관을 통과한 후에는 일사천리로 진행되고 있는 것처럼 보인다. 콘웨이는 누가 봐도 혁신가이자 소통의 달인이며, 그와 함께 보낸 시간을 통해 큰 도움을 받았다.

듀크 대학교의 비백 와드와 교수는 월스트리트와 실리콘밸리 간의 대결에 관한 대화라면 언제든지 환영해주셨고, 인재 확보 전쟁의 양쪽 편에서 얻어진 그의 시각 덕분에 해당 장의 틀을 잡을 수 있었다. 뉴욕에서 베이 에이리어로 넘어온 엔지니어가 제프 해머베커만 있는 건 아니지만, 그는 가장 중요한 인물 중 한 명이다. 잘 나가는 스타트업의 창업자로서 일상적인 여유 시간이 거의 없는데도, 나에게 약간의 시간을 할애해준 데 대해 해머베커에게 감사한다. 똑같은 감사의 말을 레드핀의 CEO인 글렌 켈맨에게도 전한다. 나는 몇 년 전에 그를 만난 적이 있는데, 당시 그의 명쾌한 충고는 내가 첫 번째 책을 쓰는 데 필요한 확신을 가질 수 있게 해줬다. 그의 생각은 현재의 실리콘밸리 무대를 정확히 묘사하는 데 핵심적인 역할을 했다.

책을 쓰면서 조사에 필요했던 많은 책들, 특히 알고리즘 트레이딩과 금융에 관한 책들은 상당히 고가였다. 저자로서 나는 기꺼이 책을 구매하는 편이지만, 월스트리트의 알고리즘 개발 지망자들을 위해 출간된 상당수의 책들은 가격이 100달러가 넘었다. 다행히도 나는 노스웨스턴 대학교 인근의 동네에 살고 있는데, 이 대학의 거대한 도서관은 내가 찾던 모든 난해한 책들을 빠짐없이 소장하고 있었다. 또한 다행스럽게도, 노스웨스턴 대학교가 졸업생 자격으로 도서관의 서고와 자료에 접근할 수 있도록 허용해준 덕분에, 나는 아침부터 늦은 밤까지 방대한 자료를 갖춘 조용한 작업 공간을 얻을 수 있었다. 알고리즘의 역사에 관한 장을 준비하면서 나는 절판됐거나 오래돼 찾기 어려운 책이 상당수 필요하다는 점을 깨달았다. 역시 노스웨스턴 대학교에는 그런 자료들이 전부 있었고, 나는 자유로이 그 자료들을 열람할 수 있었다. 그곳의 도시관 직원들은 몇몇 책에 대해 상당액의 누적 연체료를 면제해주기까지 했다. 이에 감사한다.

나는 「포브스Forbes」지에서 전속 기자로 일하며 이 책을 쓰기 시작했고, 상당 부분을 그 시기에 썼다. 하지만 저술을 끝마칠 무렵에는 「포브스」를 떠나서 소비자들에게 식료품 할인 서비스를 제공하는 스타트업인 아일50Aisle50을 만들었다. 나에게는 꽤나 큰 변화였지만, 내가 흔쾌히 받아들인 기회이기도 하다. 회사를 운영하면서 많은 이들의 도움을 받았는데, 가장 큰 도움을 준 사람은 와이콤비네이터에서 우리 회사에 투자하고 자문해준 폴 그래험Paul Graham과 제시카 리빙스턴Jessica Livingston이다. 그들은 실리콘밸리에서 특별한 뭔가를 만들었다. 관심 있는 사람들을 위해 소개하자면, 이 책과 정확히 같은 날에 같은 출판사에서 출간된 한 권의 책이며 와이콤비네이터에 대해 가장 잘 기술하고 있다. 랜디 스트로스의 「The Launch Pad」란 책인데 일독을 권한다.

아일50에 대해 말할 것 같으면, 나는 최고의 영업 팀과 엔지니어링 팀을 구축한 덕분에 큰 기대를 걸고 있다. 그동안 많은 난관이 있었는데, 그들은 우리가 지금까지 부딪쳤던 모든 도전을 감당할 수 있다는 점을 입증했다. 무엇보다도 나는 공동 설립자인 라일리 스코트^{Riley Scott}에게 감사한다. 배우자를 제외하면, 공동 설립자보다 더 밀접한 관계란 없을 것이다. 우리는 매달 하루에 15시간씩 함께 지내면서 함께 일하고 함께 웃고 함께 울기까지 했다. 라일리는 지칠 줄 모르는 일꾼이며, 멋진 남편이자 멋진 아버지, 멋진 친구다. 단언컨대, 그보다 더 사업을 함께하고 싶은 사람은 없다. 그는 강인한 사람으로 인생에서 많은 난관을 거쳤다. 그중 일부는 야망을 가진 사람으로서 기꺼이 자초한 것이고, 가장 괴로웠던 고초들을 포함한 일부는 자신이 원한 바가 아니었다. 그는 웬만한 사람들은 엄두조차 내기 어려운 의지를 가지고 인생에서 몇 차례의 굴곡을 넘겼다. 감동적이다.

옮긴이 소개

박지유(jeeyoupark@naver.com)

1990년대부터 IT 업계에 종사해온 개발자로, IT 산업 전반과 게임 분야에 특히 관심이 많다. 다양한 기사와 도서 등의 번역가로도 활동 중이다. 번역서로는 에이콘출판사에서 출간한 『코코스2d-x 모바일 2D 게임 개발』(2013), 『오픈소스와 소프트웨어 산업, 상생의 경제학』(2013), 『유니티 네트워크 게임 만들기』(2015) , 『안드로이드 NDK 게임 개발』(2016), 『The C++ Programming Language (Fourth Edition) 한국어판』(2016) 등이 있다.

2016년 이세돌 9단과 구글의 바둑 인공지능 프로그램인 '알파고' 의 대결은 AI에 대한 대중의 인식을 전환시킨 획기적인 이벤트였다.

1997년 IBM의 슈퍼컴퓨터 '딥 블루'가 당시 체스의 인간 최고 수인 '게리 카스파로프'를 꺾어서 인공지능 발전사에 한 획을 그 었지만, 당시만 해도 체스에 비해 훨씬 경우의 수가 많은 바둑에 서 인공지능이 인간 최고수에 필적하려면 상당히 오랜 시간이 소 요되거나 실질적으로 거의 불가능하다고 여겨지던 분위기였다. 그 러나 채 20년이 되지 않아서 폭발적인 발전을 이룬 기계는 예상을 뛰어넘는 빠른 시간 안에 인간 최고수에게 도전장을 던졌던 것이 다. 대결 전까지만 해도 그래도 인간 최고수가 이길 것이라는 예상 이 많았지만, 막상 뚜껑을 열어보니 이세돌 9단은 1승 4패로 전 패를 가까스로 모면하는 데 만족해야 했다.

그로부터 몇 년 지나지 않아 알파고의 후예들은 발전에 발전을 거듭해서 이제는 인간 최고수가 4점을 깔고 둬야 승부가 될 지경이 됐다. 게다가 이제 인간 최고수들은 자신보다 월등한 기력을 갖춘 바둑 인공지능 프로그램들을 통해 바둑 공부를 한다고 한다. 바둑은 AI의 놀라운 발전 속도를 가장 명확하게 보여주는 사례이다.

산업혁명은 근력을 바탕으로 하는 인간의 노동력을 기계가 대체할 수 있음을 보여준 인류 문명사의 전환점이었다. 그 이후로 기계는 발전을 거듭하면서 육체 노동력뿐만 아니라 정신 노동력 분야에서도 야금야금 인간의 일자리를 빼앗고 있다. 그러나 불과 몇 년 전까지만 해도 근력을 사용하는 육체 노동이나 단순 반복적인 정신 노동 분야의 일자리가 위협될 뿐, 고도의 두뇌 활동이 필요한 분야의 일자리는 앞으로도 오랫동안 인간의 몫일 것이라는 막연한 낙관이 지배했었다. 로봇이니 인공지능이 이런 것들은 SF 소설이나 영화에나 등장하는 호사가들의 흥밋거리일 뿐 그것이 나의 일자리를 위협하지는 못하리라는 것이 일반 대중들의 생각이었다.

이 책은 앞으로도 오랫동안 인간의 몫일 것이라고 생각해왔던 고도의 두뇌 활동이 필요한 일자리들에 대한 알고리즘의 침략이 이미 진행 중인 현실이라는 점을 생생한 실화를 통해 보여준다. 월스트리트에서 남들보다 먼저 알고리즘을 활용해 거부가 된 인물, 대중가요의 히트 가능성을 판단해주는 알고리즘 덕분에 인생이 바뀐 뮤지션, 바흐나 모차르트 같은 전설적인 클래식 거장의 스타일로 새로운 곡을 창작할 수 있는 알고리즘을 만든 음악과 교수, 월스트리트의 알고리즘 경쟁에서 4/1000초의 시간적 우위를 점하기 위해 대륙을 횡단하는 통신망을 건설한 개척자, 인간에 필적할 수 있는 포커 알고리즘을 개발하려는 게임이론 전문가, 국제적 주요 정치 사건을 예측하는 알고리즘을 개발한 정치과학과 교수, MLB와 NBA 같은 프로스포츠 경기에서 유망주를 예측하는 알고리즘을 개발한 농구 분석가, 누군가의 생명이 달린 장기 기증 시스템을 최적화하기 위한 알고리즘, 실수 없이 약사보다 정확하게 약을 조제해주는 샌프란시스코의 봇, 환자 진료에 알고리즘을 활용함으로써 탁월한 치료 실적을 거두고 있는 메디컬 센터, 우주 비행사 후보자들이 사용하는 언어를 분석하는 알고리즘을 통해 적절한 후보자를 선발함으로써 인간에 의한 우주 비행 사고의 위험성을 줄이고 있는 NASA, 고객들의 전화 통화 내용을 분석하는 알고리즘을 개발해 고객 서비스 분야를 혁신하려는 스타트업, 우리나라에서도 이미 대중적으로 일상화된 페이스북에서 게시물을 골라주는 알고리즘을 개발한 데이터 분석가, 그리고 이런 알고리즘을 만들 수 있는 최고 두뇌를 확보하기 위한 월스트리트와 실리콘밸리의 숨 가쁜 대결에 이르기까지 생생한 이야기들이 이 책에서 펼쳐진다.

불과 몇 년 전까지만 해도 먼 미래의 얘기로 여겨졌던 로봇, 인공지능 또는 알고리즘에 의한 인간 일자리의 감소가 이제 대중들에게도 심각한 문제로 인식되고 있다. 이제 눈앞에 다가온 AI와 알고리즘에 의한 일자리의 감소는 각 개인에게도 심각한 문제일뿐더러, 인류라는 종의 역사상 마주치게 될 가장 심각한 도전이 될 것이다. 이 책은 이렇듯 상당히 심각한 주제를 다루고 있지만, 무

엇보다 하나하나의 이야기가 그 자체로 매우 흥미롭기 때문에 술
술 읽힌다. 흥미로운 이야기 속에서 개인적으로나 사회적으로 깊
이 생각해봐야 할 시사점을 던져줌으로써 재미와 진지함을 모두
갖춘 책이므로 일독을 적극 권한다.

박지유

주석

1장: 월스트리트, 첫 번째 도미노

1. Carolyn Cui, "From Healing to Making a Killing," Wall Street Journal Asia, 2010년 4월 27일 p. A9.
2. Suzanne McGee, "A Breed Apart," Institutional Investor, 2005년 11월 10일.
3. Joe Klein, "Sweet Sweetback's Wall Street Song," New York, 1983년 9월 5일, p. 43.
4. 상동.
5. 패터피는 아직도 태블릿 하나를 자신의 사무실에 있는 목조 전시함에 보관하고 있다.
6. Thomas Bass, The Predictors (New York: Henry Holt, 1999), p. 126.
7. Felix Salmon과 Jon Stokes, "Algorithms Take Control of Wall Street," 와이어드(Wired), 2010년 12월 27일.
8. Hal Weitzman과 Gregory Meyer, "Infinium Fined $850,000 for Computer Malfunctions," 파이낸셜 타임스(Financial Times), 2011년 11월 25일.
9. Leo King, "Rushed Software Testing Results in Unprecedented Fine for Futures Giant Infinium," ComputerWorldUK.com, http://www.computerworlduk.com/news/it- business/3322223/rushed-software-testing-results-in-unprecedented-fine-for-futures-giant-infinium/.

2장: 인간과 알고리즘의 간략한 역사

1. http://news.ycombinator.com.

2. Jean-Luc Chabert, ed., A History of Algorithms: From the Pebble to the
    Microchip, Chris Weeks 옮김(Berlin: Springer-Verlag, 1999년).

3. C 언어 프로그래밍 수업에서 저자는 엔지니어 학부생으로서 틱택토 기계 문
    제를 스스로 선택했다.

4. Chabert, A History of Algorithms. 이 소개 단락은 샤버트 씨의 책에 상당히 의존
    하고 있다.

5. 상동.

6. Godfried Toussaint, The Euclidean Algorithm Generates Traditional Musical
    Rhythms (Montreal: School of Computer Science, McGill University, 2005),
    http://cgm.cs.mcgill.ca/~godfried/publications/banff.pdf.

7. Midhat J. Gazale, Gnomon: From Pharaohs to Fractals (Princeton, NJ: Princeton
    University Press, 1999), p. 33.

8. Niall Ferguson, The Ascent of Money (New York: Penguin, 2008), p. 34. 번역서
    – 『금융의 지배』, 김선영 옮김, 민음사, 2010년 7월.

9. Henry Linger, ed., Constructing the Infrastructure for the Knowledge Economy,
    Proceedings of the 12th International Conference on Information Systems
    and Development, Melbourne, Australia, 2003 (New York: Kluwer
    Academic/Plenum Publishers, 2004).

10. "Apple and the Golden Ratio," Paul Martin의 블로그, http://paulmmartinblog.
    wordpress.com/2011/07/18/apple-and-the-golden-ratio/.

11. Ferguson, The Ascent of Money, p. 34.
    번역서 – 『금융의 지배』, 김선영 옮김, 민음사, 2010년 7월.

12. Dirk Struik, A Concise History of Mathematics (Mineola, NY: Dover, 1948), p.
    80.
    번역서 – 『간추린 수학사』, 장경윤, 강문봉, 박경미 옮김, 경문사, 2002
    년 12월.

13. David Berlinski, The Advent of the Algorithm: The 300-Year Journey from an
    Idea to the Computer (New York: Mariner, 2001), p. 14.

14. 상동, p. 2.

15. Bertrand Russell, A Critical Exposition of the Philosophy of Leibniz (New York:
    Cosimo Books, 2008), p. 192.

16. Chabert, A History of Algorithms, p. 44.

17. Bruce Collier and James MacLachlan, Charles Babbage and the Engines of Perfection (New York: Oxford University Press, 1998), p. 46.
    번역서 – 『컴퓨터의 아버지 배비지』, 이상헌 옮김, 바다출판사, 2006년 10월.

18. Berlinski, The Advent of the Algorithm, p. 3.

19. William Ewald, From Kant to Hilbert: A Source Book in the Foundations of Mathematics (Oxford: Oxford University Press, 1996), p. 446.

20. Paul Nahin, The Science of Radio (New York: Springer-Verlag, 2001), p. xxxvi.

21. David Berlinski, Infinite Ascent: A Short History of Mathematics (New York: Modern Library, 2005), p. 45.

22. Nicholas Jolley, ed., The Cambridge Companion to Leibniz (Cambridge: Cambridge University Press, 1995), p. 251.

23. Richard Lindsey and Barry Schachter, How I Became a Quant: Insights from 25 of Wall Street's Elite (Hoboken, NJ: John Wiley & Sons, 2007), p. 126.
    번역서 – 『퀀트 30년의 기록(금융공학 천재 21인은 고백한다)』, 이은주 옮김, 효형출판, 2008년 12월.

24. Stephen M. Stigler, "Gauss and the Invention of Least Squares," Annals of Statistics 9, no. 3 (1981): 465–74.

25. Jyotiprasad Medhi, Statistical Methods: An Introductory Text (New Delhi: New Age International Publishers, 1992), p. 199.

26. Jagdish K. Patel and Campbell B. Read, Handbook of the Normal Distribution (New York: CRC Press, 1996), p. 4.

27. Michael Bradley, The Foundations of Mathematics (New York: Chelsea House, 2006), p. 5.
    번역서 – 『달콤한 수학사』, 백정현 그림, 안수진 옮김, 일출봉, 2007년 9월.

28. Ioan James, Remarkable Mathematicians: From Euler to von Neumann (Cambridge: Cambridge University Press, 2002), p. 58.
    번역서 – 『오일러에서 노이만까지 인물로 읽는 현대수학사 60장면 1』, 노태복 옮김, 살림, 2008년 11월.

29. Jane Muir, Of Men and Numbers: The Story of the Great Mathematicians (New York: Dodd, Mead & Company, 1961), p. 158.

30. 상동, p. 159.

31. Elena Prestini, Applied Harmonic Analysis: Models of the Real World (New York: Spinger-Verlag,2004), p. 99.

32. Michael Bradley, The Foundations of Mathematics (New York: Chelsea House, 2006), p. 20.
    번역서 - 『달콤한 수학사』, 백정현 그림, 안수진 옮김, 일출봉, 2007년 9월.

33. Bernhard Fleischmann, Operations Research Proceedings 2008 (Berlin: Springer-Verlag, 2009), p. 235.

34. Keith Devlin, The Unfinished Game: Pascal, Fermat, and the Seventeenth-Century Letter That Made the World Modern (New York: Basic Books, 2008), p. 5.

35. Michael Otte, Analysis and Synthesis in Mathematics: History and Philosophy (Dordrecht, Netherlands: Kluwer Academic Publishers, 1997), p. 79.

36. Stephen M. Stigler, The History of Statistics: The Measurement of Uncertainty before 1900 (Cambridge, MA: Harvard University Press, 1986), p. 5.
    번역서 - 『통계학의 역사』, 조재근 옮김, 한길사, 2005년 1월.

37. Romain Rolland, Handel (New York: Henry Holt, 1916), p. 108.

38. Robert Bradley, Leonhard Euler: Life, Work, and Legacy (Amsterdam: Elsevier, 2007), p. 448.

39. William Dunham, Euler: The Master of Us All (Albuquerque, NM: Integre Technical Publishing, 1999), p. xx.

40. Charles Gillespie, Dictionary of Scientific Biography (New York: Charles Scribner's Sons, 1976), p. 468.

41. Robert Bradley, Leonhard Euler, p. 412.

42. David Richeson, Euler's Gem: The Polyhedron Formula and the Birth of Topology (Princeton, NJ: Princeton University Press, 2008), p. 86.

43. Howard Rheingold, Tools for Thought: The History and Future of Mind-Expanding Technology (New York: Simon & Schuster, 1986), p. 39.

44. Ivor Grattan- Guinness and Gérard Bornet, eds., George Boole: Selected Manuscripts on Logic and Its Philosophy (Basel: Birkhäuser Verlag, 1997), p. xiv.

45. Margaret A. Boden, Mind as Machine: A History of Cognitive Science (New York: Oxford University Press, 2006), vol. 2, p. 151.

46. Anne B. Keating and Joseph Hargitai, The Wired Professor: A Guide to Incorporating the World Wide Web in College Instruction (New York: NYU Press, 1999), p. 30.

47. 상동, p. 38.

48. 상동.

3장: 봇 인기가요 차트

1. Malcolm Gladwell, "Annals of Entertainment: What If You Built a Machine to Predict Hit Movies?" New Yorker, 2006년 10월 16일.

2. 상동.

3. Claire Cain Miller, "How Pandora Slipped Past the Junkyard," New York Times, 2010년 3월 7일.

4. Sunday 매거진 다큐멘터리 쇼, TV New Zealand, 2008년 8월, http://tvnz. co.nz/sunday-news/sunday-2338888. 참고 YouTube: http://www. youtube.com/watch?v=ilFEt2wpYck.

5. Jeff Chu, "Top of the Pops," Time, 2001년 3월 19일.

6. Ryan Blitstein, "Triumph of the Cyborg Composer," Miller-McCune, 2010년 2월 22일, http://www.miller-mccune.com/culture/triumph-of-the-cyborg-composer-8507.

7. 상동.

8. Gerhard Nierhaus, Algorithmic Composition: Paradigms of Automated Music Generation (New York: SprinerWienNewYork, 2009), p. 1.

9. David Cope, Virtual Music (Cambridge, MA: MIT Press, 2001).

10. 상동.

11. Chris Wilson, "I'll Be Bach," Slate, 2010년 5월 19일.

12. Blitstein, "Triumph of the Cyborg Composer."

13. George Johnson, "Undiscovered Bach? No, a Computer Wrote It," New York Times, 1997년 11월 11일.

14. 상동.

15. 상동.

16. 상동.

17. D. H. Cope, Comes the Fiery Night: 2,000 Haiku by Man and Machine (Santa Cruz, CA: CreateSpace, 2011).

18. Walter Everett, The Beatles as Musicians: The Quarry Men through Rubber Soul (Oxford: Oxford University Press, 2001), p. 77.

19. Steven D. Stark, Meet the Beatles (New York: HarperCollins, 2006).

20. "George Harrison Webchat," http://www.georgeharrison.com/#/features/george-harrison-webchat.

21. Geoffrey Poitras, Risk Managcment, Speculation and Derivative Securities (NewYork: Academic Press, 2002), p. 454.

22. Rajendra Bhatia, Fourier Series (New York: Mathematical Association of America, 2005), p. 11.

23. Jason Brown, "Mathematics, Physics and 'A Hard Day's Night,'" Canadian Mathematical Society Notes, 2004년 10월.

24. J. S. Rigden, Physics and the Sound of Music (New York: John Wiley & Sons, 1977), p. 71.

25. 브라운은 A음의 주파수를 220Hz라고 가정했다. 그의 변환 함수는 다음과 같다. $f(x) = 12log2(x/220)$.

26. George Martin, All You Need Is Ears (New York: St. Martin's Press, 1979), p. 77.

27. Jason Brown, "Unraveling a Well Woven Solo," http://www.jasonibrown.com/pdfs/AHDNSoloJIB.pdf.

4장: 봇의 비밀 고속도로

1. Roy Freedman, Introduction to Financial Technology (New York: Academic Press, 2006).

2. Richard Bookstaber, A Demon of Our Own Design (New York: John Wiley & Sons, 2011).

3. Freedman, Introduction to Financial Technology.

4. John H. Allan, "Stock Exchange Gets New Ticker," New York Times, 1963년 10월 24일.

5. 상동.

6. "Exchange to Rush New Ticker System," New York Times, 1929년 8월 11일.

7. "High-Speed Stock Tickers to Call for Rise in Rental," New York Times, 1930년 3월 2일.

5장: 게이밍 시스템

1. IBM 회사 웹사이트: http://www.research.ibm.com/deepblue/meet/html/d.3.html.

2. Scott Patterson, The Quants (New York: Crown, 2010).
   번역서 – 『퀀트: 세계 금융 시장을 장악한 수학천재들 이야기』, 구본혁 옮김, 다산북스, 2011년 7월.

3. Sean D. Hamill, "Research on Poker a Good Deal for Airport Security," Pittsburgh Post- Gazette, 2010년 8월 2일.

4. Michael Kaplan, "Wall Street Firm Uses Algorithms to Make Sports Betting Like Stock Trading," Wired, 2010년 11월 1일.

5. 부에노 데 메스키타의 무바라크 예언은 다수의 출처를 통해 사실로 확인됐다. 관련 월스트리트 기업의 이름은 기밀유지 합의를 존중해서 공개하지 않는다.

6. IBM의 딥 블루 연대기: http://www.research.ibm.com/deepblue/home/may11/interview_1.html.

7. Tom Pedulla and Rachel Shuster, "Whole World Taken with Knicks' Star Jeremy Lin," USA Today, 2012년 2월 11일.

8. Harvey Araton, "Lin Keeps His Cool; Around Him, Heads Spin," New York Times, 2012년 2월 11일.

9. Ed Weiland, "NBA Draft Preview 2010: Jeremy Lin, G Harvard," Hoops Analyst, 2010년 5월 13일, http://hoopsanalyst.com/blog/?p=487.

10. Nick Paumgarten, "Looking for Someone: Sex, Love, and Loneliness on the Internet," New Yorker, 2011년 7월 4일.

11. 산동.

12. Match.com과 Chadwick Martin Bailey의 연구, http://cp.match.com/cppp/media/CMB_Study.pdf.

13. John Tierney, "Hitting It Off, Thanks to Algorithms of Love," New York Times, 2008년 1월 29일.

14. Andrew Stern, "Researchers Say Dating Websites Make Poor Cupids," Reuters, 2012년 2월 7일.

15. Eli Finkel, Paul Eastwick, Benjamin Karney, Harry Reis, "Online Dating: A Critical Analysis from the Perspective of Psychological Science," Journal of Psychological Science in the Public Interest, 2012년 2월.

6장: 닥터 봇 호출

1. Susan Adams, "Un-Freakonomics," Forbes, 2010년 8월 9일.

2. National Kidney and Urologic Diseases Information Clearinghouse (NKUDIC), http://kidney.niddk.nih.gov/KUDiseases/pubs/kustats/index.aspx.

3. Rita Rubin, "Dialysis Treatment in USA: High Costs, High Death Rates," USA Today, 2009년 8월 24일.

4. Ezekiel J. Emanuel, "Spending More Doesn't Make Us Healthier," Opinionator blog, New York Times, 2011년 10월 27일. http://opinionator.blogs. nytimes.com/2011/10/27/spending-more-doesnt-make-us-healthier/.

5. Farhad Manjoo, "Why the Highest- Paid Doctors Are the Most Vulnerable to Automation," Slate, 2011년 9월 27일.

6. "BD FocalPoint Slide Profiler vs. Manual Review," http://www.bd.com/tripath/ labs/fp_detection_pop.asp.

7. National Cancer Institute at the National Institutes of Health, http://www.cancer. gov/cancertopics/factsheet/detection/Pap- test.

8. S. V. Destounis et al., "Can Computer- Aided Detection with Double Reading of Screening Mammograms Help Decrease the False-Negative Rate? Initial Experience," Radiology 232, no. 2 (August 2004): 578–84, http://www. ncbi.nlm.nih.gov/pubmed/15229350.

9. "Screening and Diagnosis," Stanford University Medicine, Cancer Institute, ㄴ http://cancer.stanford.edu/breastcancer/diagnostic_tests.html.

10. Christina E. Seeley et al., "A Baseline Study of Medication Error Rates at Baylor University Medical Center in Preparation for Implementation of a Computerized Physician Order Entry System," Proceedings of Baylor University Medical Center 17, no. 3 (July 2004): 357–61, http://www.ncbi. nlm.nih.gov/pmc/articles/PMC1200672/.

11. E. A. Flynn et al., "National Observational Study of Prescription Dispensing Accuracy and Safety in 50 Pharmacies," Journal of the American Pharmacists Association 43, no. 2 (2003): 191-200.

12. Kevin McCoy, "Lawsuit: Walgreens Prescription Error Killed Man," USA Today, 2007년 11월 2일.

13. Vinod Khosla, "Do We Need Doctors or Algorithms?" TechCrunch, 2012년 1월 10일, http://techcrunch.com/2012/01/10/doctors-or-algorithms/.

14. Jerome Groopman, How Doctors Think (New York: Houghton Mifflin, 2007). 번역서 - 『닥터스 씽킹』, 이문희 옮김, 해냄출판사, 2007년 10월.

15. 상동.

16. Fred Herbert, Looking Back (and Forth): Reflections of an Old-fashioned Doctor (Macon, GA: Mercer University Press, 2003), p. 37.

17. David Leonhardt, "Making Health Care Better," New York Times Magazine, 2009년 11월 3일.

18. 상동.

19. 상동.

20. "What Is Heart Failure?" National Heart, Lung, and Blood Institute, http://www.nhlbi.nih.gov/health/health- topics/topics/hf/.

21. "The Power of Knowing," 23andMe, https://www.23andme.com/stories/6/.

22. Andrew Pollack, "DNA Sequencing Caught in Deluge of Data," New York Times, 2011년 11월 30일.

23. Ewen Callaway, "Ancient DNA Reveals Secrets of Human History," Nature, no. 476 (2011년 8월 9일): 136-37.

24. Anna Wilde Mathews, "WellPoint's New Hire. What Is Watson?" Wall Street Journal, 2011년 9월 12일.

7장: 인간 분류

1. Judy L. Hasday, The Apollo 13 Mission (New York: Chelsea House, 2001), p. 16.

2. Andrew Chaikin, A Man on the Moon: The Voyages of the Apollo Astronauts (New York: Penguin, 1995).

3. 거의 두 시간 동안 진행된 케이퍼스와의 첫 대화에서 그는 대화 말미에 내 자

신의 성격에 대해 간단히 알려줬다. 내 성격의 가장 큰 부분은 사고 중심형인 것으로 드러났다. 나는 실용적이며 사실에 근거해서 결정을 내리는 편이지만, 다른 사람에게 뭔가를 위임하는 데 어려움을 겪는데다 중압감을 받으면 자제력을 잃는 편이다(후자의 특성은 작가나 기술 기업가로서 바람직한 성격이 아니긴 하지만). 첫 번째 대화를 시작할 무렵에 케이퍼스가 이론의 원리에 대해 설명했는데, 나는 고개를 끄덕이며 들었다. 솔직히 말하자면 나는 그 이론에 대해 완전히 납득되지 않았다. 어떻게 내가 말하는 단어만으로 내가 무슨 생각을 하는지 알 수 있단 말인가? 말과 행동이 따로 놀 수도 있지 않은가?

어떤 경우에 나는 실제로 그렇게 했다. 사실 나는 종종 그런 행동을 한다. 케이퍼스가 처음에 설명을 계속할 때 나는 종종 고개를 끄덕이며 "흥미롭군요."라고 응답했다. 그가 나중에 이야기해준 바에 따르면, 이런 발언은 내가 그다지 공감하지 않으며 여전히 판단을 보류하고 있다는 점을 명확히 알려줬다고 한다. "실제로 당신이 말한 건 '네. 정말 흥미롭군요.'라는 뜻은 아니었어요. 실제로는 '음, 아직 잘 모르겠군요.'라고 말한 것이죠."라고 케이퍼스는 설명했다.

그는 정확히 맞혔다. 사고 중심형 인간이 무덤덤하게 짧은 응답을 보인다면 추가적인 정보를 찾는 중인 경우가 많다. 아니면 전혀 관심이 없는 것이다. 하지만 케이퍼스는 나중에 자신이 테스트 통계에 대해 이야기하기 시작하자 내가 관심을 보였다고 밝혔다. "당신은 '와우, 정말 멋진데요.'라고 말했어요."라고 그는 회상했다. "사고 중심형 인간이 '멋진데요.' 같은 형용사에 부사를 섞어 쓰면 정말로 감동을 받았다는 뜻입니다."

그건 정말 그랬다. 다른 모든 사람들과 마찬가지로 내 성격 대부분은 일곱 여덟 살 때 형성됐다.

4. 케이퍼스는 록앤롤 경력을 비롯해서 자기만의 흥미로운 스토리를 가지고 있다. 그는 1960~1970년대 록 그룹인 헤지 앤드 도나(Hedge and Donna)의 멤버 중 한 명이었는데, 이 그룹은 10년 동안 여섯 장의 음반을 발표했다. 그의 연예계 경력에는 영화도 포함돼 있다. 그는 1974년 '힐리빌리의 전설(The Legend of Hillbilly John)'이란 영화에서 주연을 맡았다. 할리우드에서 잘 풀리지 않게 되자, 그는 대학교에서 정신과 전문의가 되기 위한 과정을 밟았다. 그는 샌디에이고에서 카알러를 만났는데 금세 카알러, 맥과이어, NASA가 개발한 이론에 통달하게 됐다.

5. Sebastian Mallaby, More Money Than God: Hedge Funds and the Making of a

New Elite (New York: Penguin Press, 2010).

번역서 – 『헤지펀드 열전: 신보다 돈이 많은 헤지펀드 엘리트들』, 김지욱, 이선규, 김규진 옮김, 첨단금융출판, 2011년 11월.

6. Peter Brown, Robert Mercer, Stephen Della Pietra, and Vincent J. Della Pietra, "The Mathematics of Statistical Machine Translation: Parameter Estimation," Journal of Computational Linguistics 19, no. 2 (1993): 263–311.

7. Ingfei Chen, "Scientist at Work: Nick Patterson," New York Times, 2006년 12월 12일.

8장: 월스트리트와 실리콘밸리의 대결

1. Rana Foroohar, "Wall Street: Aiding the Economic Recovery, or Strangling It?" Time, 2011년 4월 4일.

2. 테자에서 자신의 팀을 만들면서, 말리셰프는 골드만삭스 프로그래머인 세르게이 알레이니코프(Sergey Aleynikov)를 그가 당시 받던 연봉의 세 배에 달하는 120만 달러를 제안해 채용했다. 알레이니코프는 이직에 동의하고 서둘러 시카고로 옮겨왔다. 테자에서 근무를 시작한 지 하루 만에 알레이니코프는 골드만에서 컴퓨터 코드를 훔쳤다는 혐의로 체포됐다. 골드만에서 근무한 마지막 3일 동안, 알레이니코프는 조직적으로 골드만의 트레이딩 코드를 독일에 있는 서버로 업로드했다. 하지만 골드만의 기술 보안 시스템은 이런 움직임을 감지하고 FBI에 신고했다. 알레이니코프는 연방 법원에서 8년형을 선고받았지만, 뉴욕의 항소 법원에서 검찰이 해당 사건에 경제 스파이법(Economic Espionage Act)을 부당하게 적용했다는 피고 측 변호인의 주장이 받아들여져 혐의가 뒤집히는 바람에 2012년 2월 풀려났다.

3. Jacob Bunge와 Amy Or, "Ex- Citadel Employee Arrested for Allegedly Stealing Code," Dow Jones Newswires, 2011년 10월 13일.

4. Paul Krugman, "The Market Mystique," New York Times, 2009년 5월 26일.

5. The CIA World Factbook, https://www.cia.gov/library/publications/the-world-factbook/.

9장: 월스트리트의 불행은 세상의 행복

1. Matthew Humphries, "Facebook Stores up to 800 Pages of Personal Data Per User Account," Geek.com, 2011년 9월 28일, http://www.geek.com/articles/geek-pick/facebook-stores-up-to-800-pages-of-personal-data-per-user-account-20110928/.

2. Ashlee Vance, "This Tech Bubble Is Different," Bloomberg Businessweek, 2011년 4월 14일.

3. Peter Cohan, "Head in the Cloud," Hemispheres, 2011년 11월.

4. Stu Woo와 Raice Shayndi, "EA Invades Zynga's Turf," Wall Street Journal, 2011년 11월 2일.

5. Paul Kedrosky와 Dane Stangler, Financialization and Its Entrepreneurial Consequences, Kauffman Foundation Research Series, 2011년 3월, http://www.kauffman.org/uploadedfiles/financialization_report_3- 23-11.pdf.

10장: 미래는 알고리즘과 알고리즘 창조자들의 몫

1. "Algorithm Measures Human Pecking Order," MIT Technology Review, 2011년 11월 21일, http://www.technologyreview.com/blog/arxiv/27437/.

2. John Markoff, "Armies of Expensive Lawyers, Replaced by Cheaper Software," New York Times, 2011년 3월 4일.

3. Eric Brynjolfsson and Andrew McAfee, Race against the Machine (Digital Frontier Press e-book, 2011).

4. Steve Lohr, "More Jobs Predicted for Machines, Not People," New York Times, 2011년 10월 23일.

5. Steve Lohr, "In Case You Wondered, a Real Human Wrote This Column," New York Times, 2011년 9월 10일.

6. Christopher Drew, "Why Science Majors Change Their Minds (It's Just So Darn Hard)," New York Times, 2011년 11월 4일.

찾아보기

알고리즘으로 세상을 지배하라

기계 vs 인간의 일자리 전쟁

발 행 | 2016년 3월 31일

지은이 | 크리스토퍼 스타이너
옮긴이 | 박 지 유

펴낸이 | 권 성 준
편집장 | 황 영 주
편 집 | 조 유 나
디자인 | 윤 서 빈
          송 서 연

에이콘출판주식회사
서울특별시 양천구 국회대로 287 (목동 802-7) 2층 (07967)
전화 02-2653-7600, 팩스 02-2653-0433
www.acornpub.co.kr / editor@acornpub.co.kr

한국어판 ⓒ 에이콘출판주식회사, 2021, Printed in Korea.
ISBN 978-89-6077-835-1
http://www.acornpub.co.kr/book/automate-this

책값은 뒤표지에 있습니다.